电网物资抽样检测技能人员职业能力培训教材

互感器分册

国家电网有限公司物资部　组编

中国电力出版社
CHINA ELECTRIC POWER PRESS

内 容 提 要

本书是《电网物资抽样检测技能人员职业能力培训教材》中的《互感器分册》，全书分为通用和专业两大部分。通用部分介绍实验室体系要求、人员要求、安全防护要求、环境保护要求、数据管理及信息化、数值处理基础 6 大块共有知识体系；专业部分详细介绍了互感器基础、电流互感器试验基础、电磁式电压互感器试验基础和电容式电压互感器试验基础，电流互感器、电磁式电压互感器、电容式电压互感器等的试验方法和要求，以及电力互感器不确定度评定示例。

本书可作为公司系统各单位检测人员的抽检辅助教案，也可供制造厂了解熟悉电网企业对物资质量的要求，从而推动电工装备产业链供应链的发展，持续改进和提高质量水平。

图书在版编目（CIP）数据

电网物资抽样检测技能人员职业能力培训教材. 互感器分册 / 国家电网有限公司物资部组编. —北京：中国电力出版社，2023.12（2024.5重印）
ISBN 978-7-5198-8435-2

Ⅰ. ①电… Ⅱ. ①国… Ⅲ. ①互感器–抽样检验–技术培训–教材 Ⅳ. ①TM727

中国国家版本馆 CIP 数据核字（2023）第 239894 号

出版发行：中国电力出版社
地　　址：北京市东城区北京站西街 19 号（邮政编码 100005）
网　　址：http://www.cepp.sgcc.com.cn
责任编辑：穆智勇　张冉昕（010-63412364）
责任校对：黄　蓓　朱丽芳
装帧设计：赵姗姗
责任印制：石　雷

印　　刷：北京天宇星印刷厂
版　　次：2023 年 12 月第一版
印　　次：2024 年 5 月北京第二次印刷
开　　本：787 毫米×1092 毫米　16 开本
印　　张：16.25
字　　数：360 千字
定　　价：95.00 元

编审委员会

《互感器分册》
编 写 工 作 组

组　　长　　储海东

副 组 长　　熊汉武　　曾思成　　陈金猛　　袁洪涛

编写人员　　牛艳召　　王延海　　侯立元　　李　凌　　孔宪国　　牧晓菁

　　　　　　黄咏喜　　杨　帆　　熊俊军　　刘　翔　　童　悦　　刘红星

　　　　　　尚莉萍　　王海龙　　周少珍　　黄　裙　　沈艳青　　邓智宏

　　　　　　侯　平　　王　冬　　王晓辉

序

国家电网有限公司负责运营世界上输电能力最强、新能源并网规模最大的电网，是全球最大的公用事业企业。电网安全稳定运行密切关系人民生活保障和经济社会发展，保证电网安全是国家电网有限公司的重要使命。高质量的电网设备是保证电网安全的重要前提，在构建新型电力系统的时代背景下，运用抽检等手段把好电网设备入网质量关，具有十分重要的意义。

近年来，国家电网有限公司认真践行"质量强国、质量强网"发展战略，深入推进具有中国特色国际领先的能源互联网企业建设，积极构建绿色现代数智供应链体系，持续加强各级质检中心软硬件投入，不断加大物资抽检力度，电网物资检测能力显著提升，切实将各类设备质量隐患消除在入网前，为设备的安全稳定运行奠定了坚实基础。同时，通过抽检这一手段，将一些以次充好、不重视产品质量的供应商及其产品拒之门外，积极传递"质量第一、价格合理、绿色低碳、诚信共赢"的采购理念，引导供应商以质取胜，引领电工电气装备行业高质量发展。

为规范电网物资抽检工作，提升质量检测软实力，国网物资部组织系统内外专家编写了《电网物资抽样检测技能人员职业能力培训教材》系列丛书。丛书以实用、好用为出发点，作为电网物资质量监督、试验检测人员的业务学习和技能培训教材，必将在提高从业人员专业技能水平、落实电网企业质量把关责任、推动电工电气装备行业高质量发展、提升产业链供应链韧性和安全水平等方面发挥重要作用。随着国际国内电工装备制造业和试验检测新技术的发展，后续将持续做好教材的滚动修编工作。

在此，向所有参与《电网物资抽样检测技能人员职业能力培训教材》系列丛书编制和审核的专家，向关心支持国家电网有限公司物资质量监督工作的同仁表示衷心的感谢！

2023 年 12 月于北京

前　言

　　在新时代的发展背景下，供应链的创新发展已上升到国家战略高度，国家竞争力的重要体现正加速从企业间的竞争转向供应链间的竞争。国家电网有限公司提出构建绿色现代数智供应链，实现供应链由企业级向行业级转变，不断提升供应链的发展支撑力、行业带动力和风险防控力，以优质高效的物资采购和供应服务，更好服务公司战略和"一体四翼"发展布局落地，推动能源电力产业链供应链高质量发展。根据公司提出的《绿色现代数智供应链发展行动方案》，坚持全生命周期好中选优，全力打造入网物资好质量，为安全稳定的电网提供坚实的物资保障。电网物资质量抽检工作是提升电网本质安全的重要措施，也是推动电工装备供应链产业链发展的有效举措。为进一步完善抽检业务标准规范体系，提升电网物资质量检测软实力，公司组织系统内外专家编写了《电网物资抽样检测技能人员职业能力培训教材》系列丛书，全书以实用、管用、好用为出发点，充分征集了各专业部门、各级检测单位、各用户单位的意见及建议，确保教材的科学性、严谨性和时代性。

　　本套《电网物资抽样检测技能人员职业能力培训教材》是对各大类物资质量抽检工作涉及的体系、专业基础和方法的综合性教辅书籍。全套教材共计 11 册，每册均包含通用部分和专业部分两大部分。在通用部分，涵盖了实验室体系要求、人员要求、安全防护要求、环境保护要求、数据管理及信息化、数值处理基础 6 大块共有知识体系；在专业部分，涵盖电网设备和材料的 31 大类物资，覆盖了电网招标采购的主要一次设备和材料，包括：变压器及电抗器（变压器、配电变压器、电抗器、消弧线圈接地变及成套装置、组合式变压器），高压开关（高压开关柜、环网柜、10kV 电缆分支箱、断路器、柱上开关设备、隔离开关、箱式变电站），低压开关（低压开关柜、JP 柜、0.4kV 电缆分支箱、电能计量箱），互感器（电流互感器、电磁式电压互感器、电容式电压互感器），避雷器，电容器（高压并联电容器），电力电缆及附件（电力电缆、架空绝缘导线、电缆附件、电缆保护管），铁塔及水泥杆［铁塔（管塔）、水泥杆］，导、地线，金具，绝缘子（线路绝缘子、支柱绝缘子）。

　　本套《电网物资抽样检测技能人员职业能力培训教材》在各物资相关标准的基础上，增加了原理性基础内容，并对相同试验方法涉及的若干物资进行了统一性的合并处理。同时，对试验项目的试验目的、试验方法、试验判定、试验实例等内容进行了详细的阐述，以便读者能更好地掌握本教材的核心内容。本套教材既是公司系统各单位检测人员的抽检辅助教案，也可供制造厂了解熟悉电网企业对物资质量的要求，从而推动电工装备产业链供应链的发展，持续改进和提高质量水平。

本次编写工作历时半年，多次在国家电网有限公司系统内进行意见征集。在初稿编写的基础上，进行了多次集中讨论评审，参加编写的单位有国家电网有限公司物资部、中国电力科学研究院有限公司、国网物资有限公司及国网湖北、浙江、湖南电力等 27 家省公司，参与编写及评审的专家近 200 人，在此对参加本次编写的专家及审稿期间提供支持的相关单位和人员表示感谢！

由于编写时间及水平所限，本套教材不足之处在所难免，欢迎系统内外各单位在使用过程中多提宝贵意见。

编　者

2023 年 12 月

目　　录

第二部分 专 业 部 分

第一部分

通用部分

1 实验室体系要求

1.1 概 述

实验室资质认定是国家认证认可监督管理委员会和省级质量技术监督部门依据有关法律法规和标准、技术规范的规定,对检验检测机构的基本条件和技术能力是否符合法定要求实施的评价许可。我国资质认定制度最早始于 1985 年,经过多年的发展,这项针对我国检验检测市场的准入制度由最初的产品质量检验机构实验室资质认定制度演变为检验检测机构资质认定制度,并成为我国检验检测机构进入检验检测市场的基本准入制度。

实验室标准化管理是依据一系列的标准、规范和文件及相关的人力、物力来实现的,所谓"标准"实际就是约束,而此种约束必须要有目的、有意义和有效益,而其根本目的就是为了检测结果的科学、准确。要结合所在实验室的具体情况,为达到分析检测结果国际通行的目标,需制定科学适用的质量管理办法。

检验检测机构应建立、实施和保持与其活动范围相适应的管理体系,应将其政策、制度、计划、程序和指导书制定成文件,管理体系文件应传达至有关人员,并被其获取、理解、执行。检验检测机构管理体系至少应包括管理体系文件、管理体系文件的控制、记录控制、应对风险和机遇的措施、改进及纠正措施、内部审核和管理评审。

建立管理体系的要点:

(1)实验室建立管理体系是为了实施质量管理并使其实现和达到质量方针和质量目标,因此,实验室建立管理体系首先要确定自身质量方针和目标。

(2)实验室建立、实施和保持其管理体系,使其达到确保检测结果质量所需程序的目的。这是所有实验室管理体系共同的目的。

(3)各实验室在遵循《检测和校准实验室能力认可准则》的要求建立管理体系时,应充分应用自身各项资源,建立起与其工作范围、工作类型、工作量相适应的管理体系。

(4)实验室应将管理体系所涉及的政策、制度、计划、程序以及各类指导书等形成管理体系文件。

(5)为了使管理体系有效实施,应将管理体系文件传达到有关人员,并使其易于获得、理解和执行。

1.1.1 产品质量检验机构计量认证(CMA)的起源和发展

为了规范产品质量监督检验机构和其他依照法律法规设立的专业检验机构的行为,提高检验工作质量,1985 年 9 月全国人大批准的《中华人民共和国计量法》中,规定了为社会提供公正数据的产品质量检验机构的考核要求。1987 年 2 月,国务院发布的《中华人民共和国计量法实施细则》中，将对产品质量检验机构的考核称为计量认证。为规范产品质量检验机构的计量认证工作，1985～1987 年，国家计量局先后印发了《质量检验机构的计量认证评审内容及考核办法（暂行）》《产品质量检验机构计量认证工作手册》《计量认证标志和标志的使用说明》《产品质量检验机构计量认证管理办法》等计量认证的配套文件，明确了计量认证的内容、计量认证管理、计量认证程序、计量认证监督等方面的内容。

1990 年 7 月，国家技术监督局（由原国家计量局、国家标准局、国家经济委员会质量局合并而成）批准了 JJG 1021—1990《产品质量检验机构计量认证技术考核规范》。该规范规定了计量认证考核对于产品质量检验机构在人、机、料、法、环、测 6 方面的 50 条考核内容，同时结合中国国情并融汇了国际标准 ISO/IEC Guide 25：1982《检测实验室基本技术要求》的要求。

2000 年 10 月，国家质量技术监督局（由原国家技术监督局更名）发布了《产品质量检验机构计量认证/审查认可（验收）评审准则（试行）》，并废止了 JJG 1021—1990《产品质量检验机构计量认证技术考核规范》和《审查认可（验收）细则》。采用《产品质量检验机构计量认证/审查认可（验收）评审准则（试行）》，不仅涵盖了国际标准 ISO/IEC Guide 25：1990《校准和检测实验室能力的通用要求》的内容，同时参照了 GB/T 15481—2000《检测和校准实验室能力的通用要求》（等同采用国际标准 ISO/IEC 17025：1999）的内容，也满足了《中华人民共和国计量法》和《中华人民共和国标准化法》的特殊要求。

1.1.2　检测和校准实验室能力认可（CNAS）的起源和发展

中国合格评定国家认可委员会（China National Accreditation Service for Conformity Assessment，CNAS）是根据《中华人民共和国认证认可条例》《认可机构监督管理办法》的规定，依法经国家市场监督管理总局确定，从事认证机构、实验室、检验机构、审定与核查机构等合格评定机构认可评价活动的权威机构，负责合格评定机构国家认可体系运行。

中国合格评定国家认可委员是由原中国认证机构国家认可委员会（China National Accreditation Board，CNAB）和原中国实验室国家认可委员会（China National Accreditation Board for Laboratories，CNAL）合并而成。CNAS 通过评价、监督合格评定机构（如认证机构、实验室、检查机构）的管理和活动，确认其是否有能力开展相应的合格评定活动（如认证、检测和校准、检查等）、确认其合格评定活动的权威性，发挥认可约束作用。

1.1.3　实验室资质认定与实验室认可的区别

获得检验检测行业资格评定主要有实验室认可和检验检测机构资质认定两种方式。两者都源自 ISO/IEC 17025：2017《检测和校准实验室能力的通用要求》，实施模式（程序）也大体相同，都是基于评审员去现场评审之后发证，本质上都是对实验室的检测能力和管理体系是否满足标准要求的一项资质评价制度。但两者在性质、审核依据、实施对象及作用上有所不同。

（1）基本性质不同。实验室认可为自愿申请，检验检测机构资质认定属于我国行政许可制度，具有强制性。

（2）审核依据不同。检验检测机构资质认定的审核依据是 RB/T 214—2017《检验检测机构资质认定能力评价 检验检测机构通用要求》，实验室认可的审核依据包括 CNAS-CL01：2018《检测和校准实验室能力认可准则》（等同采用 ISO/IEC17025：2017）及相关领域的应用说明。

（3）实施对象范围不同。检验检测机构资质认定的对象是第三方检测实验室，且不包括校准实验室，而实验室认可包括第一、二、三方实验室，即所有实验室。

（4）地位和作用不同。获得实验室资质认定，可使用 CMA 标志，在国内确保了检测和校准数据的法律效力。通过实验室认可，列入《国家认可实验室名录》，提高实验室的市场竞争力、信誉度和知名度，获得 CNAS 签署互认协议的国家与地区的承认，在认可业务范围内使用"中国实验室国家认可"标志。

1.1.4　实验室认可流程

CNAS-RL01：2019《实验室认可规则》规定了 CNAS 实验室认可体系运作的程序和要求，包括认可条件、认可流程、申请受理要求、评审要求、对多检测/校准/鉴定场所实验室认可的特殊要求、变更要求、暂停、恢复、撤销、注销认可以及 CNAS 和实验室的权利和义务。CNAS-GL001《实验室认可指南》介绍和解释 CNAS 有关实验室认可工作的基本程序和要求，以便于 CNAS 工作人员、申请和获准认可实验室在从事或参与相关认可活动时参考。

1.1.4.1　认可条件

申请人应在遵守国家的法律法规，诚实守信的前提下，自愿申请认可。CNAS 将对申请人申请的认可范围，依据有关认可准则等要求，实施评审并做出认可决定。申请人必须满足下列条件方可获得认可：①具有明确的法律地位，具备承担法律责任的能力；②符合 CNAS 颁布的认可准则和相关要求；③遵守 CNAS 认可规范文件的有关规定，履行相关义务。

1.1.4.2　初次认可流程

（1）意向申请。申请人可以用任何方式向 CNAS 秘书处表示认可意向，如来访、电话、传真以及其他电子通信方式等。申请人需要时，CNAS 秘书处应确保其能够得到最新版本的认可规范和其他有关文件。

（2）正式申请和受理。申请人在自我评估满足认可条件后，按 CNAS 秘书处的要求提供申请资料，并交纳申请费用。CNAS 秘书处审查申请人提交的申请资料，做出是否受理的决定并通知申请人。一般情况下，CNAS 秘书处在受理申请后的 3 个月内安排评审。

（3）文件评审。秘书处受理申请后，将安排评审组长审查申请资料，只有当文件评审结果基本符合要求时才可安排现场评审。

（4）组建评审组。CNAS 秘书处以公正性为原则，根据申请人的申请范围（如检测/

校准/鉴定专业领域、实验室检测/校准/鉴定场所与检测/校准/鉴定规模等）组建具备相应技术能力的评审组，并征得申请人同意。除非有证据表明某评审员有影响公正性的可能，否则申请人不得拒绝指定的评审员。

（5）现场评审。评审组依据 CNAS 的认可准则、规则和要求及有关技术标准对申请人申请范围内的技术能力和质量管理活动进行现场评审。现场评审应覆盖申请范围所涉及的所有活动及相关场所。现场评审时间和人员数量根据申请范围内检测/校准/鉴定场所、项目/参数、方法、标准/规范等的数量确定。一般情况下，现场评审的过程包括首次会议、现场参观（需要时）、现场取证、评审组与申请人沟通评审情况、末次会议。评审组长在现场评审末次会议上，将现场评审结果提交给被评审实验室。对于评审中发现的不符合，被评审实验室应及时实施纠正，需要时采取纠正措施，纠正/纠正措施通常应在 2 个月内完成。评审组应对纠正/纠正措施的有效性进行验证，纠正/纠正措施验证完毕后，评审组长将最终评审报告和推荐意见报 CNAS 秘书处。

（6）认可评定。CNAS 秘书处将对评审报告、相关信息及评审组的推荐意见进行符合性审查，必要时要求实验室提供补充证据，向评定专门委员会提出是否推荐认可的建议。CNAS 秘书处负责将评审报告、相关信息及推荐意见提交给评定专门委员会，评定专门委员会对申请人与认可要求的符合性进行评价并做出评定结论。评定结论可以是以下四种情况之一：予以认可、部分认可、不予认可、补充证据或信息，再行评定。CNAS 秘书长或授权人根据评定结论做出认可决定。

（7）发证与公布。认可周期通常为 2 年，即每 2 年实施一次复评审，做出认可决定。CNAS 秘书处向获准认可实验室颁发认可证书，认可证书有效期一般为 6 年。

此外，获准认可实验室在认可有效期内可以向 CNAS 秘书处提出扩大或缩小认可范围的申请。获准认可实验室均须接受 CNAS 的监督评审和复评审。

1.1.4.3 认可受理的要求

CNAS 对检测实验申请认可的要求提出具体的要求（参见 CNAS-RL01：2019《实验室认可规则》的条款 6），主要包括：申请资料的真实性；是否符合认可要求的管理体系，且正式、有效运行 6 个月以上；是否进行过完整的内审和管理评审，并能达到预期目的；申请认可的技术能力有相应的检测经历；使用的仪器设备的量值溯源应能满足 CNAS 相关要求；申请人具有开展申请范围内的检测/校准/鉴定活动所需的足够的资源，例如主要人员，包括授权签字人应能满足相关资格要求等。

1.2 通用性要求

1.2.1 公正性

实验室应公正地实施实验室活动，并从组织结构和管理上保证公正性。

实验室管理层应作出公正性承诺。实验室应对实验室活动的公正性负责，不允许商业、财务或其他方面的压力损害公正性。实验室应持续识别影响公正性的风险。这些风险应包括其活动、实验室的各种关系或者实验室人员的关系而引发的风险。然而，这些关系并非一定会对实验室的公正性产生风险。危及实验室公正性的关系可能基于所有权、控制权、管理、人员、共享资源、财务、合同、市场营销（包括品牌）、支付销售佣金或其他引荐新用户的奖酬等。如果识别出公正性风险，实验室应能够证明如何消除或最大程度降低这种风险。

1.2.2 保密性

实验室应作出具有法律效力的承诺，对在实验室活动中获得或产生的所有信息承担管理责任。实验室应将其准备公开的信息事先通知客户。除客户公开的信息，或实验室与客户有约定（例如：为回应投诉的目的），其他所有信息都被视为专有信息，应予保密。

实验室依据法律要求或合同授权透露保密信息时，应将所提供的信息通知到相关客户或个人，除非法律禁止。

实验室从客户以外渠道（如投诉人、监管机构）获取有关客户的信息时，应在客户和实验室间保密。除非信息的提供方同意，实验室应为信息提供方（来源）保密，且不应告知客户。

委员会委员、合同方、外部机构人员或代表实验室的个人，应对在实施实验室活动过程中获得或产生的所有信息保密，法律要求除外。

1.3 结 构 要 求

1.3.1 实验室法律实体

实验室应为法律实体或法律实体中被明确界定的一部分，该实体对实验室活动承担法律责任。实验室或其母体组织应依法成立，具备独立法人资格；不具备独立法人资格的实验室，作为母体组织内部的一部分应经所在母体组织法人授权。实验室或其母体组织作为法律实体对其进行的实验室活动承担相应法律责任。法人实验室是依法成立并能独立承担法律责任的实体，包括机关法人、事业单位法人、企业法人和社会团体法人。法人实验室应具有有效的登记、注册文件，有统一社会信用代码，其登记、注册文件中的经营范围应包含实验室活动或者相关表述。

非独立法人实验室是某个母体组织（其所在的组织）的一部分，其所在的母体组织为独立法人单位，该实验室在其母体组织内被明确界定其职责、活动范围和权限，具有相对独立的运行机制。非独立法人实验室申请实验室认可时，其实验室名称中应包含注册的母体组织的法人单位名称，申请的实验室活动能力应与母体组织核准注册的业务范围密切相关。非独立法人实验室应提供所在法人单位的法律地位证明文件和法人授权文件，该授权文件包括非独立法人独立开展实验室活动、独立建立健全和持续有效运行管理体系、管理层及其权利和责任等内容，其母体组织应有承担相应法律责任和不干预其运作的公正性声明。母体组织应当确立或授权组成管理层负责该非独立法人实验室的全权运作。

实验室或其母体组织作为其实验室活动的第一责任人，应对其出具的数据、结果负责，并承担相应法律责任。因自身原因导致数据、结果出现错误、不准确或者其他后果的，应当承担相应解释、召回报告或证书的后果，并承担赔偿责任。涉及违反相关法律法规规定的，需承担相应的法律责任。

1.3.2　实验室管理层

实验室应确定对实验室全权负责的管理层。实验室或其母体组织应建立健全组织机构，确定管理层并由其全权负责管理和控制实验室的所有活动（包括质量管理、技术管理和行政管理）。管理层的人员数量、资格和能力、职责和权力、资源配置等应与实验室活动的工作类型、工作量和工作范围相适应，以确保符合实验室体系的要求，满足实验室客户、法定管理机构和对其提供承认的组织的需要。

1.3.3　实验室活动范围

实验室应规定符合实验室体系的实验室活动范围，并制定成文件。实验室应仅声明符合实验室体系的实验室活动范围，不应包括持续从外部获得的实验室活动。实验室应根据自身实际，配备实验室活动所需的人员、设施、设备、计量溯源系统及支持服务等资源，并用管理体系文件的形式界定其依靠自身能力能够完成的实验室活动的范围，包括检测或校准、与后续检测或校准活动相关的抽样等，但不包括自身没有技术能力的分包，以确保实验室的各项工作在规定的范围内实施。

1.3.4　实验室活动场所

实验室应以满足实验室体系、实验室客户、法定管理机构和提供承认的组织要求的方式开展实验室活动，包括实验室在固定设施、固定设施以外的地点、临时或移动设施、客户的设施中实施的实验室活动。实验室应完善机制，建立渠道与实验室客户、法定管理机构和对其提供承认的组织加强沟通和联系，识别这些需求特别是识别适用的法律法规要求，将其纳入管理体系的文件化控制、转化为自身要求并在整个组织内进行沟通。实验室应配置资源，完成满足这些需求的实验室活动，同时定期评审，不断补充和完善。实验室活动可以在其独立调配使用和控制的固定设施、固定设施以外的场所在临时或移动设施、客户的设施中实施，不管在什么场所实施均应被实验室的管理体系所覆盖。所有实验室活动均应处于受控状态，严格执行管理体系文件规定的要求，满足检测体系、实验室客户、法定管理机构和提供承认的组织的要求。

1.3.5　实验室组织关系

实验室应确定实验室的组织和管理结构、其在母体组织中的位置，以及管理、技术运作和支持服务间的关系；规定对实验室活动结果有影响的所有管理、操作或验证人员的职责、权力和相互关系；将程序形成文件的形式，以确保实验室活动实施的一致性和结果有效性为原则。

实验室应明确其内部组织和管理结构。实验室可通过内部组织机构图来表述必要时，结合决策领导职能、执行职能、协同配合职能等和/或岗位职责进一步明确人员的职责、权限和相互关系。同时，实验室还应明确外部隶属关系。非独立法人实验室应明确其与所属母体组织以及所属母体组织的其他组成部门之间的相互关系。实验室应明确其管理、技术运作和支持服务间的关系，具体体现在质量管理、技术管理和行政管理之间的关系。

实验室内部制定的文件应首先满足法律法规、体系准则要求或标准、规范的要求，这是基本原则。实验室来自外部的文件（如法律、法规、规章、技术标准、外购的通用软件参考数据手册、客户提供的方法或资料等），可以全文采用或部分采用，但不能断章取义，应保持外来文件使用的完整性和一致性。采用的来自外部的文件需要依据实验室活动所在领域、专业的法律法规、标准或规范的要求来完成。如果这些来自外部的文件不能被操作人员直接使用，或其内容不便于理解、规定不够简明或缺少足够的信息，或方法中有可选择的步骤，会在方法运用时造成因人而异，可能影响实验室活动的数据和结果的正确性、可靠性时，则应制定为内部文件并予以明确。实验室内部制定的文件或采用的外来文件可以表现在手册、程序文件或作业指导书等文件类型中。实验室可以选择承载文件的各种载体，可以是数字的、模拟的、摄影的或书面的各种形式。实验室可以根据自身实际情况将程序形成不同的文件形式，也可以由计算机系统予以控制，但应确保实验室活动实施的一致性和结果的有效性。

1.3.6　实验室人员职责

实验室应具有人员（不论其他职责）履行职责所需的权力和资源，这些职责包括：
（1）实施、保持和改进管理体系。
（2）识别与管理体系或实验室活动程序的偏离。
（3）采取措施以预防或最大程度减少这类偏离。
（4）向实验室管理层报告管理体系运行状况和改进需求。
（5）确保实验室活动的有效性。
实验室管理层应确保：
（1）针对管理体系有效性、满足客户和其他要求的重要性进行沟通。
（2）当策划和实施管理体系变更时，应保持管理体系的完整性。

1.4　资　源　要　求

1.4.1　总则

实验室应获得管理和实施实验室活动所需的人员、设施、设备、系统及支持服务。为确保实验室检测或校准结果的正确性和可靠性，实验室应获得开展管理和实施实验室活动所必需的全部人员、设施环境、仪器设备、计量溯源系统及外部提供的产品和服务。

实验室需利用的资源包括人力资源、物质资源、技术资源、信息资源和自然资源。利用这些资源均要付出成本代价，因此，实验室应在其活动的各个阶段评估这些资源，以确保满足其实验室活动的初始能力和持续能力的需要。实验室应详细记录满足和不满足需求的内容，以保障其溯源性。

资源是实验室建立管理体系的必要条件，实验室应首先根据自身检测业务的特点和规模确定所需配备的资源，并由技术管理层确保实验室运作质量所需的资源。

（1）人力资源。人是最宝贵的资源，一个实验室的水平高低优劣在很大程度上取决于人员的素质与水平。人力资源是资源提供中首先要考虑的，因为所有工作都是靠人来完成的。体系标准规定"实验室应有与其从事检测和/或校准活动相适应的专业人员和管理人员""实验室人员应经过与其承担的任务相适应的教育、培训，并有相应的技术知识和经验""实验室应规定对检测和/或校准质量有影响的所有管理、操作和核查人员的职责、权力和相互关系"。管理层应根据质量管理体系中对各工作岗位、质量活动及规定的职责要求，选择能够胜任的人员从事该项工作。

（2）物质资源。物质资源是指实验室实现检测的基本保证，为确保提供的检测报告能满足标准、规范的要求，应确定为实现检测所需要的基础设施、仪器设备等，并保证其能正常运作。它们包括：

1）办公场所、检测场所和相关设施，包括固定、可移动、临时的设施。

2）检测设备（软、硬件），包括抽样、样品制备、数据处理和分析所要求的所有设备。

3）支持性服务设施，如采暖、通风、运输、通信服务等。

（3）工作环境。必要的工作环境是实验室实现检测的支持条件。一般来说，工作环境包括人和物两种因素。其中，人的环境是指管理层应创造一个稳定、和谐和积极向上的工作环境；而物的环境则包括温度、湿度、洁净度、无菌、电磁干扰、辐射、噪声、振动等。实验室必须对所需工作环境加以确定，并对报告质量有影响的环境实施监控管理。

1.4.2 人力资源要求

所有可能影响实验室活动的人员，无论是内部人员还是外部人员，应行为公正、有能力并按照实验室管理体系的要求开展工作。

实验室应根据所承担的检测工作量、工作类型及实验室的特点合理配置一定数量的技术和管理人员。在人员配备时，应从各岗位的任职条件，从业人员的专业技能、理论水平、工作经验、学历、技术职称等方面考评，对管理人员还要求具有较强的组织协调、规划决策及解决问题的综合管理能力，并具有相应的技术水平。人员配备应根据岗位需要，配备数量合理的管理、监督和检测等人员。为适应当前工作和今后检测业务发展的需要，实验室应有一支稳定的人员队伍，尽量使用长期签约人员。

实验室应将影响实验室活动结果的各职能的能力要求形成文件，包括对教育、资格、培训、技术知识、技能和经验的要求。实验室应确保人员具备其负责的实验室活动的能力，以及评估偏离影响程度的能力。

对所有从事抽样、检测和/或校准、签发检测/校准报告以及操作设备等工作的人员，应按要求根据相应的教育、培训、经验和/或可证明的技能进行资格确认并持证上岗。从事特殊产品的检测和/或校准活动的实验室，其专业技术人员和管理人员还应符合相关法律、行政法规的规定要求。检测机构应做好以下工作：

（1）确定能力要求。实验室对操作专门设备、从事检测及校核的人员、评价检测结果的人员、批准签发报告人员的能力应予以确认，确认内容包括学历、职称、专业技能、工作经验及培训经历等方面，对照实验室任职资格和条件的要求确认有能力胜任所从事的岗位。

（2）人员选择。某些技术领域（如无损探伤检测、内审员）可能要求工作人员持有资格证书才能上岗，对于人员的资格证书的要求是法定的、特殊领域标准要求的，实验室应满足这些专门人员持证上岗的要求。

（3）人员培训。实验室应识别各岗位的培训需求，并制定培训计划。培训计划既要考虑实验室当前和预期的任务需要，也要考虑实验室活动人员的资格、能力、经验、监督评价和人员能力监控的结果，并评价培训活动的有效性，保留培训记录。

（4）人员监督。使用在培训期内的人员应对其安排充分、有效的监督。

（5）人员授权。对检测报告中的结果负责发表和解释的人员，以及报告的授权签字人，除了具有相应的资格、培训、经验、专业技能外，还需要熟悉体系标准及相关的法律法规、技术文件的要求，熟悉实验室管理体系及管理程序，熟悉检测报告审核签发程序，了解所承担检测项目或工程的设计要求以及合同、标书的要求，掌握数据修约、测量不确定度评定等计量基础知识。

（6）人员能力监控。实验室应高度重视对人员能力的保持，为此，实验室应根据实验室的现状和发展确定长远（3～5年）的培训需求。同时，制定与实验室当前和预期任务相适应的培训计划，特别是关键岗位人员能力的保持要通过有计划、持续不断的培训来得到，确保机构人员持续胜任相应岗位的工作。

（7）培训内容。根据各岗位应知应会的要求确定培训内容，通常包括以下方面：

1）职业操守、有关的法律法规及评审准则等。

2）专业基础知识、专业技能以及质量管理和质量控制知识。

3）实验室质量手册、程序文件等管理体系文件。

4）检测技术、规程、规范、方法等相关标准。

5）数理统计、数据处理以及测量不确定度评定知识。

6）计算机应用软件、绘图软件以及自动化设备软件。

7）检测仪器设备自校准、操作使用、维护保养等方面的规程、方法等。

8）行业或法规要求的从业资格证书的培训等。

（8）培训时机。出现下列情况时，实验室应组织有关人员进行培训：

1）新进人员或长期离岗人员上岗前。

2）新开展检测项目的检测人员。

3）新仪器设备投入使用前。

4）执行新标准或新方法前。

5）由于检测人员技术缺陷出现质量隐患或造成检测事故后。

6）新的质量体系运行前。

7）法律、法规和上级主管部门有明确规定和要求时。

8）有其他需求时。

（9）培训计划。实验室应根据其当前和今后的发展目标，确定各类人员的培训目标，制定中长期培训规划和年度培训计划，其主要内容应包括培训的科目和内容、培训对象、培训时间和地点、培训要求、组织管理、授课教师及考试方式等。中长期培训规划可相对宏观，但年度培训计划要具体、明确、可操作性强。

（10）培训管理。培训应由技术负责人制订计划，经最高管理者批准后由实验室相关部门组织实施。技术负责人应对培训计划的组织实施及实施效果进行监督，当发现问题时应及时向最高管理者报告，以保证培训计划的有效实施。对参加培训的人员要按照培训内容及从事工作的应知应会科目进行考试，考试成绩计入个人档案，参加资格培训者应取得相应资格证书。培训和考试结果应由办公室及时记录和收集整理，培训及考核记录应纳入人员技术档案。

实验室应保存技术人员有关资格、培训、技能、经历和业绩等技术档案。人员技术档案应内容正确完整，对其实施动态管理，及时补充更新，并做到一人一档、专人妥善保管。

人员技术档案主要内容包括：

（1）个人简历：个人基本情况、主要学习经历和工作经历等。

（2）学历证明：毕业证书和学位证书复印件。

（3）技术职称证明：技术职称证和聘任证书复印件。

（4）上岗证书：各种检测人员的上岗证书、内审员证书、特殊资格证书等复印件。

（5）工作成果证明：如论文、著作、专利证书、获奖证书等复印件。

（6）培训和考核记录。

（7）考评资料：如年度考评资料、技术或业务能力考评资料。

（8）其他技术业绩证明材料等。

1.4.3　设施和环境条件

设施和环境条件应适合实验室活动，不应对结果有效性产生不利影响。对结果有效性有不利影响的因素可能包括但不限于微生物污染、灰尘、电磁干扰、辐射、湿度、供电、温度、声音和振动。

实验室设施和环境条件是保证检测或校准（包括抽样活动）正常开展，以及检测或校准结果数据正确、可靠的重要影响因素之一。实验室应提供满足检测或校准（包括抽样活动）所需的相应设施和环境条件。实验室的设施应为自有设施，并拥有设施的全部使用权和支配权；应有充足的设施和场地实施检测或校准活动，包括样品储存空间。对诸如微生物污染、灰尘、电磁干扰、辐射、湿度、供电、温度、声音和振动等可能对检测或校准结果有效性有不利影响的因素，实验室应当予以足够重视，采取相应控制措施，确保设施和环境条件适合于相关的检测或校准（包括抽样活动），不会使检测结果无效或对检测有效性产生不利影响。当环境条件危及检测结果时，应停止检测。

实验室应将从事实验室活动所必需的设施及环境条件的要求形成文件。当相关规范、方法或程序对环境条件有要求时，或环境条件影响结果有效性时，实验室应监测、控制和记录环境条件。

实验室应实施、监控并定期评审控制设施的措施，这些措施应包括但不限于：

（1）进入和使用影响实验室活动的区域。

（2）预防对实验室活动的污染、干扰或不利影响。

（3）有效隔离不相容的实验室活动区域。

当实验室在永久控制之外的场所或设施中实施实验室活动时，应确保满足实验室体系中有关设施和环境条件的要求。在实验室永久控制之外的场所或设施中进行检测或校准时，对设施和环境条件应予以特别关注。为保证环境条件符合检测或校准标准或技术规范的要求，不对检测或校准结果有效性产生不利影响，必要时实验室应提出相应的控制要求并记录。

1.4.4　设备

1.4.4.1　基本要求

实验室应获得正确开展实验室活动所需的并影响结果的设备，包括但不限于测量仪器、软件、测量标准、标准物质、参考数据、试剂、消耗品或辅助装置。仪器设备是实验室开展检测工作所必需的重要资源，也是保证检测工作质量、获取可靠测量数据的基础。因此，仪器设备的管理在实验室管理中是一个重要环节。仪器设备的管理内容包括仪器设备的配备、采购、验收、量值溯源、使用、维护、报废等全过程管理，其主要目的是使仪器设备在整个使用寿命周期内处于受控状态，以保证仪器设备配备合理、量值准确可靠，为取得科学、准确、可靠的检测数据提供保障。

实验室应有处理、运输、储存、使用和按计划维护设备的程序，以确保其功能正常并防止污染或性能退化。实验室应建立相关的程序文件，规定设备处理、运输、储存、使用和按计划维护等过程的内容和记录要求，以确保设备功能正常运行并防止污染和性能退化。实验室建立的程序文件应包括标准物质的储存、使用等确保其保持规定特性并防止污染和退化的控制过程和记录要求。实验室应指定专人负责设备的管理，包括校准、维护和期间核查等。实验室应建立机制以提示对到期设备进行校准、维护和期间核查。设备使用者最了解设备的使用状态，应使其参与设备管理。

1.4.4.2　实验室使用控制以外的设备要求

实验室使用永久控制以外的设备时，应确保满足体系对设备的要求。若现场使用客户的设备或其他非实验室设备，是否已将该设备纳入实验室的管理体系；是否由本实验室的人员操作、维护，并对使用环境和储存条件进行了控制；是否确保满足了体系中对设备的要求。永久控制外的设备主要包括外借设备、客户设备、分包方的设备。外借设备主要有以下三种情况：

（1）借到实验室来用。与自己的设备一样进行管理和使用。

（2）在被借用方使用，由被借用方人员进行操作测试。这样的测试 CNAS 是不会受理认可申请的。对于这类测试，借用方实验室要保留其设备校准/检定证书复印件，并确认被借用方操作人员的相关测试能力，或对其进行简短的培训。借用方还要确保测试不会影响公正性、独立性以及保护客户机密和客户所有权。

（3）在被借用方使用，由借用实验室人员操作测试。设备要纳入借用实验室的设备台账上，并要有标识。借用实验室要有设备校准/检定证书复印件，操作人员应进行设备操作方面的培训并有培训记录，要有设备操作、维护和期间核查作业指导书以及相关记录。

1.4.4.3 预防设备的污染和性能退化

实验室应有处理、运输、储存、使用和按计划维护设备的程序，以确保其功能正常并防止污染或性能退化。实验室在固定场所外使用测量设备进行检测、校准或抽样的相关规定，可编写在设备管理程序文件中，也可单独制定程序。设备维护的频次及方式，可根据实验室具体情况进行规定和执行。在设计维护频次时，可根据设备测试量定，通常有日维护、周维护、月维护和年度维护，维护的项目根据频次有层级的安排。维护的方式分为操作者的维护、专家维护（内部专家和外部专家），具体采用哪种方式或几种方式组合，要综合考虑实验室人员能力、财力等再做规定。

1.4.4.4 设备使用要求

当设备投入使用或重新投入使用前，实验室应验证其是否符合规定要求，验证的方式包括校准、核查、比对、检测等。其中，投入使用前应采用校准或核查的方式，重新投入使用前应采用核查或校准的方式。如验证设备达到了要求的准确度、测量范围和不确定度等，符合相应标准、技术规范或设备说明书的要求，即满足使用要求。

1.4.4.5 测量设备的校准与期间核查

实验室应指定专人负责设备的管理，包括校准、维护和期间核查等。实验室应建立机制以提示对到期设备进行校准、核查和维护。用于测量的设备应能达到所需的测量准确度和（或）测量不确定度，以提供有效结果。实验室应按其活动所依据的标准或技术规范的要求，配置所需设备的测量准确度和（或）测量不确定度（包括测量范围），以提供有效的结果。

在下列情况下，测量设备应进行校准：

（1）当测量准确度或测量不确定度影响报告结果有效性。

（2）为建立报告结果的计量溯源性，要求对设备进行校准。

影响报告结果有效性的设备类型可包括：

（1）用于直接测量被测量的设备，如使用天平测量质量。

（2）用于修正测量值的设备，如温度测量。

（3）用于从多个量计算获得测量结果的设备。

对需要校准的设备，实验室应建立校准方案，方案中应包括该设备校准的参数、范围、不确定度和校准周期等，以便送校时提出明确的、针对性的要求。所有需要校准或具有规定有效期的设备应使用标签、编码或以其他方式标识，使设备使用人方便地识别校准状态或有效期。当实验室需要利用期间核查以保持设备校准状态的可信度时，应按照规定的程序进行。期间核查通常是在设备两次校准期间，对设备各功能及技术要求进行核查，对有明显功能变差、技术参数要求超出要求范围的设备及时采取预防措施，以确保设备功能及相关技术参数要求的可信度。期间核查与校准或检定的主要区别如下：

（1）校准或检定是在标准条件下，通过计量标准确定测量仪器的校准状态。而期间核查是在两次校准或检定之间，在实际工作的环境条件下，对同一核查标准进行定期或不定期的测量，考察测量数据的变化情况，以确认其校准状态是否继续可信。

（2）校准或检定必须由有资格的计量技术机构用经考核合格的计量标准按照规程或规范的方法进行。期间核查是由本实验室人员使用自己选定的核查标准按照自己制定的核查方案进行。

（3）校准或检定是用高一级计量标准对测量仪器的计量性能进行评估，以获得该仪器量值的溯源性。而期间核查只是在使用条件下考核测量仪器的计量特性有无明显变化，由于核查标准一般不具备高一级计量标准的性能和资格，所以这种核查不具有溯源性。

（4）期间核查不是缩短校准或检定周期后的一种校准或检定，而是用一种简便的方法对测量仪器是否依然保持校准或检定状态进行的确认。而校准或检定是要评价测量仪器的计量特性，需要控制各种因素的影响，所用的计量标准的准确度高于被检仪器的准确度。

（5）期间核查可以为制定合理的校准间隔提供依据或参考。对于因校准或维修等原因又返回实验室的设备，也应进行验证。应注意到并非实验室的每台设备都需要校准，实验室应评估该设备对结果有效性和计量溯源性的影响，合理地确定是否需要校准。对不需要校准的设备，实验室应核查其状态是否满足使用要求。实验室应根据校准证书的信息，判断设备是否满足方法要求。

判断设备是否需要期间核查至少需考虑以下因素：

1）设备校准周期；
2）历次校准结果；
3）质量控制结果；
4）设备使用频率和性能稳定性；
5）设备维护情况；
6）设备操作人员及环境的变化；
7）设备使用范围的变化等。

1.4.4.6 设备状态标识

如果设备有过载或处置不当，给出可疑结果，已显示有缺陷或超出规定要求时，应停止使用。这些设备应予以隔离以防误用，或加贴标签/标记以清晰表明该设备已停用，直至经过验证表明能正常工作。实验室应检查设备缺陷或偏离规定要求的影响，并启动不符合工作管理程序。

1.4.4.7 设备管理档案

实验室应保存对实验室活动有影响的设备记录，记录应包括以下内容：

（1）设备的识别，包括软件和固件版本；

（2）制造商名称、型号、序列号或其他唯一性标识；

（3）设备符合规定要求的验证证据；

（4）当前的位置；

（5）校准日期、校准结果、设备调整、验收准则、下次校准的预定日期或校准周期；

（6）准物质的文件、结果、验收准则、相关日期和有效期；

（7）与设备性能相关的维护计划和已进行的维护；

（8）设备的损坏、故障、改装或维修的详细信息。

1.4.5 外部提供的产品和服务

实验室应确保影响实验室活动的外部提供的产品和服务的适宜性，这些产品和服务包括用于实验室自身的活动、部分或全部直接提供给客户、用于支持实验室的运作。

产品可包括测量标准和设备、辅助设备、消耗材料和标准物质。服务可包括校准服务、抽样服务、检测服务、设施和设备维护服务、能力验证服务以及评审和审核服务。实验室应按照体系要求界定自身的实验室活动范围，确定完成这些活动所需的资源和条件。当这些资源和条件需要外部提供产品和服务时，应分析外部提供的产品和服务的性质、类型和适用范围，尤其是影响实验室活动的外部产品和服务的适宜性和可能带来的风险，并采取有效措施来消除这些风险或将风险降到最低，确保影响实验室活动的外部产品和服务既要以低成本采购又能保证质量，满足实验室活动所涉及的方法标准或规范的需要。

实验室应有以下活动的程序，并保存相关记录：

（1）确定、审查和批准实验室对外部提供的产品和服务的要求。按照实验室各个部门或岗位的职责规定，遵循"谁使用谁申请、谁管理谁审批、谁采购谁负责、谁使用谁验收"的原则，确定外部提供的产品和服务的流程管理要求。鉴于不同外部提供的产品和服务的特点，应有针对性地提出要求，如：试剂和消耗材料具有不断消耗、补充、更新的特点，应就其购买尤其是接收和储存的要求做出明确的规定；应对实验室不能完成、需要部分提供（分包）给符合要求的其他实验室提出要求；应对校准服务的实验室资质和校准证书的不确定度报告提出要求。

（2）确定评价、选择、监控表现和再次评价外部供应商的准则。根据实验室的实际情况，确定外部产品和服务的范围、性质、特点、技术指标等要求，从外部供应商的资质、提供产品和服务的质量要求、规模、价格、服务满意度、使用者和同行反馈等方面确定综合评价准则，并动态监控、调整和运用这些准则对外部供应商进行评价、选择、表现监控和再次评价，以做出继续使用还是拒绝的决定。

（3）在使用外部提供的产品和服务前，或将外部提供的产品和服务结果直接提供给客户前，实验室应确保影响实验室活动质量的、外部提供的产品和服务只有在经检查或以其他方式进行符合性评价和验收，符合有关方法标准或规范、或满足实验室的管理体系文件规定、或实验室体系的相关要求之后才可以使用。必要时，可针对不同的外部提供的产品和服务，制定验收工作的标准操作程序。

（4）根据对外部供应商的评价、监控表现和再次评价的结果采取措施。实验室通过对外部供应商的评价、监控表现和再次评价方式进行管理，根据评价结果，选择或重新选择和使用合格的供应商及其提供的产品和服务。根据供应商评价结果，建立合格供应商名录。若出现不合格（不满意）的情况，应依据实验室制定的管理程序，对照选择和评价准则完成对供应商的选择和使用并采取措施，持续使用合格的、淘汰不合格的供应商，并保留对供应商进行评价和采取措施的证据和结论。

实验室应与外部供应商沟通，明确以下要求：①需提供的产品和服务；②验收准则；③能力，包括人员需具备的资格；④实验室或其客户拟在外部供应商的场所进行的活动。

1.5 过 程 要 求

1.5.1 要求、标书和合同评审

实验室应有要求、标书和合同评审程序，该程序应确保：

（1）实验室应能与客户充分沟通，对要求应予充分规定并形成文件，且被双方理解。规定要求包括客户要求、实验室体系要求、实验室和客户沟通的其他相关事宜。客户要求应合理、明确，文件齐全，易于理解。双方通过对检测或校准项目、依据、结论、供样方式等的确定，防止由于规定不明确、不一致而影响检测或校准的最终质量。评审客户要求的目的是确保实验室能很好地理解客户的要求，实验室一般不要自行判断，应与客户充分讨论，明确他们的最终要求。

（2）实验室自身的技术能力和资质状况应满足规定要求。按照规定的要求，评审实验室在软、硬件方面是否满足要求，如场地、设备、环境是否具备、人员是否授权上岗、对方法理解如何、有无作业指导书、是否评定过不确定度、是否参加过实验室间比对或能力验证，或是用已知值样品进行过盲样测试、有无行之有效的管理体系等。

（3）当使用外部供应商时，应满足 1.4.5 的要求，实验室应告知客户由外部供应商实施的实验室活动，并获得客户同意。在下列情况下可能使用外部提供的实验室活动：实验室有开展活动的资源和能力，然而由于不可预见的原因不能承担部分或全部活动，这种情况被称为有能力的分包。实验室没有开展活动的资源和能力，这种情况被称为没有能力的分包。使用外部提供者的服务，是指实验室将检测项目部分分包给有能力的其他实验室。该分包有两类原因：不可预见的原因和持续性的原因。不可预见的原因是指有能力的分包，一个实验室拟分包的项目是其已获得实验室认可的技术能力，但因工作量急增、关键人员暂缺、设备设施故障、环境状况变化等原因，暂时不满足检测或校准条件而进行的分包；而持续性原因是指一个实验室拟分包的项目是其未获得实验室认可的技术能力。分包方应获得实验室认可并有相应的技术能力，对分包方的管理应满足体系的相关要求。实验室应事先告知客户由外部提供者实施的实验室活动，并征得客户同意。通知客户的目的也含有保密的要求，不能将客户的任务交给其竞争对手。此外，这也是实验室诚实守信的体现。

（4）选择适当的方法或程序以满足客户的要求。当客户未指定所用的方法时，实验室应优先选择国际标准、区域标准或国家标准发布的方法，或由知名技术组织或由有关科技书籍或期刊中公布的方法，或设备制造商规定的方法，也可使用实验室开发或修改的方法。方法的选择应能满足客户需求。对内部或例行客户，要求、标书和合同的评审可简化进行。例如，对例行和其他简单任务的评审，由实验室中负责合同工作的人员注明日期并加以标识（如签名缩写）即可；对于重复性的例行工作，如果客户要求不变，仅需在初期调查阶段或在与客户的总协议下对持续进行的例行工作合同批准时进行评审；对于新的、复杂的或先进的检测或校准任务，则应当保存更为全面的记录。

当客户指定所用的方法不合适或过期时，实验室应通知客户。实验室应确保使用最新有效版本的方法，除非不合适或不可能做到。

当客户要求针对检测或校准做出与规范或标准符合性的声明时（如通过/未通过，在允许限内/超出允许限），应明确规定规范或标准及判定规则。选择的判定规则应通知客户并得到同意，除非规范或标准本身已包含判定规则。

要求或标书与合同之间的任何差异，应在实施实验室活动前解决。每项合同应被实验室和客户双方接受。客户要求的偏离不应影响实验室的诚信或结果的有效性。实验室对客户要求、标书或合同有不同意见时，应在签约之前协调解决。若有关要求发生修改或变更时，需进行重新评审，并将变更内容通知到相关的人员。实验室对于出现的偏离，应与客户沟通并取得客户同意。实验室应评审客户要求的偏离带来的风险，如果影响实验室的诚信或结果的有效性，则不能接受。实验室在执行合同时发生的与合同任何的偏离都应通知客户，如：设备发生故障需要延长合同交付时间或将这部分工作分包，都应通知客户并得到客户同意。如果工作开始后修改合同，应重新进行合同评审，并将修改内容通知所有受到影响的人员。

使客户了解、理解实验室过程，是实验室与客户交流的重要途径。实验室应与客户沟通，全面了解客户的需求，为客户解答有关的技术和方法。与客户或其代表合作的前提是确保其他客户的机密不受损害，保证人员的人身安全，并且不会对实验室结果产生不利影响。实验室在整个工作过程中，应当通过与客户沟通，深入、全面、正确地理解客户的要求，主动为客户服务。与客户的合作可包括：①允许客户或其代表合理进入实验室的相关区域直接观察为其进行的试验；②客户有验证要求的，提供所需物品的准备、包装和发送。

实验室应保存所有的合同评审记录，包括：工作开始前的评审记录；合同执行期间，实验室就客户的要求、工作结果与客户所进行的讨论记录等。

1.5.2 方法的选择、验证和确认

1.5.2.1 检测方法选择与偏离要求

（1）检测方法应能满足检测的要求。检测实验室应使用适当的方法和程序开展所有的实验室活动，适当时，包括测量不确定度的评定以及使用统计技术进行数据分析。实验室应对使用的检测或校准方法实施有效的控制与管理，明确每种新方法投入使用的时间，并及时跟进检测或校准技术的发展，定期评审方法能否满足检测或校准需求。

（2）检测方法应保持现行有效并易于人员取阅。

（3）实验室应确保使用最新有效版本的方法。对于标准方法，应定期跟踪标准的制、修订情况，及时采用最新版本标准。

（4）当客户未指定所用的方法时，实验室应选择适当的方法并通知客户。推荐使用以国际标准、区域标准或国家标准发布的方法，或由知名技术组织或有关科技文献或期刊中公布的方法，或设备制造商规定的方法。实验室制定或修改的方法也可使用。

（5）对实验室活动方法的偏离，应事先将该偏离形成文件并做技术判断，获得授权并被客户接受。

1.5.2.2 检测方法验证

实验室在引入方法前，应验证能够正确地运用该方法，以确保实现所需的方法性能。应保存验证记录。如果发布机构修订了方法，应依据方法变化的内容重新进行验证。在引入检测方法之前，实验室应对其能否正确运用这些标准方法的能力进行验证。验证不仅需要识别相应的人员、设施和环境、设备等，还应通过试验证明结果的准确性和可靠性，如精密度、线性范围、检出限和定量限等方法特性指标，必要时应进行实验室间比对。

1.5.2.3 检测方法开发

当需要开发方法时，应予以策划，指定具备能力的人员，并为其配备足够的资源。在方法开发的过程中，应进行定期评审以确定持续满足客户需求。开发计划的任何变更应得到批准和授权。

1.5.2.4 检测方法确认

（1）方法确认的范围。确认是对规定要求满足预期用途的验证。CNAS-CL01：2018规定对以下情况需要进行方法的确认：非标准方法、实验室制定的方法、超出预定范围使用的标准方法、或其他修改的标准方法。此外，确认可包括检测或校准物品的抽样、处置和运输程序。当修改已确认过的方法时，应确定这些修改的影响。当发现影响原有的确认时，应重新进行方法确认。

（2）方法确认技术。可用以下一种或多种技术进行方法确认：

1）使用参考标准或标准物质进行校准或评估偏倚和精密度。

2）对影响结果的因素进行系统性评审。

3）改变控制检验方法的稳健度，如培养箱温度、加样体积等。

4）与其他已确认的方法进行结果比对，如实验室间比对，根据对方法原理的理解以及抽样或检测方法的实践经验，评定结果的测量不确定度。

（3）确认方法的性能特性。方法性能特性可包括但不限于：测量范围、准确度结果的测量不确定度、检出限、定量限、方法的选择性、线性、重复性或复现性、抵御外部影响的稳健度或抵御来自样品或测试物基体干扰的交互灵敏度以及偏倚。

（4）方法确认的记录内容。主要包括使用的确认程序、规定的要求、确定的方法性能特性、获得的结果、方法有效性声明，并详述与预期用途的适宜性。

1.5.3 抽样

检验检测机构需要对物质、材料或产品进行抽样时，应建立和保持抽样控制程序。抽样计划应根据适当的统计方法制定，抽样应确保检验检测结果的有效性。当客户对抽样程序有偏离的要求时，应予以详细记录，同时告知相关人员。如果客户要求的偏离影响到检验检测结果，应在报告、证书中做出声明。

当抽样作为实验室工作的一部分时，实验室应记录与抽样有关的信息。实验室应将抽样数据作为检测或校准工作记录的一部分予以保存，这些记录应包括以下信息：

（1）所用的抽样方法；

（2）抽样日期和时间；

（3）识别和描述样品的数据（如编号、数量和名称）；

（4）抽样人的识别；

（5）所用设备的识别；

（6）环境或运输条件；

（7）适当时，标识抽样位置的图示或其他等效方式；

（8）对抽样方法和抽样计划的偏离或增减。

1.5.4 检测或校准物品的处置

实验室应有运输、接收、处置、保护、存储、保留、处理或归还检测或校准物品的程序，包括为保护检测或校准物品的完整性以及实验室与客户利益所需要的所有规定。在物品的处置、运输、保存/等候和制备过程中，应注意避免物品变质、污染、丢失或损坏。应遵守随物品提供的操作说明。

实验室应有清晰标识检测或校准物品的系统，物品在实验室负责的期间内应保留该标识。标识系统应确保物品在实物上、记录或其他文件中不被混淆。适当时，标识系统应包含一个物品或一组物品的细分和物品的传递。

接收检测或校准物品时，应记录与规定条件的偏离。当对物品是否适于检测或校准有疑问，或当物品不符合所提供的描述时，实验室应在开始工作之前询问客户以得到进一步的说明，并记录询问的结果。当客户知道偏离了规定条件仍要求进行检测或校准时，实验室应在报告中做出免责声明，并指出偏离可能影响的结果。

若物品需要在规定环境条件下储存或状态调节时，应保持、监控和记录这些环境条件。实验室应有程序和适当的设施以避免样品在储存、处置和准备过程中发生退化、污染、丢失或损坏，如：采取通风、防潮、控温、清洁等措施，并做好相关记录。样品的处理应严格遵守随样品提供的说明或相关标准要求。当样品需要存放在规定的环境条件下储存或状态调节时，应保持、监控和记录这些条件。

1.5.5 技术记录

实验室应确保每一项实验室活动的技术记录包含结果、报告和足够的信息，以便在可能时识别影响测量结果及其测量不确定度的因素，并确保能在尽可能接近原条件的情况下重复该实验室活动。技术记录应包括每项实验室活动以及审查数据结果的日期和责任人。原始的观察结果、数据和计算应在观察或获得时予以记录，并应按特定任务予以识别。

记录是管理体系有效运行和实验室活动符合规定要求的有效证据，是实验室各项管理和技术活动的第一手资料，也是保证检测或校准数据准确、可靠的基础。实验室应有程序规定各项记录的标识、收集、检索、使用、归档、储存、维护和处置，保证其安全性、保密性和可追溯性。

实验室对所开展的每一项检测或校准或抽样活动都应做出记录，所有的这些记录均归为技术记录。技术记录应包括每项实验室活动以及审查数据结果的日期和责任人（负责抽样的人员、每项检测和或校准的操作人员和结果校核人员）。原始的观察结果、数据和计算应在观察或获得时予以记录，并应按特定任务予以识别。

实验室应确保能方便获得所有的原始记录和数据，记录的详细程度应确保在尽可能接近原条件的情况下能够重复实验室活动及识别测量不确定度的因素。只要适用，记录内容应包括：样品描述；样品唯一性标识：所用的检测、校准和抽样方法；环境条件，特别是在实验室以外的地点实施的实验室活动；所用设备和标准物质的信息，包括使用客户的设备；检测或校准过程中的原始观察记录以及根据观察结果所进行的计算；实施实验室活动的人员；实施实验室活动的地点（如果未在实验室固定地点实施）；其他重要信息。

实验室应在记录表格中或成册的记录本上保存检测或校准的原始数据和信息，也可直接录入信息管理系统中，也可以是设备或信息系统自动采集的数据。对自动采集或直接录入信息管理系统中的数据的任何更改，应满足检测体系要求。原始记录为试验人员在试验过程中记录的原始观察数据和信息，而不是试验后所誊抄的数据。当需要另行整理或誊抄时，应保留对应的原始记录。

电子记录的修改应在系统中留下痕迹，存放条件应有安全保护措施并加以保护及备份，防止未经授权的侵入和修改，以避免原始数据的丢失或改动。

实验室应确保技术记录的修改可以追溯到前一个版本或原始观察结果。应保存原始的以及修改后的数据和文档，包括修改的日期、标识修改的内容和负责修改的人员。

1.5.6 测量不确定度的评定

1.5.6.1 测量不确定度的重要性

检验检测机构应建立和保持应用评定测量不确定度的程序，应识别测量不确定度的贡献，建立相应数学模型，给出相应检验检测能力的评定测量不确定度案例。评定测量不确定度时，应采用适当的分析方法考虑所有显著贡献，包括来自抽样的贡献。检验检测机构在检验检测出现临界值、内部质量控制或客户有要求时，需要报告测量不确定度。

CNAS-CL01-G003《测量不确定度的要求》中做出如下说明：中国合格评定国家认可委员会（CNAS）充分考虑目前国际上与合格评定相关的各方对测量不确定度的关注，以及测量不确定度对测量、试验结果的可信性、可比性和可接受性的影响，特别是这种影响和关注可能会造成消费者、工业界、政府和市场对合格评定活动提出更高的要求。因此，CNAS 在认可体系的运行中给予测量不确定度评估以足够的重视，以满足客户、消费者和其他各有关方的期望和需求。CNAS 在测量不确定度评估和应用要求方面将始终遵循国际规范的相关要求，与国际相关组织的要求保持一致，并在国际规范和有关行业制定的相关导则框架内制定具体的测量不确定度要求。

1.5.6.2　测量不确定度的通用要求

（1）实验室应制定实施测量不确定度要求的文件并将其应用于相应的工作，实验室还应建立维护测量不确定度有效性的机制。

（2）实验室应有具备能力的相关人员，能正确评定、报告和应用检测或校准结果的测量不确定度。

（3）测量不确定度评定的程序、方法以及测量不确定度的表示和使用应符合 GUM（《测量不确定度表示指南》）及其补充文件的规定。

（4）实验室应识别测量不确定度的贡献。评定测量不确定度时，应采用适当的分析方法考虑所有显著贡献，包括来自抽样的贡献。

（5）当做出与规范或标准的符合性声明时，实验室应考虑测量不确定度的影响，明确判定规则，所用判定规则应考虑到相关的风险水平（如错误接受、错误拒绝以及统计假设）。应将所使用的判定规则制定成文件，并加以应用。

1.5.6.3　对检测实验室的要求

（1）检测实验室应制定与检测工作特点相适应的测量不确定度评估文件。

（2）检测实验室应有能力对每一项有数值要求的测量结果进行测量不确定度评估，需要时，应评估这些测量结果的不确定度。

（3）检测实验室对于不同的检测项目和检测对象，可以采用不同的评估方法。

（4）检测实验室在采用新的检测方法时，应按照新方法重新评估测量不确定度。

（5）检测实验室应对所采用的非标准方法、实验室自己设计和研制的方法、超出预定使用范围的标准方法以及其他修改的标准方法进行确认，其中应包括对测量不确定度的评估。

（6）对于某些广泛公认的检测方法，如果该方法规定了测量不确定度主要来源的极限值和计算结果的表示形式时，实验室只要按照该检测方法的要求操作并出具测量结果报告，即被认为符合要求。

（7）由于某些检测方法的性质，决定了无法从计量学和统计学角度对测量不确定度进行有效而严格的评估，这时至少应通过分析方法列出各主要的不确定度分量，并做出合理的评估。同时应确保测量结果的报告形式不会使客户造成对所给测量不确定度的误解。

（8）如果检测结果不是用数值表示或者不是建立在数值基础上（如合格/不合格、阴性/阳性、或基于视觉和触觉等的定性检测），则不要求对不确定度进行评估，但鼓励实验室在可能的情况下了解结果的可变性。

1.5.6.4 检测实验室测量不确定度评估所需的严密程度

检测实验室测量不确定度评估所需的严密程度取决于：检测方法的要求、用户的要求、用来确定是否符合某规范所依据的误差限的宽窄。

检测报告中报告必须给出测量结果的不确定度的情况包括：①当不确定度与检测结果的有效性或应用有关时；②当用户要求时；③当测量不确定度影响到与规范限量的符合性时。

1.5.7 确保结果有效性

检验检测机构应建立和保持监控结果有效性的程序。检验检测机构可采用：①定期使用标准物质；②定期使用经过检定或校准的具有溯源性的替代仪器；③对设备的功能进行检查；④运用工作标准与控制图；⑤使用相同或不同方法重复检验检测；⑥保存样品的再次检验检测；⑦分析样品不同结果的相关性；⑧对报告数据进行审核；⑨参加能力验证或机构之间比对；⑩机构内部比对；⑪盲样检验检测等手段进行监控。检验检测机构所有数据的记录方式应便于发现其发展趋势，若发现偏离预先判据，应采取有效的措施纠正出现的问题，防止出现错误的结果。质量控制应有适当的方法和计划并加以评价。

实验室应监控检测或校准/抽样结果的有效性。通常结果有效性的监控也表述为结果质量控制。实验室对监控结果有效性的活动应进行策划，制定质量控制计划并审查、批准相关质量控制计划。质量控制程序的要素包括：质量控制工作的责任部门和责任人、相关工作涉及的部门和岗位、质量控制计划、选取适合且足够的检测或校准项目作为质量控制对象、质量控制的类型和方式、质量控制结果的统计分析技术、质量控制结果的应用等。实验室要采用合适的方式记录监控结果的数据，该方式应便于发现监控结果的发展趋势。如可行，应采用适用的统计技术对监控结果进行分析、判断和审查。

实验室可通过参加能力验证、参加除能力验证之外的实验室间比对来监控能力水平。实验室开展检测或校准结果的质量监控，还应该通过与其他实验室的结果比对的方式来监控自身的检测或校准能力水平。与外部实验室的结果比对提供了一种发现自身系统性偏差的手段，也有助于实验室知道其在同行实验室之间的定位。与外部实验室的结果比对的监控活动也应该予以策划和审查，监控的措施包括但不限于参加能力验证、实验室间比对。实验室参加能力验证应覆盖其认可的子领域并满足 RL02 中对参加能力验证活动频次的要求。

实验室应对开展的检测或校准结果监控活动所获得的数据进行分析，分析的结果可用于控制实验室的检测或校准工作。适用时，可用于改进实验室的检测或校准工作。实验室应制定结果监控活动的预案，并设立监控活动数据分析结果的限值（也称为可以接受的准则）。如果发现监控活动数据分析结果超出了这一预定的限值时，应采取适当措施以防止报告不正确的结果。

1.5.8 结果报告

检验检测机构应准确、清晰、明确、客观地出具检验检测结果，符合检验检测方法的规定，并确保检验检测结果的有效性。结果通常应以检验检测报告或证书的形式发出。检验检测报告或证书应至少包括下列信息：

（1）标题。

（2）标注资质认定标志，加盖检验检测专用章（适用时）。

（3）检验检测机构的名称和地址、检验检测的地点（如果与检验检测机构的地址不同）。

（4）检验检测报告或证书的唯一性标识（如系列号）和每一页上的标识，以确保能够识别该页是属于检验检测报告或证书的一部分，以及表明检验检测报告或证书结束的清晰标识。

（5）客户的名称和联系信息。

（6）所用检验检测方法的识别。

（7）检验检测样品的描述、状态和标识。

（8）检验检测的日期；对检验检测结果的有效性和应用有重大影响时，注明样品的接收日期或抽样日期。

（9）对检验检测结果的有效性或应用有影响时，提供检验检测机构或其他机构所用的抽样计划和程序的说明。

（10）检验检测报告或证书签发人的姓名、签字或等效的标识和签发日期。

（11）检验检测结果的测量单位（适用时）。

（12）检验检测机构不负责抽样（如样品是由客户提供）时，应在报告或证书中声明结果仅适用于客户提供的样品。

（13）检验检测结果来自外部提供者时的清晰标注。

（14）检验检测机构应做出未经本机构批准，不得复制（全文复制除外）报告或证书的声明。

当需对检验检测结果进行说明时，检验检测报告或证书中还应包括下列内容：

（1）对检验检测方法的偏离、增加或删减，以及特定检验检测条件的信息，如环境条件。

（2）适用时，给出符合（或不符合）要求或规范的声明。

（3）当测量不确定度与检验检测结果的有效性或应用有关、或客户有要求、或当测量不确定度影响到对规范限度的符合性时，检验检测报告或证书中还需要包括测量不确定度的信息。

（4）适用且需要时，提出意见和解释。

（5）特定检验检测方法或客户所要求的附加信息。报告或证书涉及使用客户提供的数据时，应有明确的标识。当客户提供的信息可能影响结果的有效性时，报告或证书中应有免责声明。

当需要对报告或证书做出意见和解释时，检验检测机构应将意见和解释的依据形成文件。意见和解释应在检验检测报告或证书中清晰标注。

当用电话、传真或其他电子方式传送检验检测结果时，应满足对数据控制的要求。检验检测报告或证书的格式应设计为适用于所进行的各种检验检测类型，并尽量减小产生误解或误用的可能性。

检验检测报告或证书签发后，若有更正或增补应予以记录。修订的检验检测报告或证书应标明所代替的报告或证书，并注以唯一性标识。

检验检测机构应对检验检测原始记录、报告、证书归档留存，保证其具有可追溯性。检验检测原始记录、报告、证书的保存期限通常不少于 6 年。

1.5.9 投诉

实验室应制定文件，并依据此文件来实施处理投诉的接收、评价及决定等全过程。通常，该文件称为投诉处理程序。实验室应指定部门和人员接收和处理客户的投诉，明确其职责和权利。明确对投诉的接收、确认、调查和处理职责，跟踪和记录投诉，确保采取适宜的措施，并注重人员的回避。

利益相关方有要求时，应可获得对投诉处理过程的说明。在接到投诉后，实验室应证实投诉是否与其负责的实验室活动相关，如相关则应处理。实验室应对投诉处理过程中的所有决定负责。利益相关方是指与投诉人及被投诉人的权益直接相关的组织。例如，投诉人向上级行政主管部门、实验室认可发证机构、投资人、客户、员工、供应商对实验室进行投诉；接到投诉的组织很可能将投诉转到被投诉的实验室，责成实验室处理这起投诉，此时这些组织就构成了利益相关方。利益相关方有权了解投诉的处理情况。当利益相关方有要求时，实验室应为该利益相关方提供投诉处理过程的说明文件。实验室活动是指实验室从事的检测活动、校准活动以及与后续检测、校准相关的抽样活动。实验室应承担的责任包括行政责任、民事责任及刑事责任。

接到投诉的实验室应负责收集和验证所有必要的信息，确认投诉是否有效。投诉分为有效投诉和无效投诉。有效投诉是实验室的责任，应采取适当的纠正措施。无效投诉不是实验室的责任（如客户的责任），对此应采取预防措施。

被客户投诉的人员、与投诉有相关连带责任和利益的人员应采取适当的回避措施。与投诉人的沟通、对投诉的审查和批准，应由与投诉无责任关系的人员做出。必要时，可邀请外部人员实施投诉的调查、处理或审查和批准。只要可能，实验室应正式通知投诉人投诉处理完毕。

1.5.10 不符合工作

当实验室活动或结果不符合自身的程序或与客户协商一致的要求时（例如，设备或环境条件超出规定限值，监控结果不能满足规定的准则），实验室应有程序予以实施。该程序应确保：

（1）确定不符合工作管理的职责和权力。

（2）基于实验室建立的风险水平采取措施（包括必要时暂停或重复工作以及扣发报告）。

（3）评价不符合工作的严重性，包括分析对先前结果的影响。

（4）对不符合工作的可接受性做出决定。

（5）必要时，通知客户并召回。

（6）规定批准恢复工作的职责。

实验室应保存不符合工作规定措施的记录。当评价表明不符合工作可能再次发生时，或对实验室的运行与其管理体系的符合性产生怀疑时，实验室应采取纠正措施。

1.5.11 数据控制和数据信息管理

1.5.11.1 实验室信息管理系统

实验室中用于收集、处理、记录、报告、存储或检索数据的系统，包括计算机化和非计算机化系统中的数据和信息管理。该系统在投入使用前应进行功能确认，包括实验室信息管理系统中界面的适当运行。此外，实验室使用信息管理系统（laboratory information management system，LIMS）时，应确保该系统满足所有相关要求，包括审核路径、数据安全和完整性等。实验室应对 LIMS 与相关认可要求的符合性和适宜性进行完整的确认，并保留确认记录；对 LIMS 的改进和维护应确保可以获得先前产生的记录。

1.5.11.2 实验室信息管理系统的运行要求

（1）防止未经授权的访问。

（2）安全保护以防止篡改和丢失。

（3）在符合系统供应商或实验室规定的环境中运行，或对于非计算机化的系统提供保护人工记录和转录准确性的条件。

（4）以确保数据和信息完整性的方式进行维护。

（5）包括记录系统失效和适当的紧急措施及纠正措施。

1.6 管理体系要求

1.6.1 管理体系内容

实验室应建立、编制、实施和保持管理体系，该管理体系应能支持和证明实验室持续满足实验室体系要求，并且保证实验室结果的质量。实验室管理体系至少应包括管理体系文件、管理体系文件的控制、记录控制、应对风险和机遇的措施、改进、纠正措施、内部审核、管理评审。

1.6.2 管理体系文件

实验室应确定实验室的组织和管理结构、其在母体组织中的位置，以及管理、技术运作和支持服务间的关系。规定对实验室活动结果有影响的所有管理、操作或验证人员的职责、权力和相互关系；将程序形成文件的程度，以确保实验室活动实施的一致性和结果有效性为原则。

检验检测机构应建立和保持控制其管理体系的内部和外部文件的程序，明确文件的标识、批准、发布、变更和废止，防止使用无效、作废的文件。管理体系文件通常包括质量手册、程序文件、作业指导书、质量计划、记录和报告等。

（1）质量手册是阐明组织质量方针、目标、描述其管理体系的文件，是实验室保证检测工作质量的纲领性文件。

（2）程序文件是规定实验室检测工作和质量管理活动或过程的方法和途径的文件，是质量手册的支持性文件。

（3）作业指导书、质量计划是指导某项具体活动或过程的文件，作业指导书如技术标准、检测方法、操作规程等，质量计划如内部审核计划、仪器设备检定/校准计划、人员培训/考核计划、能力验证计划等，它们多是程序文件的补充。

（4）记录是阐明所取得的结果或提供所完成活动证据的文件，包括管理记录和技术记录。管理记录是质量管理体系运行过程中形成的记录，是实验室质量管理体系有效运行的证明，也是采取纠正、预防措施的依据；技术记录则是检测工作形成的检测数据、数据处理的记录，是编制检测报告以及进行数据追溯的客观证据。

（5）报告是检测的最终产品，应准确可靠、清晰、明确、客观地作出检测结论。报告还应包括为说明检测结果所必需的各种检测方法和全部信息。

（6）合同。检验检测机构应建立和保持评审客户要求、标书、合同的程序。对要求、标书、合同的偏离、变更应征得客户同意并通知相关人员。当客户要求出具的检验检测报告或证书中包含对标准或规范的符合性声明（如合格或不合格）时，检验检测机构应有相应的判定规则。若标准或规范不包含判定规则内容，检验检测机构选择的判定规则应与客户沟通并得到同意。

不同层次文件的作用各不相同，上下层次文件间应相互衔接，不能矛盾。上层次文件应附有下层次支持文件的目录，下层次文件应比上层次文件更具体、更可操作。

1.6.3 管理体系文件的控制

实验室应控制与满足体系相关的内部和外部文件。内部文件包括实验室编制和引用的质量手册、程序文件、作业指导书、制度、规范和记录表格等。外部文件包括客户提供的资料、法律法规、认可规则、检测或校准和抽样标准、方法、教科书和图表等。实验室应确定文件控制范围，对内部文件和外部文件进行控制。实验室应确保：

（1）文件发布前由授权人员审查其充分性并批准；

（2）定期审查文件，必要时更新；

（3）识别文件更改和当前修订状态；

（4）在使用地点应可获得适用文件的相关版本，必要时应控制其发放；

（5）对文件进行唯一性标识；

（6）防止误用作废文件，无论出于任何目的而保留的作废文件，应有适当标识。

1.6.4　记录控制

实验室应对记录的标识、存储、保护、备份、归档、检索、保存期和处置实施所需的控制。实验室记录保存期限应符合合同义务。记录的调阅应符合保密承诺，记录应易于获得。实验室应建立和保持记录（档案）管理文件，包括记录的标识、存储、保护、备份、归档、检索、保存期和处置等控制。记录（档案）保存期限应履行合同义务，符合法律法规、法定管理部门、认可管理部门及客户协议等各种合同要求。记录的储存应保证清晰，防止记录损坏、变质和丢失。电子记录（档案）应备份，并防止未经授权的侵入或修改。记录（档案）应易于调阅并符合保密承诺，防止被修改。

1.6.5　应对风险和机遇的措施

检验检测机构应建立和保持在识别出不符合时，采取纠正措施的程序。检验检测机构应通过实施质量方针、质量目标，应用审核结果、数据分析、纠正措施、管理评审、人员建议、风险评估、能力验证和客户反馈等信息来持续改进管理体系的适宜性、充分性和有效性。

检验检测机构应考虑与检验检测活动有关的风险和机遇，以利于：确保管理体系能够实现其预期结果；把握实现目标的机遇；预防或减少检验检测活动中的不利影响和潜在的失败；实现管理体系改进。检验检测机构应策划应对这些风险和机遇的措施以及如何在管理体系中整合并实施这些措施、如何评价这些措施的有效性。

1.6.6　改进

建立和保持管理体系是实验室保持能力、公正性和一致运作的根基，通过实践和时间的推移，技术不断进步、政策不断变化、认知不断提高，实验室的管理体系循环也在不断被激活，其管理体系也在不断向上搭建自己的管理台阶，即实现改进的结果。一方面实验室应建立和保持改进程序或管理制度，策划识别、分析、评估、应对机会、形成制度；另一方面实验室还应组织实施并评价改进活动的有效性。

实验室应针对识别和选择的改进机遇，采取必要的管控措施。这里的改进机遇可以理解为风险和机遇，抓住机遇是实验室快速发展的重要能力。实验室对风险的识别、根本原因分析、风险程度评估以及管控措施进行跟踪评价，再将其整合并在管理体系中实施，就是改进活动；达到提高实验室运作效率和有效性的目的，就是实现改进结果。改进和风险管理密不可分,风险管理就是科学、客观、全面地评估风险的严重程度,提出合适的管控措施,追求不断改进和卓越,避免盲目做出决策的过程。实验室可通过评审操作程序、实施方针、总体目标、审核结果、纠正措施、管理评审、人员建议、风险评估、数据分析和能力验证结果来识别改进机遇。

1.6.7　纠正措施

当发生不符合时,实验室应对不符合项做出应对,采取措施以控制和纠正不符合项。处置后果。通过评审和分析不符合原因等活动确定是否需要采取措施,以消除产生不符合的原因,避免其再次发生或者在其他场合发生。实施所需的措施,评审所采取的纠正措施的有效性。必要时,更新在策划期间确定的风险和机遇,变更管理体系。

实验室应保存记录,作为不符合项采取的措施以及纠正措施的结果的证据。

1.6.8　内部审核

内部管理体系审核(简称内审)是实验室对自身管理体系各个环节组织开展的有计划的、系统的、独立的检查活动,是实验室一种自我约束、自我发现、自我改进和自我完善的重要机制。通过内审检查管理体系要素是否符合准则的要求,检查管理体系运行是否符合体系文件的规定,并通过对实施情况的检查验证质量活动和有关结果是否符合技术标准要求。同时,发现管理体系的不足,以便于改进和完善管理体系。

实验室定期按照管理体系文件的规定,周期性地(通常为一年)开展年度例行内审活动。实验室应制定内审计划并实施,内审计划要求涉及管理体系中全部要素和全部活动以及所有场所和部门,实验室的内审由质量负责人策划和组织实施。内审员须经过培训,具备相应资格。若资源允许,内审员应独立于被审核的活动。检验检测机构应:

(1)依据有关过程的重要性、对检验检测机构产生影响的变化和以往的审核结果,策划、制定、实施和保持审核方案,审核方案包括频次、方法、职责、策划要求和报告。

(2)规定每次审核的审核要求和范围。

(3)选择审核员并实施审核。

(4)确保将审核结果报告给相关管理者。

(5)及时采取适当的纠正和纠正措施。

(6)保留形成文件的信息,作为实施审核方案以及审核结果的证据。

实验室除了进行周期性、全面的内审外,有时还要临时、局部地追加审核或附加审核。当周期内审发现某一要素或某部门(检测场所)存在系统性不符合或重大缺陷问题时,内审组应针对这部分开展追加审核。实验室因下列原因可随时开展附加审核:

(1)实验室与潜在的用户有建立合同意向时应进行内审,内审可以使实验室处于良好的管理状态,有利于合同关系的建立。

(2)实验室的组织机构及职能发生变化时,为证实变化的部分能够达到预期的目的时必须进行内审,内审也可以验证变化的结果。

(3)当不符合项影响到测量结果的有效性和测量能力的可信性时,应进行内审。针对有问题的部分进行检查，以调查问题的原因和可能的结果，并采取相应措施。

（4）需验证纠正/预防措施实施情况及效果时，对纠正/预防措施实施情况进行跟踪审核，以验证纠正/预防措施的实施是否达到预期的效果。

（5）外部审核（复评审、扩项评审等）结束时，针对外审提出的不符合项进行举一反三，必要时开展附加审核，针对管理体系中存在的问题进行内审，有利于管理体系的改进。

1.6.9 管理评审

检验检测机构应建立和保持管理评审的程序。管理评审通常每 12 个月一次，由实验室最高管理层负责。管理层应确保管理评审后得出的相应变更或改进措施予以实施，确保管理体系的适宜性、充分性和有效性。应保留管理评审的记录。管理评审输入应包括以下信息：

（1）检验检测机构相关的内外部因素的变化。

1）目标的可行性；

2）政策和程序的适用性；

3）以往管理评审所采取措施的情况；

4）近期内部审核的结果；

5）纠正措施；

6）由外部机构进行的评审；

7）工作量和工作类型的变化或检验检测机构活动范围的变化；

8）客户和员工的反馈；

9）投诉；

10）实施改进的有效性；

11）资源配备的合理性；

12）风险识别的可控性；

13）结果质量的保障性；

14）其他相关因素，如监督活动和培训。

（2）管理评审输出应包括以下内容：

1）管理体系及其过程的有效性；

2）符合体系标准要求的改进；

3）提供所需的资源；

4）变更的需求。

管理评审后作出的决定和评价是管理评审的输出，包括对现有质量体系（包含质量方针和质量目标）的适宜性、充分性、有效性、效率的评价和对检测工作符合要求的评价，以及对质量体系及其过程的改进、与客户要求有关的检测工作质量和服务质量的改进、质量体系所需资源的改善等。

评审的结果应输入到实验室的下一年计划系统，并包括目标、任务和活动计划。质量负责人应根据管理评审记录编写管理评审报告，经最高管理者审批签发，下发至有关部门。

2 人 员 要 求

GB 26861—2011《电力安全工作规程 高压试验室部分》规定：进行高压试验时，试验人员不应少于 2 人。高压试验室技术负责人应由从事高压试验工作 5 年以上，并具有工程师及以上职称的人员担任。试验负责人应由从事高压试验工作 2 年以上，并具有助理工程师及以上职称人员或技术熟练的高压试验人员担任。

试验检测人员应具备与电网物资检测相关的资格证书、培训、经验和专业知识。试验检测人员应具备电网物资制造技术的相关知识，以及所检测产品实际的运行条件和运行方式的知识，了解产品在实际使用或运行过程中可能出现的缺陷及危害程度。

试验检测人员在独立开展检测工作前应经过相关的培训、考核以及在专业人员指导下的实习检测，通过考核后方可进行试验。培训应包括但不限于以下内容：

（1）电力基础知识；

（2）安全生产法律法规；

（3）企业安全生产制度；

（4）需开展试验项目的方法及步骤；

（5）试验设备工作原理；

（6）现场安全防护与急救方法。

3 安全防护要求

3.1 基本安全要求

新参加高压试验的实习人员应在有经验的高压试验人员监护下参加指定的高压试验工作，不应担任工作负责人和监护人；对外来的参加试验人员，应进行现场安全工作培训和技术交底。试验室应设立专职或兼职安全员，负责监督检查有关安全规程、安全制度的贯彻执行。

高压试验室内应采用安全遮栏围成符合 GB/T 16927.1《高电压试验技术　第 1 部分：一般定义及试验要求》临近效应影响要求的试区，试区内不应堆放杂物。在不影响安全的前提下，试区也可采用专用隔离带围成。高压试验室应保持光线充足、门窗严密、通风设施完备；室内宜留有符合要求、标志清晰的通道。试验室周围应有消防通道，并保证畅通。高压试验室宜配备相应的安全工器具，防毒、防射线、防烫伤的防护用品以及防爆和消防安全设施，还配备应急照明电源。

重要的仪器和弱电设备应装设防止放电反击和感应电压的保护装置或采取其他安全措施。

3.2 安全试验区域

安全试验区域的划分是为了保证试验能安全正常进行，因此必须符合试验技术标准、试验操作规程所要求的安全距离（高压带电部件至遮栏等接地体之间的距离），试验安全距离应大于表 1-3-1 和表 1-3-2 中的数值。

表 1-3-1　交流（有效值）和直流（最大值）试验安全距离

试验电压（kV）	50	100	200	500	750	1000	1500
安全距离（m）	1.5	1.5	1.5	3.0	4.5	7.2	13.2

表 1-3-1 中，最小安全距离不小于 1.5m。适用于海拔不高于 1000m 的地区，对用于海拔高于 1000m 的地区，按 GB/T 311.1《绝缘配合　第 1 部分：定义、原则和规则》有关海拔修正的规定进行修正。

表 1-3-2　冲击试验（峰值）安全距离

试验电压（kV）		250	500	1000	1500	2000	3000	4000
安全距离 （m）	操作冲击	3.0	3.0	7.2	13.2	16.0	30.0	—
	雷电冲击	3.0	3.0	7.2	12.5	14.0	18.0	22.0

表 1-3-2 中，最小安全距离不小于 3.0m。适用于海拔不高于 1000m 的地区，对用于

海拔高于 1000m 的地区，按 GB/T 311.1《绝缘配合 第 1 部分：定义、原则和规则》有关海拔修正规定进行修正。

安全试验区域必须用遮栏、安全绳等围住，并以明显文字标志警示。对高压试验区域还应在可见的地方安装红色警示灯。当试验场内有多个试验同时进行时，必须划定各自的安全区域，且各试验区域间应留有安全通道。

3.3 接地与接地放电

3.3.1 接地

高压试验设备的接地端和试品接地端或外壳应良好接地，接地线应采用多股编织裸铜线或外覆透明绝缘层的铜质软绞线或铜带，接地线截面积应能满足试验要求，但不应小于 $4mm^2$。动力配电装置上所用的接地线的截面积不应小于 $25mm^2$。

接地线与接地系统的连接应采用螺栓连接在固定的接地桩（带）上，接地线长度应尽可能短且明显可见。不应将接地线接在水管、暖气片和低压电气回路的中性点上。

进行高压试验时，试验设备附近的其他仪器设备应短接并可靠接地。试验室闲置的电容设备应短路接地。

3.3.2 接地放电

对高压试验设备和试品放电应使用接地棒，绝缘长度按安全作业的要求选择，但最小总长度不应小于 1m，其中绝缘部分的长度为 0.7m。

对高压试验设备及试品在高压试验前、试验后的放电，应先将接地棒的接地线可靠地连接在接地桩（带）上，再用接地棒接触高压试验设备及试品的高压端进行接地放电。

变更冲击电压发生器波头和波尾电阻前，应对电容器及充电电路逐级短路接地放电或启动短路接地装置。

3.4 高压试验工作的开始、间断与结束

3.4.1 高压试验开始前的准备

试验开始前，试验负责人向全体试验人员详细布置试验任务和安全措施，并进行如下检查：

（1）安全措施是否已完备；

（2）试验设备、试品及试验接线是否正确；

（3）表计倍率、调压器零位及测量系统的开始状态；

（4）试验设备高压端和试品加压端接地线是否已拆除；

（5）所有人员是否已全部退离试区，转移到安全地带；

（6）试区遮栏门是否已关上。

一切检查无误后方可开始试验升压。

3.4.2 高压试验升压

由试验负责人下令加压，操作人员应复诵"准备升压"并鸣铃示警，然后操作电源开关合上电源，按试验要求规定的升压速率升高电压到规定的试验电压值。升压过程中应有人监护并呼唱，并有专人监视试验设备及试品。

在升压过程中，若发现异常情况，应立即停止试验，迅速将电压降至零，断开电源。试验遇到恶劣气象条件，应评估对人身和设备的影响，必要时应中止试验。

3.4.3 高压试验间断和结束

试验人员将电压降至零，断开电源后，试验人员进入试区按要求对高压试验设备和试品进行接地放电。放电后将接地棒挂在高压端，保持接地状态，再次试验前取下。此时，才能视为一次高压试验结束或试验间断。试验人员应在试验间断或结束状态更换试品、更改接线或检查试验异常原因。

再一次试验或恢复试验时，应重新检查试验接线和安全措施。

3.4.4 绝缘工器具使用规范

绝缘手套、绝缘靴和接地棒等必须贴有试验合格标签。使用绝缘工器具前，必须检查绝缘工器具的完好性。如：绝缘手套、绝缘靴和接地棒表面是否受潮；绝缘手套、绝缘靴是否有破损；接地棒的接地线是否与地网牢固连接等。在使用接地棒接地时，必须首先切断高压试验设备电源。放电后将接地棒挂在高压端，保持接地状态，待再次试验时取下。即便试验设备自动接地后，也要将接地棒挂在高压端，以确保接地安全。

3.5 人 员 防 护

进行温升试验时，在切断电源后需要打开短路接线测量绕组电阻时，应佩戴防烫伤的防护手套。

进行绝缘液试验时，应佩戴耐油的防护手套。

在进行危化品作业时，应严格遵守操作规程，配备专用的劳动防护用品或器具。严禁直接接触物品，不准在使用场所饮食。工作结束后必须更换工作服、清洗后方可离开作业场所。在有毒物品场所，应备有一定数量的应急解毒药品。

实验室外来人员必须遵守实验室的安全管理规定，未经允许不准进入试验区域，不准在实验室拍照。试验时，外来人员不准进入操作控制室，应在安全区域休息等候。若因研究项目需要进入操作控制室时，绝不允许操作控制台。外来协作人员（起重、装配、维修）必须经安全通道进出各自工作点，不准进入其他区域。

进行电磁兼容试验项目时，电波暗室周围应设置围栏以禁止人员进入。试验区域导线与地线回路应布置整洁清晰，避免传导骚扰。

按抗扰度试验和骚扰试验分类，干扰施加的途径有两种：一种为电源线的耦合干扰，干扰信号沿电源线路传播；另一种为空间干扰，空间干扰的项目在电波暗室中进行，试验过程中人员不能进入现场。

3.6 其 他 安 全 措 施

3.6.1 试品起吊和搬运

试品起吊除应严格执行起重操作规程和要求外，试品起吊和搬运时还应做到：

1）起吊、搬运大型试品或精密试验设备应由专人负责指挥，参加工作的人员应熟悉起吊搬运方案和安全措施。起吊现场作业人员应戴安全帽。

2）起吊工作开始前，应检查工具、机具及绳索质量是否良好，不符合要求者严禁使用。

3）起重试品应绑牢，起吊点应在被吊物品的垂直上方。起吊重物稍一离地或支持物，应再次检查悬吊及捆绑情况，确认可靠及吊绳不会损坏试品后方可继续起吊。

4）工作人员不应随起吊物升降；起重机正在吊物时，任何人员不应在吊物下停留或行走。

3.6.2 高空作业

高空作业具有一定的危险性，参加高空作业持证培训必须本人自愿，否则不允许参加；有恐高症、心脏病、高血压以及其他身体条件不适合登高作业的，不允许持证。

高空作业（2m 及以上的作业）时必须系安全带、戴安全帽，地面协作人员必须戴安全帽。在架梯上作业时，地面必须有人保持架梯稳定。高空作业人员必须管理好工具和零部件，防止坠落，必要时可将工具用绳索系于腰间。高空作业严禁上下抛接工具和零部件，必须用绳索传递。

3.6.3 消防与防护

高压试验室的消防设施应符合消防规定及要求，应设置灭火设施和灭火器。遇有电气设备着火时，试验人员应迅速切断电源，之后立即进行救火，必要时应及时拨打 119 报警。

4　环境保护要求

4.1　废弃物管理

试验室应建立程序以确保试验室废弃物的安全收集、识别、存储和处置。所有试验废弃物的收集、标识、储存和处置应按国家及地方法规进行。应对所有处理试验废弃物的人员进行充分的培训，培训内容包括熟悉废弃物类别、废弃物处理程序、处置废弃物的特定设施及安全防护措施。

收集试验废弃物时宜使其对试验室工作人员、废弃物收集人员以及对环境可能存在的危害降至最小。收集废弃物后，应将化学废弃物清楚标识、分类并储存在贴标签的容器内。

宜设置专门的收集区来储存处理前的试验废弃物。应指定一名责任人负责管理废弃物，确保废弃物的安全储存，并监督分包的废弃物处理商的收集程序是否正确。

试验废弃物的处理应遵守国家有关法律法规和适用的国家标准的要求，还可咨询产品供应商、环卫公司或废弃物处理公司提供的信息和意见。

4.2　危化品管理与防护

危化品采购必须严格执行审批制度，购买前需填写采购申请表，任何单位和个人不得擅自购买。

实验室必须建立严格的出入库管理制度。出入库前均应按合同进行检查验收，验收内容包括品名、数量、包装及标签、危险标志等，经核对后方可出入库。入库时做好登记，登记内容包括品名、数量、供货单位、采购人、入库人、入库时间、失效时间等。

存放危化品的库房须配备双把锁，钥匙由两人分别保管。库管员应熟知危化品的安全技术说明书内容，如实记录储存的危化品的数量、流向，并采取必要的安全防范措施，防止其丢失或者被盗。

危化品入库后应采取适当的养护措施，在储存期内定期检查。若发现其品质变化、包装破损、渗漏、稳定剂短缺等，应及时处理。

领取危化品时须由实验室负责人审批通过，要求两人同行，同时对等交回使用过的危化品包装物、器皿等（即交旧领新）。

库管员做好危化品出入库记录，记录应包括品种、规格、发放日期、退回日期、领取单位、领用人、数量以及结存数量；发放国家管控危化品时还应记载用途。记录保存期限不少于3年。

实验室应建立并如实填写领用记录，内容包括品名、规格、领用日期、领用单位、领用人、数量、退回日期等。

使用部门须指定专人负责部门实验室危险废物的收集、处置工作。根据危险废物的产生情况，委托专业单位进行危险废物的转运和处置。

危化品、危险废物储存时间不得超过一年。对实验室危险废物及销毁的危化品要做好记录，应每年统计一次并由部门负责人签字确认。

5 数据管理及信息化

5.1 概   述

试验室可根据自身需求建立试验室信息管理系统（laboratory information management system，LIMS）。它是由计算机硬件和应用软件组成，能够完成实验室数据和信息的收集、分析、报告和管理。LIMS 基于计算机局域网，专门针对一个实验室的整体环境而设计，是一个包括了信号采集设备、数据通信软件、数据库管理软件在内的高效集成系统。它以实验室为中心，将实验室的业务流程、环境、人员仪器设备、标物标液、化学试剂、标准方法、图书资料、文件记录、科研管理项目管理、客户管理等因素进行有机结合。

5.2 基 本 要 求

推荐按照 GB/T 40343—2021《智能实验室 信息管理系统 功能要求》中要求建立 LIMS。通过管理试验室活动产生的数据，规范试验室工作流的执行。LIMS 针对试验室的整体工作和环境而设计，将试验室的工作流与人员、设备（包括标准物质、试剂、消耗品、软件等）、样品、方法、环境、管理体系等因素进行配置与系统管理。

LIMS 的软件结构通常分为三层：展示层通过客户端程序（C/S）、网页（B/S）和移动应用程序实现用户与系统的交互功能；业务层实现系统业务逻辑和业务规则的处理功能，一般通过封装接口方式为展示层提供服务；数据层实现对系统数据及文档的操作管理功能，通过接口方式与业务层实现数据交互。

5.3 LIMS 的 功 能 设 置

5.3.1 核心功能

LIMS 的核心功能包括试验过程管理和资源管理，试验过程管理应包括任务登记、任务分配、数据获取、数据处理、数据审核、报告生成，资源管理应包括人员管理、设备管理、样品管理、方法管理、设施和环境管理。

5.3.2 扩展功能

LIMS 的扩展功能应包括体系文件管理、质量控制管理、质量记录管理、风险管理。
LIMS 宜具有智能体系文件管理的功能，包括但不限于：

（1）具有查询、阅读和发放体系文件等功能。

（2）将体系受控文件信息化的要求，如程序文件、作业指导书等文件信息化，提供输入输出等操作功能，实现体系文件编制、审核、发放、修改和废止等流程智能化。

（3）将体系受控文件与实验室岗位授权相关联，能根据岗位授权自动或手动获取所需要的受控体系文件。受控文件的使用者能根据实际需要发起文件的修改，通过修改文件审批流程后自动产生更新后的受控文件。

（4）对体系受控文件之间的逻辑关系进行设置，自动识别文件的相关性和有效性，当对某个文件进行修改或废止时，能提示对其相关的文件进行修改或废止，并能通知到受影响的相关方。

LIMS 宜具有对质量控制计划实施智能化管理功能，包括但不限于：

（1）按预设条件（频率及覆盖率等）自动生成质量控制计划，并可进行人工干预。

（2）按预设的质量控制方式和结果判定规则，对质量控制计划的执行结果自动评价。发现结果不满意时应发出提醒，必要时提供人工干预功能，同时将相关信息写入系统日志。

（3）自动获取或人工上传与质量控制相关的原始记录。

（4）当质量控制计划未被执行时，向相关部门或人员发出提醒。

（5）输出质量控制工作报表。

LIMS 的智能质量记录管理功能包括但不限于：

（1）具有对质量体系运行记录进行管理的功能。

（2）按照权限，将质量计划向不同层级传送，计划的执行记录能按照权限通过向上传送并完成审批和归档。

对检定/校准、期间核查的周期和再次校准的预定日期，LIMS 应根据设定的提前量、频次进行提醒，自动发起工作流程并通知相关负责人，实现提前预警、防止遗漏的作用。适用时，仪器设备的说明书、使用指导、验收报告、维保合同等应作为附件上传保存。

LIMS 应记录版本号、对硬件及运行环境的要求、版本更新记录，适用时应对数据进行备份。

LIMS 宜具备对实验室仪器设备和设施开展预测性维护（预测性维护也称为预见性维护、基于状态的维护等）的功能，包括但不限于：

（1）该功能通过对仪器设备和设施的状态监测，获得其运行状态的监测数据，通过阈值分析、参数对比等智能算法和模型，对其未来的健康状态进行预测。

（2）根据预测结果提供推荐性的维护和保养方案，供设备运维人员参考。

（3）根据需求与成本综合考虑，对设备运行状态进行监测，提供设备状态判别、故障预警等功能。

5.3.3 通信功能

当试验室仪器设备具备接口时，应具备与仪器设备进行数据通信的功能、与试验室内部或外部系统进行数据通信的功能；提供完善的信息安全机制，保障数据安全性；提供有效监控机制，接口运行情况可监控；应具备与国家电网公司新一代电子商务平台（ECP 2.0）应用集成的通信功能。

5.3.4 系统管理功能

LIMS 的管理功能应包括用户管理、权限控制、系统安全、系统设置。

6 数值处理基础

6.1 有效数字和数值修约

6.1.1 有效数字

有效数字是指在实验室测试中实际能够测试到的数字。所谓能够测试到的是包括最后一位估计的不确定的数字。把通过直读获得的准确数字叫作可靠数字，把通过估读得到的那部分数字叫作存疑数字，把测试结果中能够反映被测试量大小的带有一位存疑数字的全部数字叫作有效数字。有效数字就是指在实验室测试中能得到的有实际意义的数字，即在一个近似数中，除最后一位是不甚确定的外，其他各数都是确定的。有效数字用于表示连续物理量的测定结果，指测试中实际能得到的数字，即表示数字的有效意义。它不仅表明了数量的大小，也反映了检测方法和检测仪器的准确程度。在记录数据和计算结果时，所保留的有效数字中只有最后一位是可疑数字。

有效位数是指几位有效数字。对没有小数位且以若干零结尾的数值，从非零数字最左一位向右数得到的位数减去无效零（即仅为定位用的零）的个数。例如：350×10^2 为 3 位有效位数，有 2 个无效零；35×10^3 为 2 位有效位数，有 3 个无效零。对其他十进位数，从非零数字最左一位向右数而得到的位数，就是有效位数。例如：3.2、0.32、0.032、0.0032 均为 2 位有效位数；0.0320 为 3 位有效位数。

测量结果及其不确定度的数值表示中不可给出过多的位数。通常不确定度最多保留两位有效数字，测量结果的位数与不确定度位数相同。

6.1.2 数值修约

数值修约是指通过省略原数值的最后若干位数字，调整所保留的末尾数字，使最后所得到的数值最接近原数值的过程。国家标准 GB/T 8170 规定了修约方法、等效数字长度以及修约的基本位数等。修约方法遵循近似、少、多的原则，采取舍入法或截尾法进行修约。

6.1.2.1 修约间隔

修约间隔是修约值的最小数值单位。修约间隔的数值一经确定，修约值即应为该数值的整数倍。

如指定修约间隔为 0.1，修约值即应在 0.1 的整数倍中选取，相当于将数值修约到一位小数。如指定修约间隔为 100，修约值即应在 100 的整数倍中选取，相当于将数值修约到百数位。

以 0.2 级互感器准确度试验为例，修约间隔为 0.02%，修约值即应在 0.02% 的整数倍中选取。

0.5 单位修约（半个单位修约）是指修约间隔为指定数位的 0.5 单位，即修约到指定数位的 0.5 单位。例如，将 60.28 修约到个数位的 0.5 单位，得 60.5。

0.2 单位修约是指修约间隔为指定数位的 0.2 单位，即修约到指定数位的 0.2 单位。例如，将 832 修约到百数位的 0.2 单位，得 840。

6.1.2.2　进舍规则

拟舍弃数字的最左一位数字小于 5 时，则舍去，即保留的各位数字不变。例如将 12.1498 修约到一位小数，得 12.1。例如将 12.1498 修约成两位有效位数，得 12。

拟舍弃数字的最左一位数字大于 5 或者是 5 时，则进 1，即保留的末位数字加 1。例如将 1268 修约到百数位，得 13×10^2（可写为 1300）。例如将 1268 修约成 3 位有效位数，得 127×10（可写为 1270）。

拟舍弃数字的最左一位数字是 5，且其后跟有并非全部为 0 的数字时，则进 1，即保留的末位数字加 1。例如将 10.5002 修约到个数位，得 11。

拟舍弃数字的最左一位数字为 5，而右面无数字或皆为 0 时，若所保留的末位数字为奇数（1，3，5，7，9）则进 1，为偶数（2，4，6，8，0）则舍去。例如修约间隔为 0.1，拟修约数值 1.050，修约值 1.05。拟修约数值 0.350，修约值 0.4。

负数修约时，先将它的绝对值按上述规定进行修约，然后在所得值前面加上负号。例如修约到三位小数，即修约间隔为 10^{-3}，拟修约数值 -0.0365，修约值 -36×10^{-3}。

拟修约数字应在确定修约位数后一次修约获得结果，而不得多次连续修约。例如修约 15.4546，修约间隔为 1，正确的做法 $15.4546 \rightarrow 15$。不正确的做法：$15.4546 \rightarrow 15.455 \rightarrow 15.46 \rightarrow 15.5 \rightarrow 16$。

6.1.2.3　0.5 单位修约与 0.2 单位修约

0.5 单位修约是将拟修约数值乘以 2，按指定数位依规则修约，所得数值再除以 2。例如表 1-6-1 是将数字修约到个数位的 0.5 单位（或修约间隔为 0.5）示例。

表 1-6-1　0.5 单位修约示例

拟修约数值（A）	乘 2（2A）	2A 修约值（修约间隔为 1）	A 修约值（修约间隔为 0.5）
60.25	120.50	120	60.0
60.38	120.76	121	60.5
−60.75	−121.50	−122	−61.0

0.2 单位修约是将拟修约数值乘以 5，按指定数位依规则修约，所得数值再除以 5。例如表 1-6-2 是将数字修约到百数位的 0.2 单位（或修约间隔为 20）示例。

表 1-6-2 0.2 单位修约示例

拟修约数值 （A）	乘 5 （5A）	5A 修约值 （修约间隔为 100）	A 修约值 （修约间隔为 20）
830	4150	4200	840
842	4210	4200	840
−930	−4650	−4600	−920

6.2 试验结果不确定度评定

6.2.1 试验误差来源

在描述测量的误差方法中，认为真值是唯一的、未知的。由于真值不能确定，实际上用的是约定真值。测量的目的是要确定尽可能接近该单一真值的量值。通常，测量的不完善使得测量结果存在误差。传统上认为误差有两类分量，即随机误差分量和系统误差分量。

随机误差是由于在测定过程中，一系列的有关因素微小的随机波动而形成的具有相互抵偿性的误差。它决定了测定结果的精密度。在一次测定中，随机误差的大小及其符号是无法预知的，没有任何规律性，但在多次测定中随机误差的出现还是有规律的，它具有统计规律性。

由于随机误差有大有小、时正时负，随着测定次数的增加，正、负误差相互抵偿，误差平均值趋向于零。因此，多次测定平均值的随机误差比单次测定值的随机误差小。由于随机误差的形成取决于测定过程中一系列随机因素，这些随机因素是实验者无法严格控制的，因此随机误差一般是不可避免的。分析工作者可以设法将它大大减小，但不可能完全消除它。

系统误差是指在一定试验条件下，由某个或某些因素按照某一确定的规律起作用而形成的误差。它决定了测定结果的准确度。系统误差的大小及其符号在同一试验中是恒定的，或在试验条件改变时按照某一确定的规律变化。重复测定不能发现和减小系统误差，只有改变试验条件才能发现系统误差。一旦发现了系统误差产生的原因，是可以设法避免和校正的。例如，用零点未调整好的天平称量物体，称量结果会偏高或偏低，多次重复称量无法发现称量结果偏高或偏低这一事实，只有在重新将天平的零点调整好之后再去称量，才能发现原先称量中的系统误差，才知道原先的称量结果究竟是偏高了还是偏低了。一旦知道了系统误差的大小及其符号，就可以对原先称量结果进行校正。系统误差又称为恒定误差或可测误差，是在相同条件下对一已知量的待测物进行多次测定，测定值总是向着一个方向，也就是说测定值总是高于真实值或总是低于真实值。误差的绝对值或正负符号保持恒定，但在改变条件时可按某一确定规律变化。实验条件一经确定，系统误差就获得了一个客观上的恒定值。若改变条件，则系统误差可随之变化。

在分析测试中，引起系统误差的原因是多方面的，对分析方法和步骤的误差要做具体分析。一般来说，系统误差来源于所使用的仪器和材料、操作者个人的因素和方法本身的误差等三个方面。

6.2.2 测量不确定度概论

6.2.2.1 表示测量不确定度的意义

测量结果的不确定度反映了对被测量的值缺乏精确的认识。对已识别的系统影响进行修正后的测量结果仍然只是被测量的估计值，因为还存在由随机影响引起的不确定度和由于对系统影响修正不完全而引入的不确定度。当报告测量结果时，必须对其质量作出定量的说明，以确定测量结果的可信程度。测量不确定度就是对测量结果质量的定量表示，测量结果的可用性在很大程度上取决于其不确定度的大小。

我国国家计量技术规范 JJF 1059.1—2012《测量不确定度评定与表示》规定的是测量中评定与表示不确定度的一种通用规则，它适用于各种准确度等级的测量，而不仅限于计量检定、校准和检测。其主要应用在以下领域：

（1）建立国家计量基准、计量标准及其国际比对；

（2）标准物质、标准参考数据；

（3）测量方法、检定规程、校准规范等；

（4）科学研究及工程领域的测量；

（5）计量认证、计量确认、质量认证及实验室认可；

（6）测量仪器的校准和检定；

（7）生产过程的质量保证及产品的检验和测试；

（8）贸易结算、医疗卫生、安全防护、环境监测及资源测量。

测量过程中引起不确定度的原因可能有以下几个方面：

（1）对被测量的定义不完整或不完善；

（2）实现被测量定义的方法不理想；

（3）取样的代表性不够，即被测量的样本不能完全代表所定义的被测量；

（4）对测量过程受环境影响的认识不周全，或对环境条件的测量和控制不完善；

（5）对模拟式仪器的读数存在人为偏差；

（6）测量仪器的计量性能有局限性；

（7）赋予计量标准的值或标准物质的值不准确；

（8）引用的数据或其他参量的不确定度；

（9）与测量方法和测量程序有关的近似性和假定性；

（10）在表面上看来完全相同的条件下，被测量重复观测值的变化。

测量不确定度一般来源于随机性和模糊性，前者归因于条件不充分，后者归因于事物本身概念不明确。因此，测量不确定度一般由许多分量构成，其中一部分分量具有统计性，另一些分量具有非统计性，它们都对测量结果的不确定度有贡献。正是这些测量不确定度来源的综合影响，使测量结果的可能值服从某种概率分布，可以用概率分布的标准差来表示测量不确定度，称为标准不确定度，它表示测量结果的分散程度，也可以用包含概率的区间半宽度来表示测量不确定度。

6.2.2.2 测量误差与测量不确定度的区别

测量误差与测量不确定度是两个非常重要的概念，它们直接关系到测量结果的准确可靠程度。不确定度的概念是误差理论的应用与拓展，而误差理论则是不确定度的理论基础。

误差多数情况下是指测量误差，它的传统定义是测量结果与被测量真值之差通常，可分为系统误差和偶然误差。误差是客观存在的，它应该是一个确定的值，但由于在绝大多数情况下真值是不知道的，所以也无法准确知道真误差。只是在特定的条件下寻求最佳的真值近似值，并称之为约定真值。测量不确定度表征被测量的真值所处量值范围的评定。它按某一置信概率给出真值可能落入的区间，它可以是标准差或其倍数，或是说明了包含概率的区间半宽度。它不是具体的真误差，它只是以参数形式定量表示了无法修正的那部分误差范围。它来源于偶然效应和系统效应的不完善修正，是用于表征合理赋予的被测量值的分散性参数。不确定度按其获得方法分为 A、B 两类评定分量；A 类评定分量是通过测量数据统计分析做出的不确定度评定；B 类评定分量是依据经验或其他信息进行估计，并假定存在近似的标准偏差所表征的不确定度分量。

为了便于理解测量误差与测量不确定度的内涵，表 1-6-3 给出了测量误差与测量不确定度的比较。

表 1-6-3 测量误差与测量不确定度的区别

序号	内容	测量误差	测量不确定度
1	定义	测得的量值减去参考的量值，表明测量结果偏离真值的程度	表征赋予被测量值分散性的非负参数，表明被测量值的分散性
2	分类	根据误差的性质及其产生的原因分为随机误差和系统误差	按其评定的方法分为 A 类评定和 B 类评定，以标准测量不确定度表示
3	可操作性	以参考量值为依据，进行准确度试验，需进行无限多次测试，实际上真值是不确定的	可以根据实验、资料、经验等信息进行评定，从而可以定量操作
4	正负符号	非正即负（或零），不能用"±"表示	是一个无符号的参数，恒取正值。当用方差计算时，取其正平方根
5	结果修正	已知系统误差的估计值时，可以对测试结果进行校正，得到已修正的测试结果	由于测量不确定度表示一个区间，因此不能用测量不确定度对测试结果进行校正。对已修正的测试结果进行不确定度评定时，应考虑修正不完善引入的不确定度分量
6	结果说明	误差是客观存在的，不以人的认识程度而转移。误差属于给定的测试结果，而与得到的该测试结果的测试仪器和测试方法无关	测量不确定度与人们对被测量、影响量以及测试过程的认识有关，因此测量不确定度主要与测试仪器和测试方法有关

序号	内容	测量误差	测量不确定度
7	同一测试	对同一（类型）被测量不同的测试，其结果的误差也不相同，但测试误差属于同一分布	对同一（类型）被测量不同的测试，只要测试条件不变，则它们的不确定度相同
8	自由度	不存在	可作为不确定度评定的可靠程度的指标
9	包含概率	不存在	当了解分布时，可按包含概率给出包含区间

6.2.3 测量不确定度评定过程

6.2.3.1 评定测量不确定度的方法

JJF 1059.1—2012《测量不确定度评定与表示》中关于测量不确定度评定的方法是采用国际标准 ISO/IEC Guide 98-3：2008《测量不确定度表指南》所规定的方法，《测量不确定度表示指南》的原文"Guide to the Uncertainty in Measurement"，缩写为 GUM，称其为 GUM 法。GUM 法是采用不确定度传播率得到被测量估计值的测量不确定度的方法。

GUM 法评定测量不确定度的流程如下：

（1）明确被测量的定义。

（2）明确测量方法、测量条件以及所用的测量标准、测量仪器或测量系统。

（3）建立被测量的测量模型，分析对测量结果有明显影响的不确定度来源。

（4）评定各输入量的标准不确定度。

（5）计算合成不确定度。

（6）确定扩展不确定度。

（7）报告测量结果。

测量不确定度一般由若干分量组成，每个分量用其概率分布的标准偏差估计值表征，称标准不确定度。用标准不确定度表示的各分量用 u_i 表示。

测量不确定度按其评定方法分为 A 类评定和 B 类评定。根据对被测量的一系列测得值 x_i 得到实验标准偏差的方法为 A 类评定，根据有关信息估计的先验概率分布得到标准偏差估计值的方法为 B 类评定。

在识别不确定度来源后，对不确定度各个分量做预估是必要的，测量不确定度评定的重点应放在识别并评定那些重要的、占支配地位的分量上。

6.2.3.2 测量不确定度来源

在实际测量中有许多可能导致测量不确定度的来源，主要包括：

（1）被测量的定义不完整。

（2）被测量定义的复现不理想。

（3）取样的代表性不够，即被测样本可能不完全代表所定义的被测量。

（4）对测量受环境条件的影响认识不足或对环境条件的测量不完善。

（5）操作模拟式仪器的人员读数偏移。

（6）测量仪器的计量性能（如最大允许误差、灵敏度、鉴别力、分辨力、死区及稳定性等）的局限性会导致仪器的不确定度。

（7）测量标准或标准物质提供的标准值不准确。

（8）引入的常数或其他参考值不准确。

（9）测量方法和测量程序中的近似和假设。

（10）在相同条件下被测量重复观测值的变化。

测量不确定度的来源必须根据实际测量情况进行具体分析，影响测量结果不确定的因素通常包括测量仪器、测量环境、测量人员、测量方法、试剂或易耗品参考标准或标准物质、抽样的代表性等，特别要注意对测量结果影响较大的不确定度来源，应尽量做到不遗漏、不重复。

修正仅仅是对系统误差的补偿，修正值是具有不确定度的。在评定已修正的被测量的估计值的测量不确定度时，要考虑修正引入的不确定度。只有在修正值的不确定度较小，且对合成标准不确定度的贡献可以忽略不计的情况下，才可不予考虑。

测试中的失误或突发因素不属于测量不确定度的来源，在测量不确定度评定中应删除测得值的离群值（异常值）。离群值的删除应通过对数据的适当检验后进行。离群值的判断和处理方法参照 GB/T 4883—2008《数据的统计处理和解释正态样本离群值的判断和处理》。

6.2.3.3　测量模型的建立

测量中，当被测量（即输出量）Y 由 N 个其他量（即输入量）X_1，X_2，$\cdots$，X_N，通过测量函数 f 来确定时，则式（1-6-1）称为测量模型：

$$Y = f(X_1, X_2, \cdots, X_N) \tag{1-6-1}$$

输出量 Y 的每个输入量 X_1，X_2，$\cdots$，X_N 本身也可作为被测量，也可取决于其他量，甚至包括修正值或修正因子，所以可能导出一个十分复杂的函数关系，甚至测量函数 f 不能用显式表示出来。

物理量的测量模型一般根据物理原理确定。非物理量或在不能用物理原理确定的情况下，测量模型也可用实验方法确定，或仅以数值方程给出，在可能情况下，尽可能采用按长期积累的数据建立的经验模型。用核查标准和控制图的方法表明测量过程始终处于统计控制状态时，有助于测量模型的建立。

测量模型中的输入量有：

（1）由当前直接测得的量。这些量值及其不确定度可以由单次观测、重复观测或根据经验估计得到，并可包含对测量仪器读数的修正值和对诸如环境温度、大气压力、湿度等影响量的修正值。

（2）由外部来源引入的量。如已校准的计量标准或有证标准物质的量，以及由手册查得的参考数据等。

6.2.3.4 标准不确定度的 A 类评定

标准不确定度的 A 类评定是对由重复性测量引起的不确定度分量进行评定。

对于被测量 X，在重复性条件下进行 n 次独立重复观测，观测值为 x_i（$i=1$, 2, 3, …, n），算术平均值 $\overline{x}$ 按式（1-6-2）计算：

$$\overline{x} = \frac{1}{n}\sum_{i=1}^{n} x_i \tag{1-6-2}$$

$s(x_i)$ 为单次测量的实验标准差，由贝塞尔公式计算得到：

$$s(x_i) = \sqrt{\frac{\sum_{i=1}^{n}(x_i - \overline{x})^2}{n-1}} \tag{1-6-3}$$

$s(\overline{x})$ 为平均值的实验标准差，计算式为：

$$s(\overline{x}) = \frac{s(x_i)}{\sqrt{n}} \tag{1-6-4}$$

在某物理量的观测值中，若系统误差已消除或忽略不计，只存在随机误差，则观测值散布在其期望值附近。当取若干组观测值，它们各自的平均值也散布在期望值附近，但比单个观测值更靠近期望值。也就是说，多次测量的平均值比一次测量值更准确，随着测量次数的增多，平均值收敛于期望值。因此，通常以样本的算术平均值作为被测量值的 $s(x)$ 估计（即测量结果），以平均值的实验标准差 $s(\overline{x})$ 作为测量结果的标准不确定度，即 A 类标准不确定度，按式（1-6-5）计算：

$$u(\overline{x}) = \frac{s(x_i)}{\sqrt{n}} \tag{1-6-5}$$

观测次数 n 充分多，才能使 A 类不确定度的评定可靠，一般认为 n 应大于 6。但也要视实际情况而定，当该 A 类不确定度分量对合成标准不确定度的贡献较大时，n 不宜太小；反之，当该 A 类不确定度分量对合成标准不确定度的贡献较小时，n 小一些也可以。

6.2.3.5 标准不确定度的 B 类评定

标准不确定度 B 类评定流程如图 1-6-1 所示。

（1）根据有关信息或经验，判断被测量的可能值区间（$-a$, a）。

（2）假设被测量值的概率分布。

（3）根据概率分布和要取的置信水平 p 估计置信因子 k（见表 1-6-4 和表 1-6-5），则 B 类不确定度按式（1-6-6）计算：

$$u_{\mathrm{B}}(x) = \frac{a}{k} \tag{1-6-6}$$

式中：

a ——置信区间半宽；

k ——对应于置信水准的包含因子。

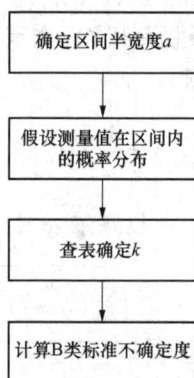

图 1-6-1 标准不确定度 B 类评定流程

表 1-6-4 常见概率分布的置信因子 k

概率分布	置信因子
三角分布	$\sqrt{6}$
均匀分布	$\sqrt{3}$
反正弦分布	$\sqrt{2}$
两点分布	1
梯形分布	$\sqrt{6}/(1+\beta^2)$，$\beta \leqslant 1$ 为梯形上底与下底之比
正态分布	根据置信概率 p 确定（详见表 1-6-5）

表 1-6-5 正态分布情况下置信水准 p 与包含因子 k_p 间的关系

p（%）	50	68.27	90	95	95.45	99	99.73
k_p	0.67	1	1.645	1.960	2	2.576	3

B 类不确定度主要来自各种不同类型的仪器、不同的测量方法、方法的不同应用以及测量理论模型的不同近似等方面。B 类评定时可能的信息来源及如何确定可能值的区间半宽度 a 值是根据有关信息确定的。一般情况下，可利用的信息包括：

（1）以前的观测数据。

（2）对有关材料和仪器特性的经验或了解。

（3）生产部门提供的技术说明文件。

（4）校准证书、检定证书或其他文件提供的数据、准确度的等别或级别，包括目前暂在使用的极限误差等。

（5）手册给出的参考数据的不确定度。

（6）规定测量方法的校准规范、检定规程或测试标准中给出的数据。

测量仪器的特性可以用最大允许误差、示值误差等术语描述。技术规范、规程中规定的测量仪器允许误差的极限值，称为最大允许误差或允许误差限。它是制造厂对某种型号仪器所规定的示值误差的允许范围，而不是某一台仪器实际存在的误差。测量仪器的最大允许误差可在仪器说明书中查到，或根据仪器的等别、级别、分度值估算出来。测量仪器的最大允许误差不是测量不确定度，但可以作为测量不确定度评定的依据。测量结果中由测量仪器引入的不确定度可根据该仪器的最大允许误差按 B 类评定方法评定。如最大允许误差为 $\pm\Delta$，则评定仪器的不确定度时，可能值区间的半宽度为：$a = \Delta$。由手册查出所用的参考数据，其误差限为 $\pm\Delta$，则区间的半宽度为：$a = \Delta$。由有关资料查得某参数的最小可能值为 a_- 和最大可能值为 a_+，最佳估计值为该区间的中点，则区间半宽度可估计为：

$$a = (a_+ + a_-)/2 \tag{1-6-7}$$

在不确定度的 B 类评定方法中，假设概率分布遵循如下的原则：

（1）根据中心极限定理，尽管被测量的值 x_i 的概率分布是任意的，但只要测量次数足够多，其算术平均值的概率分布为近似正态分布。

（2）如果被测量受许多个相互独立的随机影响量的影响，这些影响量变化的概率分布各不相同，但每个变量影响均很小时，被测量的随机变化将服从正态分布。

（3）如果被测量既受随机影响又受系统影响，而又对影响量缺乏任何其他信息的情况下，一般假设为均匀分布。

（4）当利用有关信息或经验估计出被测量可能值区间的上限和下限：其值在区间外的可能几乎为零时，若被测量值落在该区间内的任意值处的可能性相同，则可假设为均匀分布（或称矩形分布、等概率分布）；若被测量值落在该区间中心的可能性最大，则假设为三角分布；若落在该区间中心的可能性最小，而落在该区间上限和下限的可能性最大，则可假设为反正弦分布。

（5）已知被测量的分布是两个不同大小的均匀分布合成时，则可假设为梯形分布。

例如，当测量仪器检定证书上给出准确度级别时，可按检定系统或检定规程所规定的该级别的最大允许误差进行评定。假定最大允许误差为 $\pm A$，一般采用均匀分布，得到示值允差引起的标准不确定度分量 $u(x_i)$ 按式（1-6-8）计算：

$$u(x_i) = \frac{A}{\sqrt{3}} \tag{1-6-8}$$

例如，若给出仪表准确度级别为 a，仪器量限（或被测量量值）为 M，则最大允许误差 A 按式（1-6-9）计算：

$$A = M \times a\% \tag{1-6-9}$$

6.2.3.6 合成标准不确定度的计算

无论各标准不确定度分量是由 A 类评定还是 B 类评定得到，合成标准不确定度是由各标准不确定度分量合成得到的。测量结果 y 的合成标准不确定度用符号 $u_c(y)$ 表示，按式（1-6-10）计算：

$$u_{c}(y) = \sqrt{\sum_{i=1}^{N} c_i^2 u^2(x_i) + 2\sum_{i=1}^{N-1}\sum_{j=i+1}^{N} c_i c_j u(x_i) u(x_j) r(x_i, x_j)} \qquad （1-6-10）$$

式中：

y ——被测量 Y 的估计值；

x_i ——第 i 个输入量 X_i 的估计值；

c_i ——灵敏系数；

$u(x_i)$ ——输入量 x_i 的标准不确定度；

$r(x_i, x_j)$ ——输入量 x_i 与 x_j 的相关系数。

灵敏系数 c_i 即被测量 Y 与有关的输入量 X_i 之间的函数对于输入量 x_i 的偏导数，按式（1-6-11）计算：

$$c_i = \frac{\partial f}{\partial x_i} \qquad （1-6-11）$$

输入量 x_i 与 x_j 的相关系数 $r(x_i, x_j)$ 由输入量 x_i 与 x_j 的协方差 $u(x_i, x_j)$ 计算，按式（1-6-12）计算：

$$r(x_i, x_j) = \frac{u(x_i, x_j)}{u(x_i) u(x_j)} \qquad （1-6-12）$$

当输入量间不相关时，评定合成标准不确定度 $u_c(y)$ 的通用公式为：

$$u_c(y) = u_c = \sqrt{\sum_{i=1}^{N} u_i^2} \qquad （1-6-13）$$

6.2.3.7　扩展不确定度 U 的确定

扩展不确定度 U 由合成标准不确定度 u_c 乘以包含因子 k 得到，按式（1-6-14）计算：

$$U = k u_c \qquad （1-6-14）$$

测量结果可表示为 $Y = y \pm U$。包含因子 k 的选取由置信水平决定，工程领域一般取 2。若 $k=2$，则由 $U=2u_c$ 所确定的区间具有的置信概率约为 95.45%；若 $k=3$，则由 $U=3u_c$ 所确定的区间具有的置信概率约为 99.73%。

6.2.3.8　报告测量结果

当用扩展不确定度 U 或相对扩展不确定度 U_{rel} 报告测量结果的不确定度时，应：

（1）明确说明被测量 Y 的定义；

（2）给出被测量 Y 的估计值 y 及其扩展不确定度 U，包括计量单位；

（3）必要时也可给出相对扩展不确定度 U_{rel}。

通常合成标准不确定度 $u_c(y)$ 和扩展不确定度 U 在报告时最多为两位有效数字，一般修约到需要的有效数字，有时也可将末位后面的数进位而不是舍去。

被测量 Y 的估计值应修约到其末位与不确定度的末位对齐，除非使用相对扩展不确定度。

6.3 符 合 性 判 定

符合性判定是根据测量结果判断合格评定对象的特定属性是否满足规定要求的活动，是延伸测量结果的服务，也是实验室及其他合格评定机构经常从事的活动。测量不确定度表征赋予了被测量值的分散性，是测量结果的一部分，也是判定规则考虑的主要内容。ISO/IEC 17025：2017《检测和校准实验室能力的通用要求》明确要求实验室"当作出与规范或标准符合性声明时，实验室应考虑与所用判定规则相关的风险水平（如错误接受、错误拒绝以及统计假设），将所使用的判定规则制定成文件，并应用判定规则"。

主要依据 ISO/IEC Guide 98-4：2012《测量不确定度 第 4 部分：测量不确定度在合格评定中的应用》制定，提出了在符合性判定中考虑测量不确定度及风险评估的方法，包括常见的判定规则、合格概率的计算、基于合格概率确定接受区间、消费者和生产商风险的计算方法等内容，为合格评定机构选择和制定判定规则提供了指导。

当作出规范符合性的报告时，需明确向客户说明扩展不确定度的包含概率。一般采用包含概率为 95% 的扩展不确定度，并在报告中包含诸如"符合性报告基于包含概率为 95% 的扩展不确定度"的说明。如果使用其他包含概率的扩展不确定度，需与客户达成一致。鼓励使用高于 95% 的包含概率，避免使用低于 95% 的包含概率。

具有规范上限时推荐使用以下方法（具有规范下限时与之类似）：

（1）符合。如果测量结果加上包含概率为 95% 的扩展不确定度后，未超过规范的限定值，则可以报告符合规范。可以在检测报告中描述为"符合"或同时给出"当考虑测量不确定度时，测量结果在规范限值内（或低于规范限值）"的说明。当客户要求或相关法规规定需作出符合性报告时，校准证书中通常可描述为"通过"或"合格"。

（2）不符合。如果测量结果减去包含概率为 95% 的扩展不确定度后，超出了规范限值，则可以报告不符合规范。可以在检测报告中报告为"不符合"或同时给出"当考虑测量不确定度时，测量结果超出规范限值（或高于规范限值）"的说明。当客户要求或相关法规规定需作出符合性报告时，校准证书中通常可描述为"未通过""不通过"或"不合格"。

（3）如果测量结果加上（或减去）包含概率为 95% 的扩展不确定度后，与规范限值的区间重叠，则不能据此判定符合或不符合。这种情况，需当同时报告测量结果和包含概率为 95% 的扩展不确定度，以及指出不能判定符合与不符合的说明。如果规范限值是以"小于（或用符号'＜'）"或"大于（或用符号'＞'）"的形式给出的，可以报告不符合；如果规范限值是以"小于等于（或用符号'≤'）"或"大于等于（或用符号'≥'）"的形式给出的，可以报告符合。但当测量结果为该种情况时，建议进行重复检或测量，计算重复测量的平均值及其对应的不确定度，然后再进行符合性评价。

　　符合性报告需避免其与检查和产品认证相混淆。为此可以在报告中添加说明，对于检测可以使用以下表述："本报告中的检测结果和符合性报告仅与被测样品有关，与被测样品取样的来源无关"或"本报告仅对被测样品负责"。对于校准可以使用以下表述："测量结果和符合性报告仅与被校准的仪器有关"或"本报告仅对被校样品负责"。

第二部分

专 业 部 分

1 互 感 器 基 础

本章介绍了 35kV 及以下电力互感器（电流互感器、电磁式电压互感器、电容式电压互感器）质量检测的产品基础要求。

1.1 术 语 和 定 义

1.1.1 电流互感器的术语和定义

1.1.1.1 电流互感器 current transformer
在正常使用条件下，其二次电流与一次电流实际成正比、且在联结方法正确时其相位差接近于零的互感器。

1.1.1.2 测量用电流互感器 measuring current transformer
为测量仪器和仪表传送信号的电流互感器。

1.1.1.3 保护用电流互感器 protective current transformer
为保护和控制装置传送信号的电流互感器。

1.1.1.4 油浸式电流互感器 oil-immersed type current transformer
绝缘介质以绝缘油为主的电流互感器。

1.1.1.5 干式电流互感器 dry-type current transformer
绝缘介质为固体绝缘的电流互感器。

1.1.1.6 充气式电流互感器 inflatable-type current transformer
绝缘介质为气体绝缘的电流互感器。

1.1.2 电磁式电压互感器的术语和定义

1.1.2.1 电磁式电压互感器 Inductive voltage transformer
一种通过电磁感应将一次电压按比例变换成二次电压的电压互感器。这种互感器不附加其他改变一次电压的电气元件（如电容器）。

1.1.2.2 不接地电压互感器 unearthed voltage transformer
一种包括接线端子在内的一次绕组各个部分都是按其额定绝缘水平对地绝缘的电压互感器。

1.1.2.3 接地电压互感器 earthed voltage transformer
一次绕组的一端直接接地的单相电压互感器，或一次绕组的星形连接点为直接接地的三相电压互感器。

1.1.2.4 测量电压互感器 measuring voltage transformer
向测量仪器、积分仪表和类似电器传送信息信号的电压互感器。

1.1.2.5 保护电压互感器 protective voltage transformer
向继电保护和控制装置传送信息信号的电压互感器。

1.1.3 电容式电压互感器的术语和定义

1.1.3.1 电容式电压互感器 capacitor voltage transformer；CVT
由电容分压器单元和电磁单元组成的电压互感器。

1.1.3.2 测量用电压互感器 measuring voltage transformer
向测量仪器、积分仪表和类似电器传送信息信号的电压互感器。

1.1.3.3 保护用电压互感器 protective voltage transformer
向继电保护和控制装置传送信息信号的电压互感器。

1.1.3.4 二次绕组 secondary winding
向测量仪器、积分仪表、继电保护或控制装置的电压回路供电的绕组。

1.1.3.5 线路端子（高压端子） line terminal（high voltage terminal）
与电网线路导体连接的端子。

1.1.3.6 （电容器）元件 （capacitor）element
主要由电介质和被它隔开的电极构成的部件。

1.1.3.7 （电容器）单元 （capacitor）unit
由一个或多个电容器元件组装于同一外壳中并有引出端子的组装体。

1.1.3.8 （电容分压器的）中压端子 intermediate voltage terminal（of a capacitor divider）
连接中压电路的端子。

1.1.3.9 （电容分压器的）低压端子 low voltage terminal（of a capacitor divider）
直接接地或者通过电网频率阻抗值可忽略的阻抗接地端子。

1.1.3.10 电磁单元 electromagnetic unit
电容式电压互感器的组成部分，接在电容分压器的中压端子与接地端子之间，用以提供二次电压。

1.1.3.11 补偿电抗器 compensating reactor
一台电抗器，通常接在中压端子与中间变压器一次绕组的高压端子之间，或者接在接地端子与中间变压器一次绕组的接地侧端子之间。

1.1.3.12 阻尼装置 damping device
电磁单元中的一种装置，限制可能出现在一个或者多个部件上的过电压或抑制持续的铁磁谐振。

1.2 电力互感器原理

1.2.1 电流互感器的原理
电流互感器的作用是把数值较大的一次电流通过一定的变比转换为数值较小的二次

55

电流，用于保护、测量等用途。

电流互感器的工作原理是基于电磁感应原理，主要是用来变换电流，其基本工作原理如下：电流互感器由一次绕组和二次绕组组成，一次绕组为输入侧，二次绕组为输出侧。电流互感器的一次绕组串联在电力线路中，线路电流就是互感器的一次电流，二次绕组外部接有负载，形成闭合回路。电流互感器的一、二次绕组之间有足够的绝缘，从而保证所有低电压电器设备与高电压的电力线路相隔离。电力线路中的电流各不相同，通过电流互感器一、二次绕组匝数比的配置，可以将不同的一次电流变换成较小的标准电流值。转换过程为：一次绕组输入电压后，铁芯中产生变化的磁场，二次绕组中磁通变化产生感应电压，经过负载之后形成感应电流。电流互感器的工作原理如图 2-1-1 所示。

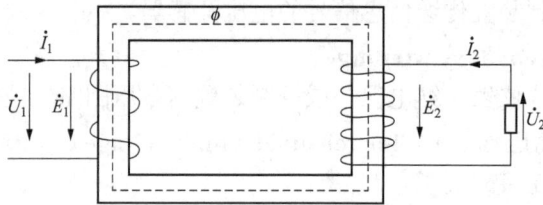

图 2-1-1　电流互感器的工作原理

电流互感器中间的部分为铁芯框架，绕在其两侧的分别为一次绕组和二次绕组，将一次绕组的线圈匝数设为 N_1、二次绕组的线圈匝数设为 N_2，电流互感器一般串联于电路中，输入电流 $\dot{I}_1$ 转换为二次侧的输出电流 $\dot{I}_2$。根据变压器原理，$\dot{I}_1$ 与一次绕组 N_1 的乘积称为一次磁动势 $\dot{I}_1 N_1$，通常也称为一次安匝。二次电流 $\dot{I}_2$ 与二次匝数 N_2 的乘积为二次磁动势 $\dot{I}_2 N_2$。一次磁动势与二次磁动势的相量即为励磁磁动势，即：

$$\dot{I}_1 N_1 + \dot{I}_2 N_2 = \dot{I}_e N_1 \tag{2-1-1}$$

式中：

$\dot{I}_1$ ——一次电流；

$\dot{I}_2$ ——二次电流；

$\dot{I}_e$ ——励磁电流；

N_1 ——一次绕组匝数；

N_2 ——二次绕组匝数。

式（2-1-1）即电流互感器的磁动势平衡方程式。式中，$\dot{I}_e$ 是铁芯中产生主磁通 $\dot{\Phi}_e$ 所需的励磁电流，它是一次电流的一部分。

电流互感器的二次感应电动势 $\dot{E}_2$ 与二次绕组内部阻抗压降和二次端电压相平衡，即：

$$\dot{E}_2 = \dot{U}_2 + \dot{I}_2 (R_2 + jX_2) \tag{2-1-2}$$

式中：

$\dot{E}_2$ ——二次感应电动势；

$\dot{U}_2$ ——二次端电压；

R_2 ——二次绕组电阻；

X_2 ——二次绕组漏电抗，这是由于二次漏磁通引起的。

与线路阻抗相比，电流互感器的阻抗小到可以忽略不计。互感器一次电流的变化只取决于线路阻抗的变化，而与互感器的二次负荷无关。在二次负荷一定的条件下，一次电流发生变化时，二次电流必然发生变化。当一次电流增加时，铁芯中主磁通增加，二次感应电动势增加使得二次电流增加。反之，一次电流减小，主磁通、二次感应电动势和二次电流也相应减小。

电流互感器的一次电流取决于一次线路，互感器二次负荷的变化只引起一次端的电压变化。在分析电流互感器主要工作特性——误差特性时，需要注意的是一、二次电流的变换关系，而不考虑一次端电压的变化。

电流互感器一次电压在一定范围内变动时，二次电流按比例变化，而且一、二次电流同相位。但由于互感器存在内阻抗、励磁电流和损耗等因素而使变比值及相位出现误差，分别称为比差和角差。

比差为经过折算后的二次电流与一次电流量值大小之差对后者之比，即：

$$f_I = \frac{K_N I_2 - I_1}{I_1} \times 100\% \qquad (2\text{-}1\text{-}3)$$

式中：

f_I ——电流互感器的比差；

K_N ——电流互感器变比。

当 $K_N I_2$ 大于 I_1 时，比差为正，反之为负。

角差为二次电流相量旋转 180° 后与一次电流相量之间的夹角，以分（'）为单位。并规定二次侧的相量超前于一次侧时，角差为正，反之为负。

正常工作时互感器二次侧处于近似短路状态，输出电压很低。在运行中如果二次绕组开路或一次绕组流过异常电流（如雷电流、谐振过电流、电容充电电流、电感启动电流等），都会在二次侧产生数千伏甚至上万伏的过电压。这不仅给二次系统绝缘造成危害，还会使互感器因过热而烧损，甚至危及运行人员的生命安全。产生此现象的原因如下：

电流互感器一次侧磁动势 $\dot{I}_1 N_1$ 在铁芯中产生磁通 Φ_1，电流互感器二次测量仪表磁动势 $\dot{I}_2 N_2$ 在铁芯中产生磁通 Φ_2，电流互感器铁芯合磁通 $\Phi = \Phi_1 + \Phi_2$，电流互感器运行时因为 Φ_1、Φ_2 方向相反、大小相等互相抵消，所以 $\Phi = 0$。若二次侧开路，即 $I_2 = 0$，则 $\Phi = \Phi_1$，通过电流互感器铁芯的磁通很强，铁芯饱和而发热，导致绝缘烧坏而产生漏电，Φ 在电流互感器二次绕组中产生很高的感应电动势 E，在电流互感器二次绕组两端形成高压，危及操作人员的生命安全。电流互感器二次绕组端接地，就是为了防止高压危险而采取的保护措施。因此，电流互感器二次回路中不许接熔断器，也不允许在运行时未经旁路就拆下电流表、继电器等设备。

1.2.2 电磁式电压互感器的原理

电磁式电压互感器的工作原理是基于电磁感应原理，将系统一次电压转换成适合继电保护、电量监测和电能计量装置的标准二次电压（$100/\sqrt{3}V$、$100V$ 或 $100/3V$）。其基本工作原理如下：电磁式电压互感器由一次绕组和二次绕组组成，一次绕组为输入侧，二次绕组为输出侧。电磁式电压互感器的一次绕组并联在电力线路中，线路电压就是互感器的一次电压，二次绕组外部接有负载，形成闭合回路。电磁式电压互感器的一、二次绕组之间有足够的绝缘，从而保证所有低电压电器设备与高电压的电力线路相隔离。电力线路中的电压各不相同，通过电磁式电压互感器一、二次绕组匝数比的配置，将不同的线路电压变换成较低的标准电压值。电磁式电压互感器的工作原理如图 2-1-2 所示。

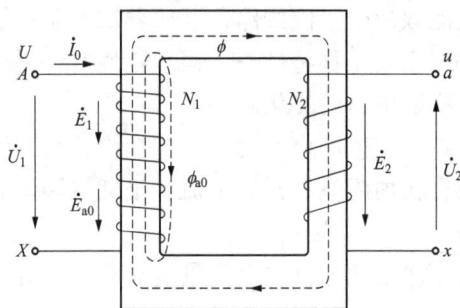

图 2-1-2 电磁式电压互感器的工作原理（空载运行）

互感器空载运行时，它的一次绕组接在电压为 $\dot{U}_1$ 的电网上，二次绕组处于开路状态。在电压 $\dot{U}_1$ 的作用下，一次绕组将流过励磁电流 $\dot{I}_0$。此电流通过一次绕组将产生磁动势，其值为一次绕组的匝数 N_1 和 $\dot{I}_0$ 的乘积，即励磁磁动势 $\dot{F}_0 = \dot{I}_0 N_1$。在 $\dot{F}_0$ 的作用下，铁芯中产生主磁通，主磁通幅值 ϕ 与磁路饱和情况有关。主磁通同时穿过一次绕组和二次绕组的全部线匝，在一次绕组产生感应电动势 $\dot{E}_1$，同时在二次绕组产生感应电动势 $\dot{E}_2$，有效值分别为：

$$\dot{E}_1 = 4.44 f N_1 \dot{\phi}$$

$$\dot{E}_2 = 4.44 f N_2 \dot{\phi}$$

两式相除可得：

$$\frac{E_1}{E_2} = \frac{N_1}{N_2} = K \qquad (2\text{-}1\text{-}4)$$

式中：

N_1、N_2 ——一次绕组和二次绕组的匝数；

f ——电源频率，Hz；

ϕ ——主磁通幅值；

K ——电压互感器一次绕组对二次绕组的电压之比。

由于一次绕组漏阻抗值甚小，$U_1 \approx E_1$，而二次绕组空载时电压 $U_2 = E_2$，故可近似地用一、二次绕组电压之比作为互感器的变压比，即：

$$K = \frac{E_1}{E_2} \approx \frac{U_1}{U_2} \qquad (2\text{-}1\text{-}5)$$

电磁式电压互感器一次电压在一定范围内变动时，二次电压按比例变化，而一次电压与一次励磁电流之间的夹角为电压互感器的相位角。但由于互感器存在内阻抗、励磁电流和损耗等因素而使变比值及相位出现误差，分别称为比差和角差。

比差为经过折算后的二次电压与一次电压量值大小之差对后者之比，即：

$$\varepsilon = \frac{KU_2 - U_1}{U_1} \times 100\% \tag{2-1-6}$$

式中：

ε——电磁式电压互感器的比差，当 KU_2 大于 U_1 时，比差为正，反之为负。

角差为一次电压相量与二次电压相量的相位之差。相量方向按理想互感器的相位差为零来确定。当二次电压相量超前一次电压相量时，相位差为正值，它通常以分或厘弧表示。

电压互感器二次侧不允许短路，若二次回路短路时，会产生很大的电流，这不仅给二次系统绝缘造成危害，还会使互感器过激而烧损，甚至危及运行人员的生命安全。其原因如下：在正常运行时电压互感器一次侧与电网相连，电压互感器的二次侧负载一般都是电压表等高阻性负载，电压互感器的二次侧电流很小，近似于零。如果电压互感器二次侧发生短路，其阻抗迅速减小，这样在二次绕组中将产生极大的短路电流。根据变压器原理，二次侧电流决定一次侧电流，如果电压互感器二次侧短路，一次侧就会出现很大的电流，从而烧毁电压互感器。因此，电压互感器的一次侧和二次侧必须装设熔断器进行短路保护，电压互感器二次侧的某一端必须接地。

1.2.3　电容式电压互感器的原理

电容式电压互感器（CVT）是以电容分压为基础的一种特殊的电压互感器，用于电力系统的继电保护、电量监测和电能计量。电容式电压互感器采用电容分压器将被测高电压降为中间电压，然后由电磁单元按比例要求转换成适合继电保护、电量监测和电能计量装置的标准电压（$100/\sqrt{3}\text{V}$、100V 或 $100/3\text{V}$）。电容式电压互感器主要由电容分压器和电磁单元组成，电磁单元包含铁芯、一次绕组和二次绕组。在正常使用条件下工作时，电磁单元的二次电压与加到电容分压器上的一次电压基本上成正比，且相位差接近于零。

电容式电压互感器与电磁式电压互感器相比，有以下特点：

（1）高电压主要由电容分压器承担，绝缘强度高。

（2）电容分压器可兼作耦合电容器供高频载波通信用，节省安装面积和费用。

（3）产品相对价格随电压升高而降低。超高压 330kV 及以上的电容式电压互感器造价比电磁式的低，在超高压系统中基本上取代电磁式电压互感器。

（4）使用时，可以避免因电磁式电压互感器构成电力系统工频谐振和铁磁谐振条件。

电容式电压互感器的工作原理如图 2-1-3 所示。

电容分压器可视为一个两端口网络，输入为高压端和地端，输出为中压端和地端。按照电工学等效发电机原理，输入端电压为 U 时，输出端开路电压 U_c（中间电压）是等效发电机电动势 $U_c = U_1 C_1/(C_1 + C_2) = U_1/K_C$，式中 K_C 为电容分压器的分压比。

输入端短路时得到的输出端阻抗是等效发电机内阻抗，即 C_1 和 C_2 并联，等效电容 (C_1+C_2) 的额定频率 f_N（角频率 ω_N）阻抗 $Z_C = R_C + jX_C$，式中 R_C 为 (C_1+C_2) 的等效电阻，X_C 为 (C_1+C_2) 的等效容抗，$X_C = 1/\omega_N(C_1+C_2)$。内阻抗很高，以致中压端输出电压随负荷的变化很大，需要输出电路串联电抗 X_L 补偿等效容抗 X_C，使内阻抗最小化以改善性能。当 X_L 等于 X_C 时，则所接中间变压器是一台一次电压为中间电压 U_C 的电磁式电压互感器。补偿电抗器和中间变压器组成电磁单元的主体。

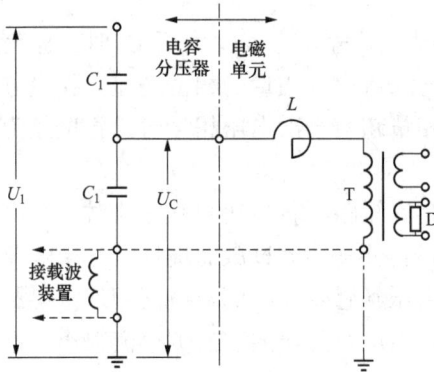

图 2-1-3　电容式电压互感器的工作原理

U_1—一次电压；U_C—中间电压；T—中间变压器；C_2—中压电容器；

C_1—高压电容器；L—补偿电抗器；D—阻尼器

因此，在额定频率下等效电容 (C_1+C_2) 与补偿电抗器电感 L 的谐振是电容式电压互感器正常工作的基本条件。受电网频率和环境温度变化的影响，易激发互感器内部的铁磁谐振，需要接入阻尼器和必要的过电压保护装置。

所以，电容式电压互感器的等效电路与电磁式电压互感器相似，只是在后者一次电路中增加串联的等效电容和补偿电抗器电感，见图 2-1-4。图中，$I_1 = I_0 + I_2'$，$U_C = I_0(R_{10} + jX_{10}) + I_2'(R_{12} + jX_{12}) + U_2'$。式中，$R_{10} = R_L + R_C + R_1$，$X_{10} = X_L - X_C + X_1$，$R_{12} = R_{10} + R_2'$，$X_{12} = X_{10} + X_2'$。

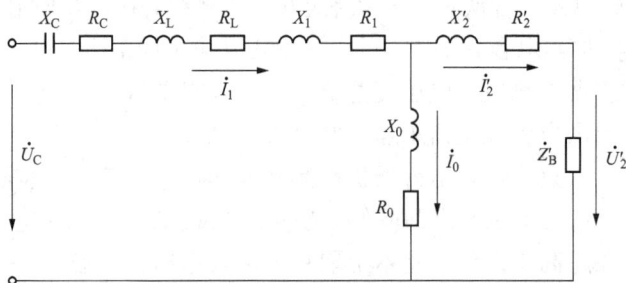

图 2-1-4　电容式电压互感器等效电路图

R_C、X_C—电阻、等效容抗；R_L、X_L—电阻、等效感抗；R_0、X_0—电阻、中间变压器励磁感抗；

X_1、R_1、X_2'、R_2'—一次绕组和二次绕组的漏抗、电阻；$\dot{Z}_B'$—负荷阻抗；$\dot{U}_C$—中间电压；

$\dot{U}_2'$—二次电压；$\dot{I}_1$—一次电流；$\dot{I}_0$—励磁电流；$\dot{I}_2'$—二次电流

1.3 互感器的分类

1.3.1 电流互感器的分类

1.3.1.1 按用途分类

1）测量用电流互感器。在正常工作电流范围内，向测量、计量等装置提供电网电流信息的电流互感器。

2）保护用电流互感器。在电网故障状态下，向继电保护等装置提供电网故障电流信息的电流互感器。

1.3.1.2 按绝缘介质分类

1）干式电流互感器。由普通绝缘材料经浸漆处理作为绝缘的电流互感器，或用环氧树脂或其他树脂混合材料浇注成型的电流互感器。

2）油浸式电流互感器。由绝缘纸和绝缘油作为绝缘，一般为户外型的电流互感器。目前在我国各种电压等级的电网中应用广泛。

3）充气式电流互感器。主绝缘由 SF_6 或其他气体构成的电流互感器。

1.3.1.3 按电流变换原理分类

1）电磁式电流互感器。根据电磁感应原理实现电流变换的电流互感器。

2）光电式电流互感器。通过光电变换原理以实现电流变换的电流互感器。

1.3.1.4 按安装方式分类

1）贯穿式电流互感器。用来穿过屏板或墙壁的电流互感器。

2）支柱式电流互感器。安装在平面或支柱上，兼做一次电路导体支柱用的电流互感器。

3）套管式电流互感器。没有一次导体和一次绝缘，直接套装在绝缘的套管上的一种电流互感器。

4）母线式电流互感器。没有一次导体但有一次绝缘，直接套装在母线上使用的一种电流互感器。

1.3.1.5 按一次绕组匝数分类

1）单匝式电流互感器。大电流互感器常用单匝式。

2）多匝式电流互感器。中、小电流互感器常用多匝式。

1.3.1.6 按二次绕组所在位置分类

1）正立式。二次绕组在产品下部，是国内常用结构型式。

2）倒立式。二次绕组在产品头部，是近年来比较新型的结构型式。

1.3.1.7 按电流比变换分类

1）单电流比电流互感器。即一、二次绕组匝数固定，电流比不能改变，只能实现一种电流比变换的互感器。

2）多电流比电流互感器。即一次绕组或二次绕组匝数可改变，电流比可以改变，可实现不同电流比变换。

3）多个铁芯电流互感器。这种互感器有多个各自具有铁芯的二次绕组，以满足不同精度的测量和多种继电保护装置的需要。为了满足某些装置的要求，其中某些二次绕组具有多个抽头。

1.3.1.8 按保护用电流互感器技术性能分类

1）稳态特性型。保证电流在稳态时的误差，如 P、PR、RX 级等。

2）暂态特性型。保证电流在暂态时的误差，如 TPX、TPY、TPZ、TPS 级等。

1.3.1.9 按使用条件分类

1）户内型。设备不会遭受大气过电压的一种安装方式。

2）户外型。设备会遭受大气过电压的一种安装方式。

1.3.2 电压互感器的分类

1.3.2.1 按用途分类

1）测量用电压互感器（或电压互感器的测量绕组）。在正常电压范围内，向测量、计量装置提供电网电压信息。

2）保护用电压互感器（或电压互感器的保护绕组）。在电网故障状态下，向继电保护等装置提供电网故障电压信息。

1.3.2.2 按绝缘介质分类

1）干式电压互感器。由普通绝缘材料浸渍绝缘漆作为绝缘或由环氧树脂或其他树脂混合材料浇注成型。

2）油浸式电压互感器。由绝缘纸和绝缘油作为绝缘，是我国最常见的结构型式。

3）气体绝缘电压互感器。由 SF_6 或其他气体作主绝缘，多用在较高电压等级。

1.3.2.3 按相数分类

1）单相电压互感器。用于测量任意一相对地之间的单相电压，或者任意两相之间线电压的电压互感器。

2）三相电压互感器。供三相系统使用并通过星形接法或者三角形接法形成一体的电压互感器。

1.3.2.4 按电压变换原理分类

1）电磁式电压互感器。根据电磁感应原理变换电压。

2）电容式电压互感器。通过电容分压原理变换电压。

3）光电式电压互感器。通过光电变换原理以实现电压变换。

1.3.2.5 按使用条件分类

1）户内型。设备不会遭受大气过电压的一种安装方式。

2）户外型。设备会遭受大气过电压的一种安装方式。

1.3.2.6 按一次绕组对地运行状态分类

1）一次绕组接地的电压互感器。单相电压互感器一次绕组的末端或三相电压互感器一次绕组的中性点直接接地。

2）一次绕组不接地的电压互感器。单相电压互感器一次绕组两端子对地都是绝缘的；三相电压互感器一次绕组的各部分，包括接线端子对地都是绝缘的，而且绝缘水平与额定绝缘水平一致。

1.3.2.7 按磁路结构分类

1）单级式电压互感器。一次绕组和二次绕组（根据需要可设多个二次绕组）同绕在一个铁芯上，铁芯为地电位。

2）串级式电压互感器。一次绕组分成几个匝数相同的单元串接在相与地之间，每一单元有各自独立的铁芯柱，且铁芯带有高电压，二次绕组（根据需要可设多个一次绕组）处在最末一个与地连接的单元。

1.4 产 品 铭 牌 标 志

1.4.1 互感器的产品铭牌标志通用内容

所有互感器应至少有以下标志：

1）制造单位名及其所在地的地名或国名（出口产品），以及其他容易识别制造单位的标志、生产序号和日期；

2）互感器型号及名称、采用标准的代号、计量许可标志及计量许可批号；

3）额定频率（例如：50Hz）；

4）设备最高电压 U_m（例如：72.5kV）；

5）额定绝缘水平（例如：140/325kV）；

6）设备种类：户内或户外（标称电压 $U_N \leqslant 0.66kV$ 的互感器可不标出）、温度类别（非正常使用环境温度）；如果互感器允许使用在海拔高于 1000m 的地区，还应标出其允许使用的最高海拔；总质量（≥50kg 时）。

以上 4）和 5）两项可以合并为一个标志（例如：72.5/140/325kV）。

另外，根据需要还应标出以下信息：

1）绝缘耐热等级（A 级绝缘不必标出），如果采用了多种等级的绝缘材料，应标出限制绕组温升的那一种；

2）所有与测量特性相关的指标；

3）绝缘液体的类型；

4）互感器内所容纳绝缘液体的体积（或质量）；

5）额定充气压力；

6）最低工作压力。

1.4.2 电流互感器的铭牌标志

所有电流互感器除上述对所有互感器的标志要求以外，还应标有下列通用铭牌标志：

1）额定一次电流和额定二次电流（例如：100/1A）；

2）对于一次换接的电流互感器，若一次绕组分为 n 段，则用 nI_{pr}/I_{sr} 表示（例如：2×1500/1A）；

3）对于二次抽头换接的电流互感器，应分别标出每对二次出线端子及其对应的变比（例如：S1-S2，200/5A；S1-S3，300/5A；S1-S4，400/5A；S1-S5，600/5A）；

4）对于多铁芯不同变比的电流互感器，应分别标出每个对应的变比（例如：1S1-1S2，800/5A；2S1-2S2，600/5A；3S1-3S2，400/5A；4S1-4S2，600/5A）；

5）额定短时热电流 I_{th}（方均根值）和额定动稳定电流 I_{dyn}（峰值）（例如：40/100kA）；

6）若一次绕组为多段式，则应按各种连接方式（串联、并联）分别标出（例如：串联 31.5/80kA-并联 50/125kA）；但如串联、并联的数值相同时，则可只标出一组值；

7）互感器有多个二次绕组时，各绕组的性能参数及其相应的准确级；

8）额定连续热电流（如果不是额定一次电流时）：

示例 1：单铁芯有二次抽头的电流互感器：$I_{cth}=150\%$（表示每个抽头皆为 150% 额定一次电流）。

示例 2：多铁芯不同变比（例如：300/5A 和 4000/1A）的电流互感器：$I_{cth}=450A$（表示 450A 是通过电流互感器全部铁芯的最大连续热电流）。

示例 3：一次换接（例如：4×300/1A）的电流互感器：$I_{cth}=4×450A$（表示连续热电流依据一次的换接连接分别为 450A、900A 或 1800A）。

电流互感器满足多个输出和准确级组合的要求，可将其全部标出。

示例 4：5VA 0.5 级；10VA 5P20 级。

9）二次绕组的排列示意图（对一次绕组为 U 形电容型结构的电流互感器）。

10）对于某些装入其他电气设备的电流互感器（如套管式互感器），其铭牌标志内容可以简化。

11）对于设备最高电压 U_m，如果 GB/T 156—2017《标准电压》中没有规定，则铭牌标志可用系统标称电压 U_n 替代（如 0.66kV）。

所有信息应牢固地标在互感器本体，或标在与互感器牢靠固定的铭牌上。

1.4.2.1 测量用电流互感器的铭牌专用标志

准确级和仪表保安系数（如果有）应标在相应的额定输出之后。

示例 1：15VA 0.5 级。

示例 2：15VA 0.5 级 FS10。

当电流互感器具有扩大电流额定值时，此额定值应紧跟随准确级后标出。

示例 3：15VA 0.5 级 扩大值 150% FS10。

对于电流互感器具有扩大负荷范围时，此额定限值应直接标在准确级之前。

示例 4：1VA-10VA 0.2 级（表示 0.2 级的负荷范围是 1～10VA）。

铭牌可标出互感器在同一变比下能满足的负荷和准确级多个组合，这种情况可以采用非标准值负荷。

示例 5：15VA 1 级；7VA 0.5 级。

1.4.2.2　P 级保护用电流互感器的铭牌专用标志

额定准确限值系数应标在相应的额定输出和准确级之后。

示例：30VA　5P10 级。

1.4.2.3　PR 级保护用电流互感器的铭牌专用标志

额定准确限值系数应标在相应的额定输出和准确级之后。

示例 1：10VA　5PR10 级。

如有规定，也应标出二次回路时间常数（T_s）和二次绕组电阻（R_{ct}）上限值。

示例 2：10VA　5PR10 级，$T_s = 100ms$，$R_{ct} \leqslant 2.4\Omega$。

1.4.2.4　PX 和 PXR 级保护用电流互感器的铭牌专用标志

准确级要求可按如下标出：

1）额定匝数比；

2）额定拐点电动势（E_k）；

3）在额定拐点电动势和/或其指定百分数下的励磁电流（I_e）上限值；

4）二次绕组电阻（R_{ct}）上限值。

示例 1：PX 级，$E_k = 200V$，$I_e \leqslant 0.2A$，$R_{ct} \leqslant 2.0\Omega$。

如有规定，也应标出设计系数（K_x）和额定电阻性负荷（R_b）。

示例 2：$E_k = 200V$，$I_e \leqslant 0.2A$，$R_{ct} \leqslant 2.0\Omega$，$K_x = 40$，$R_b = 3.0\Omega$。

1.4.2.5　暂态特性保护用电流互感器的铭牌专用标志

准确度标志由下述两部分组成：

1）定义部分（必有项）。定义部分包含确定电流互感器满足给定要求（包括工作循环和 T_p）所需的基本信息。

示例：按照 $K_{ssc} = 20$，$K_{td} = 12.5$：

$R_b = 5\Omega$，TPX 级 20×12.5，$R_{ct} \leqslant 2.8\Omega$。

$R_b = 5\Omega$，TPY 级 20×12.5，$R_{ct} \leqslant 2.8\Omega$，$T_s = 900ms$。

$R_b = 5\Omega$，TPZ 级 20×12.5，$R_{ct} \leqslant 2.8\Omega$。

对于 R_{ct}，可能要申明它在生产批次中的最大值。

2）补充部分（仅当用户规定工作循环时才是必有项）。补充部分表述可达到 K_{td} 规定值的多个可能工作循环之一。

示例：循环 100ms，$T_p = 100ms$（表示 $t'_{al} = 100ms$，$T_p = 100ms$）。

循环（40-100）-300-40ms，$T_p = 100ms$（表示 $t'_{al} = 40ms$，$t' = 100ms$，$t_{fr} = 300ms$，$t''_{al} = 40ms$，$T_p = 100ms$）。

循环（100-100）-300-40ms，$T_p = 75ms$（表示 $t' = t'_{al} = 100ms$，$t_{fr} = 300ms$，$t''_{al} = 40ms$，$T_p = 75ms$）。

1.4.3　电磁式电压互感器的铭牌标志

1.4.3.1　通用内容

所有电流互感器除上述对所有互感器的标志要求以外，还应标有下列通用铭牌标志：

1）额定一次和二次电压（例如：35/0.1kV）。

2）额定输出和相应的准确级（例如：50VA，1.0 级）。当有两个独立的二次绕组时，标志宜指明每个二次绕组的输出（VA）范围及其相应的准确级和每个绕组的额定电压。

此外，还应标出如下内容：

1）额定电压因数及其相应的额定时间（例如：0VA-10VA，0.2 级，$\cos\varphi=1.0$）。

2）铭牌可包括该电压互感器所能满足的几个输出和相应准确级的组合。

3）如果用户有要求，则铭牌标志可参考 GB/T 20840.3—2013 附录 3C 的规定。

1.4.3.2 测量用电压互感器的铭牌标志

铭牌应标有 1.4.3.1 所规定的相应内容。

准确级应标在相应的额定输出之后（例如：100VA，0.5 级）。

1.4.3.3 保护用电压互感器的铭牌标志

铭牌应标有 1.4.3.1 所规定的相应内容。体积小的电压互感器可能需要简化内容和/或将内容分列于几个标牌上。准确级应标在相应的额定输出之后。

1.4.4 电容式电压互感器的铭牌简介

电容式电压互感器的典型铭牌如图 2-1-5 所示。

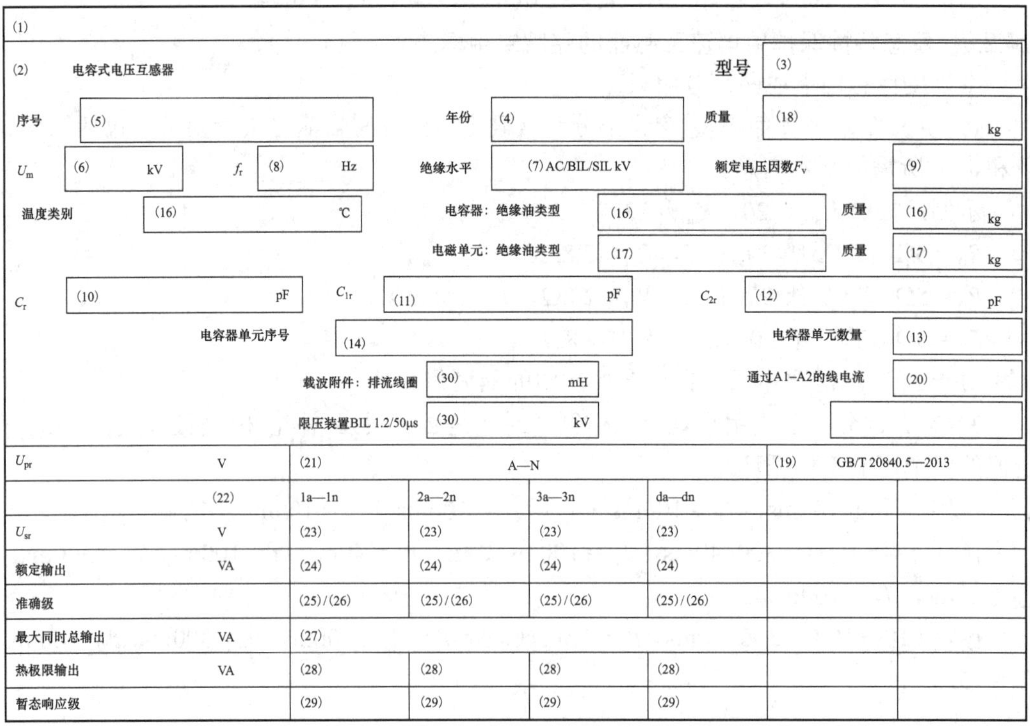

图 2-1-5 电容式电压互感器典型铭牌

电容式电压互感器铭牌标志内容见表 2-1-1。

表 2-1-1　电容式电压互感器铭牌标志

序号	项　目
1	制造单位名称或缩写
2	产品名称：电容式电压互感器
3	产品型号
4	制造年份
5	序号
6	设备最高电压
7	额定绝缘水平按 U_m 用 AC/BIL/SIL 表示
8	额定频率
9	额定电压因数（及额定时间）
10	电容分压器额定电容
11	高压电容器额定电容
12	中压电容器额定电容
13	电容器单元数量
14	电容器单元的序号
15	温度类别
16	电容分压器：绝缘油
17	电磁单元：绝缘油
18	完整电容式电压互感器的质量
19	标准代号
20	一次端子电流 I：链接 A1-A2
21	额定一次电压端子标志
22	各二次绕组端子标志
23	各二次绕组额定电压
24	额定输出值
25	准确级
26	准确级
27	在满足其准确级要求时，完整电容式电压互感器的各绕组最大同时总输出
28	热极限输出
29	暂态响应级
30	载波附件，排流线圈，限压装置，BIL

2　电流互感器试验基础

本章介绍了 35kV 及以下电流互感器质量检测的试验项目、类型和试验顺序的要求。

2.1　电流互感器试验标准

GB/T 311.1　绝缘配合　第 1 部分：定义、原则和规则

GB/T 2421.1　电工电子产品环境试验　概述和指南

GB/T 2423.23　环境试验　第 2 部分：试验方法　试验 Q：密封

GB/T 4208　外壳防护等级（IP 代码）

GB/T 4756　石油液体手工取样法

GB/T 7252　变压器油中溶解气体分析和判断导则

GB/T 7354　局部放电测量

GB/T 7595　运行中变压器油质量

GB/T 7674　额定电压 72.5kV 及以上气体绝缘金属封闭开关设备

GB/T 11022　高压开关设备和控制设备标准的共用技术要求

GB/T 16927.1　高电压试验技术　第 1 部分：一般定义及试验要求

GB/T 16927.2　高电压试验技术　第 2 部分：测量系统

GB/T 19001　质量管理体系　要求

GB/T 20840.1　互感器　第 1 部分：通用技术要求

GB/T 20840.2　互感器　第 2 部分：电流互感器的补充技术要求

GB/T 20138　电器设备外壳对外界机械碰撞的防护等级（IK 代码）

GB/T 21429　户外和户内电气设备用空心复合绝缘子定义、试验方法、接收准则和设计推荐

GB/T 22071.1　互感器试验导则　第 1 部分：电流互感器

GB/T 23752　额定电压高于 1000V 的电器设备用承压和非承压空心瓷和玻璃绝缘子

2.2　电流互感器试验项目、类型和试验顺序

2.2.1　试验项目

2.2.1.1　油浸式电流互感器试验项目

油浸式电流互感器试验项目、类型及主要标准见表 2-2-1。

表 2-2-1　油浸式电流互感器试验项目、类型及主要标准

序号	试验项目	试验类型	主要标准
1	一次端工频耐压试验	例行试验	GB/T 20840.1，GB/T 20840.2
2	局部放电测量	例行试验	GB/T 20840.1
3	电容量和介质损耗因数测量	例行试验	GB/T 20840.1，GB/T 20840.2
4	段间工频耐压试验	例行试验	GB/T 20840.1
5	二次端工频耐压试验	例行试验	GB/T 20840.1
6	准确度试验	例行试验 型式试验	GB/T 20840.1，GB/T 20840.2
7	匝间过电压试验	例行试验	GB/T 20840.2
8	标志的检验	例行试验	GB/T 20840.1，GB/T 20840.2
9	环境温度下密封性能试验	例行试验	GB/T 20840.1
10	绝缘油性能试验	例行试验	GB/T 20840.2
11	温升试验	型式试验	GB/T 20840.1，GB/T 20840.2
12	一次端冲击耐压试验	型式试验	GB/T 20840.1，GB/T 20840.2
13	户外型互感器的湿试验	型式试验	GB/T 20840.1，GB/T 20840.2
14	短时电流试验	型式试验	GB/T 20840.2
15	外壳防护等级的检验	型式试验	GB/T 20840.1
16	一次端截断雷电冲击耐压试验	特殊试验	GB/T 20840.1，GB/T 20840.2
17	二次绕组电阻（R_{ct}）测定	例行试验	GB/T 20840.2
18	二次回路时间常数（T_s）测定（准确级为 TPX、TPY、TPZ 的电流互感器适用）	例行试验	GB/T 20840.2
19	额定拐点电动势（E_k）和 E_k 下励磁电流的试验（准确级为 TPX、TPY、TPZ 的电流互感器适用）	例行试验	GB/T 20840.2
20	剩磁系数测定（准确级为 TPX、TPY、TPZ 的电流互感器适用）	抽样试验	GB/T 20840.2
21	测量用电流互感器的仪表保安系数（FS）测定（间接法）	抽样试验	GB/T 20840.2

2.2.1.2　干式电流互感器试验项目

干式电流互感器试验项目、类型及主要标准见表 2-2-2。

表 2-2-2 干式电流互感器试验项目、类型及主要标准

序号	试验项目名称	试验类型	主要标准
1	一次端工频耐压试验	例行试验	GB/T 20840.1，GB/T 20840.2
2	局部放电测量	例行试验	GB/T 20840.1
3	电容量和介质损耗因数测量	例行试验	GB/T 20840.1，GB/T 20840.2
4	段间工频耐压试验	例行试验	GB/T 20840.1
5	二次端工频耐压试验	例行试验	GB/T 20840.1
6	准确度试验	例行试验 型式试验	GB/T 20840.1，GB/T 20840.2
7	匝间过电压试验	例行试验	GB/T 20840.2
8	标志的检验	例行试验	GB/T 20840.1，GB/T 20840.2
9	温升试验	例行试验	GB/T 20840.1，GB/T 20840.2
10	一次端冲击耐压试验	型式试验	GB/T 20840.1，GB/T 20840.2
11	户外型互感器的湿试验	型式试验	GB/T 20840.1，GB/T 20840.2
12	短时电流试验	型式试验	GB/T 20840.2
13	外壳防护等级的检验	型式试验	GB/T 20840.1
14	一次端截断雷电冲击耐压试验	特殊试验	GB/T 20840.1，GB/T 20840.2
15	二次绕组电阻（R_{ct}）测定	例行试验	GB/T 20840.2
16	二次回路时间常数（T_s）测定（准确级为 TPX、TPY、TPZ 的电流互感器适用）	例行试验	GB/T 20840.2
17	额定拐点电动势（E_k）和 E_k 下励磁电流的试验（准确级为 TPX、TPY、TPZ 的电流互感器适用）	例行试验	GB/T 20840.2
18	剩磁系数测定（准确级为 TPX、TPY、TPZ 的电流互感器适用）	抽样试验	GB/T 20840.2
19	测量用电流互感器的仪表保安系数（FS）测定（间接法）	抽样试验	GB/T 20840.2

2.2.1.3 充气式电流互感器试验项目

充气式电流互感器试验项目、类型及主要标准见表 2-2-3。

表 2-2-3 充气式电流互感器试验项目、类型及主要标准

序号	试验项目名称	试验类型	主要标准
1	一次端工频耐压试验	例行试验	GB/T 20840.1，GB/T 20840.2
2	局部放电测量	例行试验	GB/T 20840.1

序号	试验项目名称	试验类型	主要标准
3	气体露点测量	例行试验	GB/T 20840.1
4	段间工频耐压试验	例行试验	GB/T 20840.1
5	二次端工频耐压试验	例行试验	GB/T 20840.1
6	准确度试验	例行试验 型式试验	GB/T 20840.1，GB/T 20840.2
7	匝间过电压试验	例行试验	GB/T 20840.2
8	标志的检验	例行试验	GB/T 20840.1，GB/T 20840.2
9	环境温度下密封性能试验	型式试验	GB/T 20840.1
10	温升试验	型式试验	GB/T 20840.1，GB/T 20840.2
11	一次端冲击耐压试验	型式试验	GB/T 20840.1，GB/T 20840.2
12	户外型互感器的湿试验	型式试验	GB/T 20840.1，GB/T 20840.2
13	短时电流试验	型式试验	GB/T 20840.2
14	压力试验	型式试验	GB/T 20840.1
15	外壳防护等级的检验	型式试验	GB/T 20840.1
16	一次端截断雷电冲击耐压试验	特殊试验	GB/T 20840.1，GB/T 20840.2
17	二次绕组电阻（R_{ct}）测定	例行试验	GB/T 20840.2
18	二次回路时间常数（T_s）测定（准确级为 TPX、TPY、TPZ 的电流互感器适用）	例行试验	GB/T 20840.2
19	额定拐点电动势（E_k）和 E_k 下励磁电流的试验（准确级为 TPX、TPY、TPZ 的电流互感器适用）	例行试验	GB/T 20840.2
20	剩磁系数测定（准确级为 TPX、TPY、TPZ 的电流互感器适用）	抽样试验	GB/T 20840.2
21	测量用电流互感器的仪表保安系数（FS）测定（间接法）	抽样试验	GB/T 20840.2

2.2.2 试验顺序

2.2.2.1 油浸式电流互感器试验顺序要求

推荐的试验顺序如下：

1）标志的检验（例行试验）；

2）二次端工频耐压试验（例行试验）；

3）段间工频耐压试验（例行试验，一次绕组或二次绕组有分段结构的电流互感器适用）；

4）一次端工频耐压试验（例行试验）；

5）局部放电测量（例行试验，$U_m \geqslant 7.2kV$ 的电流互感器适用）；

6）电容量和介质损耗因数测量（例行试验）；

7）匝间过电压试验（例行试验）；

8）准确度试验（例行试验）；

9）一次端冲击耐压试验（型式试验，$U_m \geqslant 3.6kV$ 的电流互感器适用）；

10）一次端截断雷电冲击耐压试验（特殊试验，$U_m \geqslant 3.6kV$ 的电流互感器适用）；

11）温升试验（型式试验）；

12）户外型互感器的湿试验（型式试验）；

13）短时电流试验（型式试验）；

14）准确度试验（型式试验，复合误差、仪表保安系数若有适用）；

15）绝缘油性能试验（例行试验）；

16）环境温度下密封性能试验（例行试验）；

17）外壳防护等级的检验（型式试验）；

18）二次绕组电阻（R_{ct}）测定（例行试验）；

19）二次回路时间常数（T_s）测定（例行试验，准确级为 TPX、TPY、TPZ 的电流互感器适用）；

20）额定拐点电动势（E_k）和 E_k 下励磁电流的试验（例行试验，准确级为 TPX、TPY、TPZ 的电流互感器适用）；

21）剩磁系数测定（抽样试验，准确级为 TPX、TPY、TPZ 的电流互感器适用）；

22）测量用电流互感器的仪表保安系数（FS）测定（抽样试验，间接法）。

2.2.2.2 干式电流互感器试验顺序要求

推荐的试验顺序如下：

1）标志的检验（例行试验）；

2）二次端工频耐压试验（例行试验）；

3）段间工频耐压试验（例行试验，一次绕组或二次绕组有分段结构的电流互感器适用）；

4）一次端工频耐压试验（例行试验）；

5）局部放电测量（例行试验，$U_m \geqslant 7.2kV$ 的电流互感器适用）；

6）电容量和介质损耗因数测量（例行试验，电容型电流互感器适用）；

7）匝间过电压试验（例行试验）；

8）准确度试验（例行试验）；

9）一次端冲击耐压试验（型式试验，$U_m \geqslant 3.6kV$ 的电流互感器适用）；

10）一次端截断雷电冲击耐压试验（特殊试验，$U_m \geqslant 3.6kV$ 的电流互感器适用）；

11）温升试验（型式试验）；

12）户外型互感器的湿试验（型式试验，户外型电流互感器适用）；

13）短时电流试验（型式试验）；

14）准确度试验（型式试验，复合误差、仪表保安系数若有适用）；

15）外壳防护等级的检验（型式试验）；

16）二次绕组电阻（R_{ct}）测定（例行试验）；

17）二次回路时间常数（T_s）测定（例行试验，准确级为 TPX、TPY、TPZ 的电流互感器适用）；

18）额定拐点电动势（E_k）和 E_k 下励磁电流的试验（例行试验，准确级为 TPX、TPY、TPZ 的电流互感器适用）；

19）剩磁系数测定（抽样试验，准确级为 TPX、TPY、TPZ 的电流互感器适用）；

20）测量用电流互感器的仪表保安系数（FS）测定（抽样试验，间接法）。

2.2.2.3 充气式电流互感器试验顺序要求

推荐的试验顺序如下：

1）标志的检验（例行试验）；

2）二次端工频耐压试验（例行试验）；

3）段间工频耐压试验（例行试验，一次绕组或二次绕组有分段结构的电流互感器适用）；

4）一次端工频耐压试验（例行试验）；

5）局部放电测量（例行试验，$U_m \geq 7.2kV$ 的电流互感器适用）；

6）匝间过电压试验（例行试验）；

7）准确度试验（例行试验）；

8）一次端冲击耐压试验（型式试验，$U_m \geq 3.6kV$ 的电流互感器适用）；

9）一次端截断雷电冲击耐压试验（特殊试验，$U_m \geq 3.6kV$ 的电流互感器适用）；

10）温升试验（型式试验）；

11）户外型互感器的湿试验（型式试验，户外型电流互感器适用）；

12）短时电流试验（型式试验）；

13）准确度试验（型式试验，复合误差、仪表保安系数若有适用）；

14）气体露点测量（例行试验）；

15）环境温度下密封性能试验（型式试验）；

16）外壳防护等级的检验（型式试验）；

17）压力试验（型式试验）；

18）二次绕组电阻（R_{ct}）测定（例行试验）；

19）二次回路时间常数（T_s）测定（例行试验，准确级为 TPX、TPY、TPZ 的电流互感器适用）；

20）额定拐点电动势（E_k）和 E_k 下励磁电流的试验（例行试验，准确级为 TPX、TPY、TPZ 的电流互感器适用）；

21）剩磁系数测定（抽样试验，准确级为 TPX、TPY、TPZ 的电流互感器适用）；

22）测量用电流互感器的仪表保安系数（FS）测定（抽样试验，间接法）。

2.3 电流互感器试验环境要求

检测试验室应满足如下基本要求：

1）除另有规定，试验时的环境温度应为 5～40℃；

2）试验室应有足够的空间和合理的布局；

3）试验室不同功能区域划分清晰，易于识别；

4）试验场所不应有明显的外部电磁场影响；

5）试验场地应具有单独工作接地和保护接地，并设置保护栅栏；

6）试品与接地体或邻近物体的距离，一般应大于试品高压部分与接地部分的最小空气距离的 1.5 倍。

3　电流互感器试验方法和要求

3.1　标　志　的　检　验

3.1.1　试验目的

检验铭牌内容是否符合标准要求、端子标志是否齐全完整、极性是否正确。

3.1.2　试验方法

3.1.2.1　铭牌的检验

采用目测方式，逐项检查产品铭牌内容。

3.1.2.2　端子标志的检验

应检验端子标志是否明确表示以下各项内容：

1）一次绕组和二次绕组；

2）绕组段（如果有）；

3）绕组和绕组段的极性关系；

4）中间抽头（如果有）；

5）大写字母 P1、P2、C1 和 C2 表示一次绕组端子，大写字母 S1、S2 表示相应的二次绕组端子；

6）互感器端子标志应正确，标有 P1、S1 和 C1 的所有端子在同一瞬间应具有同一极性。

端子标志的检验一般采用以下两种方法：

（1）直流检验法。互感器出线端子极性检验用直流试验法见图 2-3-1。

电池的正极接在一次绕组 P1 端，负极接在一次绕组的 P2 端；直流电流表的正极接在二次绕组的 S1 端，负极接在二次绕组的 S2 端。接通开关瞬间，电流表向顺时针方向摆动则互感器为极性正确。

（2）误差校验仪检验法。根据互感器的接线标志，按比较法完成测量接线后，升起电流至额定值的 5%以下试测，用校验仪的极性指示功能或误差测量功能，检验出线端子的极性是否正确。

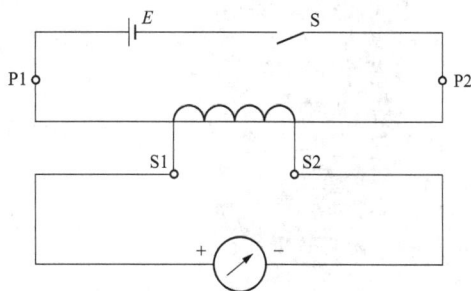

图 2-3-1　出线端子极性检验（直流试验法）

E—直流电源；S—开关；P1、P2—一次绕组端子；S1、S2—二次绕组端子

3.1.3 结果判定

3.1.3.1 标志

（1）一般要求。应在电流互感器的铭牌或面板等明显部位标注计量法制标志和计量器具标识。这些标志和标识应清晰可辨、牢固可靠。

（2）计量法制标志的内容。

1）产品合格印证（可与电流互感器本体分开设置）；

2）计量器具型式批准标志和编号（试验样机应预留出相应位置）。

（3）计量器具标识的内容。

1）电流互感器的生产厂名或商标；

2）电流互感器的名称、型号和规格；

3）一、二次绕组标识；

4）主要技术指标，如额定频率、设备最高电压（U_m）、额定绝缘水平、额定一次电流、额定二次电流、准确度级别、额定负荷、短时电流参数等；

5）根据需要还应标出绝缘耐热等级（A 级绝缘不必标出）、额定连续热电流（如果不是额定一次电流时）、总质量（≥50kg 时）、绝缘液体的类型、额定充气压力、最低工作压力等；

6）设备种类：户内或户外（标称电压 U_n≤0.66kV 的电流互感器可不标出）、温度类别（非正常使用环境温度）；

7）出厂编号和生产日期；

8）需要限制使用场合的特殊说明（海拔、污秽等级、使用环境条件等）；

9）产品制造所依据的标准（可在产品包装或使用说明书中说明）。

图 2-3-2 标志的检验试验实例照片

3.1.3.2 绕组极性

标有 P1、S1 和 C1 的所有端子在同一瞬间应具有同一极性。

3.1.3.3 外观及结构

电流互感器的外观应与使用状态相符且全部附件装配到位，铭牌标志齐全、接线端子及螺栓符合图纸要求，无明显机械损伤、无渗漏油（气）现象，油位指示或压力表指示在正常值范围，防爆装置（如果有）完好。

3.1.4 试验实例

3.1.4.1 试验照片

标志的检验实例照片如图 2-3-2 所示。

3.1.4.2 试验记录

标志的检验试验记录（参考示例）如表 2-3-1 所示。

表 2-3-1 标志的检验试验（参考示例）

环境温度：16.4℃   相对湿度：48.0%

项目	标准要求	实测值	结论
标志内容	铭牌、标志、接地栓、接地符号、出线端子应符合要求	铭牌、标志、接地栓、接地符号、出线端子符合要求	符合要求

3.2 二次端工频耐压试验

3.2.1 试验目的

检验电流互感器的二次端之间及对地的绝缘性能，二次端各绕组间及各绕组与地之间的额定工频耐受电压应为 3kV。

3.2.2 试验设备

该试验所需试验设备如表 2-3-2 所示。

表 2-3-2 试验设备一览表（推荐）

序号	设备名称	设备关键参数和要求
1	二次耐压仪	输出电压不低于 6kV；测量准确度应不低于 3 级

二次端工频耐压试验线路见图 2-3-3。

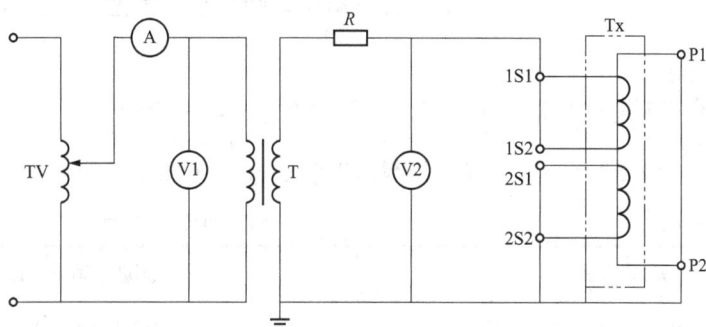

图 2-3-3 二次端工频耐压试验线路

TV—调压器；T—试验变压器；A—电流表；V1—方均根值电压表；R—保护电阻；V2—方均根值/峰值电压表；Tx—被试互感器；P1、P2—一次绕组出线端子；1S1、1S2、2S1、2S2—二次绕组出线端子

3.2.3 试验方法

二次绕组工频耐压试验时，试验电压应施加在各短接的二次绕组与地之间，持续时

间 60s。施加电压应由机械零位开始缓慢升高，升到规定试验电压值并持续 60s 后，降到 30%试验电压值以下再切断电源。座架、箱壳（如果有）和铁芯（如果要求接地）及所有其他绕组均应连在一起接地。

3.2.4 结果判定

在耐受规定的试验电压及试验时间内，未发生闪络或击穿现象为合格，否则为不合格。

3.2.5 试验实例

3.2.5.1 接线示意图

二次绕组工频耐压试验接线示意图如图 2-3-4 所示。

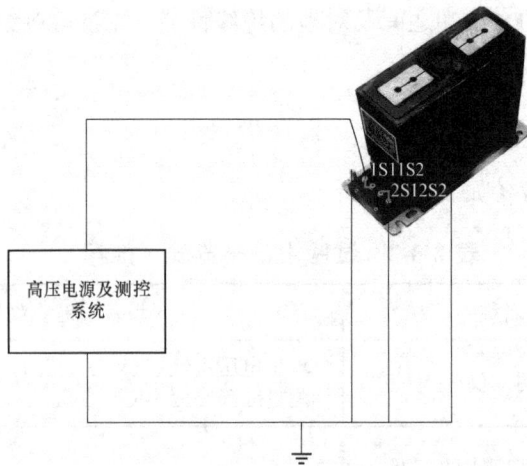

图 2-3-4 二次端工频耐压试验接线示意图

3.2.5.2 试验记录

二次绕组工频耐压试验记录表（参考示例）如表 2-3-3 所示。

表 2-3-3 二次端工频耐压试验记录表（参考示例）

环境温度：16.4℃　　　　　　　　　　　　相对湿度：48.0%

施加方式	试验电压/频率/时间
短接的各二次绕组之间及各二次绕组与地之间	3kV/50Hz/60s

3.3 段间工频耐压试验

3.3.1 试验目的

检验具有多个线段的电流互感器，对相互连接的各线段，其段间绝缘的额定工频耐受电压应为 3kV。

3.3.2 试验设备

该试验所需试验设备如表 2-3-4 所示。

表 2-3-4 试验设备一览表（推荐）

序号	设备名称	设备关键参数和要求
1	二次耐压仪	输出电压不低于 6kV； 测量准确度应不低于 3 级

3.3.3 试验方法

3.3.3.1 试验线路

试验线路如图 2-3-5 所示。

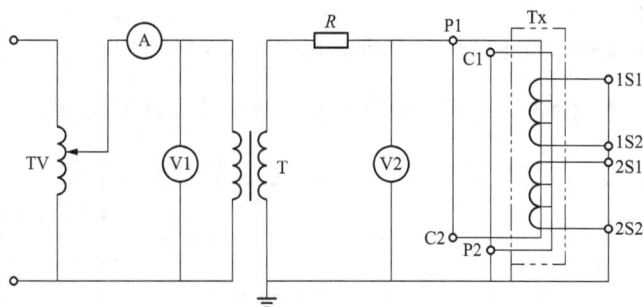

图 2-3-5 段间工频耐压试验线路

TV—调压器；A—电流表；V1—方均根值电压表；T—试验变压器；V2—峰值电压表；

R—保护电阻；Tx—被试互感器；P1、P2——一次绕组出线端子；C1、C2——一次

绕组换接端子；1S1、1S2、2S1、2S2—二次绕组出线端子

3.3.3.2 施加的程序和方法

试验电压应依次施加到端子短接的各线段之间，持续 60s。施加电压应由机械零位开始缓慢升高，升到规定试验电压值并持续 60s 后，降到 30%试验电压值以下再切断电源。座架、箱壳（如果有）、铁芯（如需接地）和所有其他端子皆应连在一起接地。

3.3.4 结果判定

如果试验过程中没出现击穿现象，则试验合格。

3.3.5 试验实例

3.3.5.1 接线示意图

段间工频耐压试验接线示意图如图 2-3-6 所示（图中短接的 P1、C2 不能够与 C1 或

P2 端接触）。

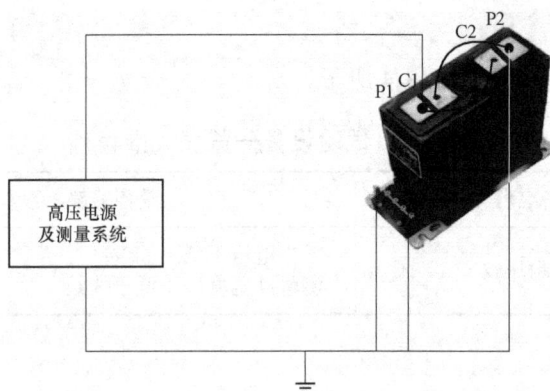

图 2-3-6　段间工频耐压试验接线示意图

3.3.5.2　试验记录

段间工频耐压试验记录表（参考示例）如表 2-3-5 所示。

表 2-3-5　段间工频耐压试验记录表（参考示例）

环境温度：16.4℃　　　　　　　　　　　　　相对湿度：48.0%

施加方式	试验电压/频率/时间
一次绕组段间	3kV/50Hz/60s

3.4　一次端工频耐压试验

3.4.1　试验目的

检验电流互感器的内绝缘及外绝缘是否符合标准要求。

3.4.2　试验设备

该试验所需试验设备如表 2-3-6 所示。

表 2-3-6　试验设备一览表（推荐）

序号	设备名称	设备关键参数和要求
1	工频电压测量系统	测量范围应覆盖 5～150kV；测量准确度应不低于 3 级
2	二次耐压仪装置	输出电压不低于 6kV；测量准确度应不低于 3 级

3.4.3 试验方法

3.4.3.1 试验线路

试验线路见图 2-3-7。

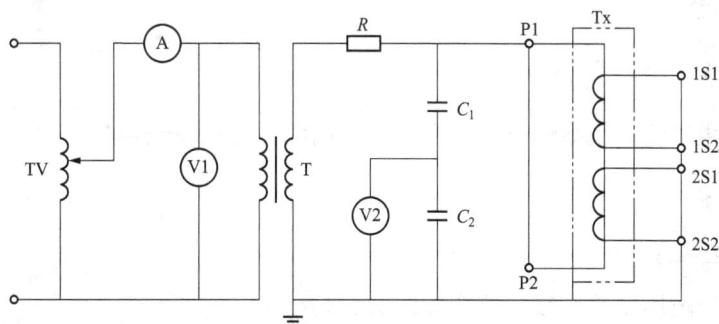

图 2-3-7 一次端工频耐压试验线路

TV—调压器；A—电流表；V1—方均根值电压表；T—试验变压器；V2—峰值电压表；

R—保护电阻；C_1、C_2—电容分压器；Tx—被试互感器；P1、P2—一次绕组出线端子；

1S1、1S2、2S1、2S2—二次绕组出线端子

3.4.3.2 一般要求

除非另有规定，试验电压应依据设备最高电压取表 2-3-7 的相应值，持续时间 60s。

试验电压应施加在短路的一次绕组与地之间。所有短路的二次绕组、座架、箱壳（如果有）和铁芯（如果要求接地）均应接地。

对设备最高电压为 $U_m = 40.5kV$，且采用电容型绝缘结构的电流互感器，其地屏对地应能耐受额定工频耐受电压 5kV（方均根值），持续时间为 60s。

表 2-3-7 互感器的一次端绝缘水平和耐受电压

kV

设备最高电压 U_m（方均根值）	额定短时工频耐受电压[①]（方均根值）	额定雷电冲击耐受电压（峰值）	额定操作冲击耐受电压（峰值）	截断雷电冲击（内绝缘）耐受电压（峰值）
$U_n \leqslant 0.66$	3	—	—	—
3.6	18/25	40	—	45
7.2	23/30	60	—	65
12	30/42	75	—	85
17.5	40/55	105	—	115
24	50/65	125	—	140
40.5	80/95	185	—	220

注 1. 对于暴露安装，推荐选用最高的绝缘水平。

　　2. 对于安装在 GIS 的互感器，其额定工频耐受电压水平按照 GB/T 7674 的规定，但可能有差别。

① 对于斜线右边的数值，额定工频耐受电压为设备外绝缘处于干燥状态下的耐受电压值；额定雷电冲击耐受电压为设备内绝缘的耐受电压值。

3.4.3.3 施加的程序和方法

在确定设备线路及电源波形无误后，对试品施加电压。加压时，应由机械零位开始缓慢升高电压，观测仪表升压数值。在升至75%试验电压时，以每秒2%试验电压的速率升压至短时工频耐压的试验值，维持60s或规定的时间，然后降到30%规定试验电压以下后再切断电源。

3.4.4 结果判定

如果未发生试验电压突然下降（无击穿或闪络），则试验合格。

3.4.5 试验实例

3.4.5.1 接线示意图

一次端工频耐压试验接线示意图如图2-3-8所示。

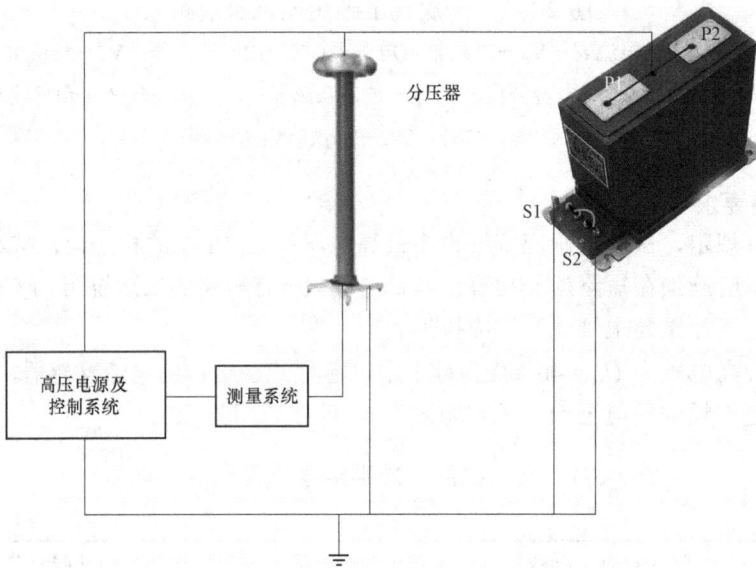

图 2-3-8 一次端工频耐压试验接线示意图

3.4.5.2 试验记录

一次端工频耐压试验记录表（参考示例）如表2-3-8所示。

表 2-3-8 一次端工频耐压试验记录表（参考示例）

环境温度：14℃　　　　　　相对湿度：78.0%　　　　　　大气压力：101.2kPa

施加方式	试验电压/频率/时间
短接的一次绕组对二次绕组及地之间	42kV/50Hz/60s 大气校正因数 K_t 为 1.002

3.5 局部放电测量

3.5.1 试验目的

检验电流互感器的内绝缘是否存在缺陷。

3.5.2 试验设备

该试验所需试验设备如表 2-3-9 所示。

表 2-3-9 试验设备一览表（推荐）

序号	设备名称	设备关键参数和要求
1	局部放电测量系统	测量范围应覆盖 0～100pC； 测量准确度应不低于 10 级

3.5.3 试验方法

3.5.3.1 试验线路

局部放电测量试验电路见图 2-3-9，局部放电测量的校准电路示例见图 2-3-10。

试验中一次端接线方法同一次端工频耐压试验。

3.5.3.2 一般要求

所用试验电路和测试设备应符合 GB/T 7354 的要求。所用仪器设备应测量以皮库（pC）表示的视在电荷量 q，其校准应在试验电路上进行（见图 2-3-10）。

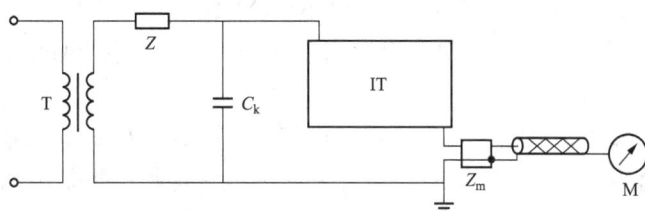

（a）串联法回路

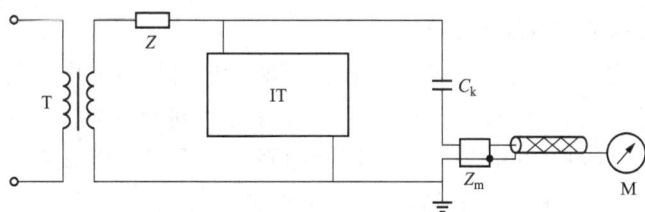

（b）并联法回路

图 2-3-9 局部放电测量的试验电路示例（一）

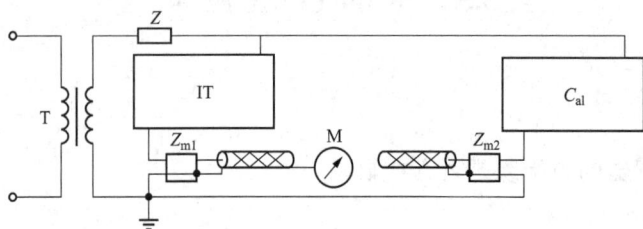

（c）平衡法回路

图 2-3-9　局部放电测量的试验电路示例（二）

T—试验变压器；IT—被试互感器；C_k—耦合电容器；M—局部放电测量仪器；Z_m、Z_{m1}、Z_{m2}—测量
阻抗；Z—滤波器（如果 C_k 是试验变压器的电容，则不需要）；C_{al}—无局部放电的辅助试品

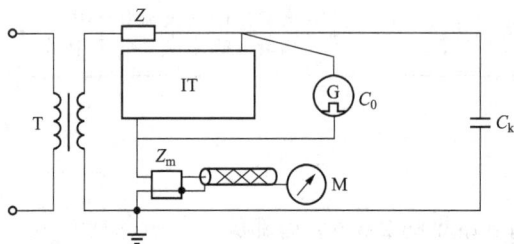

图 2-3-10　局部放电测量的校准电路示例

G—电容量为 C_0 的脉冲发生器

　　宽频带仪器的带宽应至少为 100kHz，其上限截止频率不超过 1.2MHz。窄频带仪器的谐振频率应为 0.15～2MHz，优先值应为 0.5～2MHz。

　　测量系统进行视在电荷 q 的测量时，测量允差为±10%或±1pC，取两者中较大的一个。

　　为了抑制外部噪声，适宜采用平衡试验电路，见图 2-3-9（c）。当采用电子信号处理和复原技术降低背景噪声时，应以改变其参数来达到它能检测重复出现的脉冲。

3.5.3.3　施加的程序和方法

　　在按照程序 A 或程序 B 施加预加电压之后，将电压降到表 2-3-10 规定的局部放电测量电压，在 30s 内测量相应的局部放电水平。

　　程序 A：局部放电测量电压是在工频耐压试验后的降压过程中达到。

　　程序 B：局部放电试验是在工频耐压试验结束之后进行。施加电压上升至额定工频耐受电压的 80%，至少保持 60s，然后不间断地降低到规定的局部放电测量电压。

　　除非另有规定，程序的选择由检测方自行选定。

3.5.4　结果判定

　　测得的局部放电水平应不超过表 2-3-10 规定的限值，则认为此试验合格（接地故障因数≤1.4 电压等级不适用）。

表 2-3-10 允许的局部放电水平

系统中性点接地方式	互感器类型	局部放电测量电压（方均根值，kV）	不同绝缘类型局部放电最大允许水平（pC）	
			液体浸渍或气体	固体
中性点有效接地系统（接地故障因数≤1.4）	电流互感器	U_m $1.2U_m/\sqrt{3}$	10 5	50 20
中性点绝缘系统或非有效接地系统（接地故障因数＞1.4）	电流互感器	$1.2U_m$ $1.2U_m/\sqrt{3}$	10 5	50 20

注 1. 如果系统中性点的接地方式未指明时，局部放电水平可按中性点绝缘或非有效接地系统考虑。
    2. 局部放电最大允许水平对于非额定频率也是适用的。

3.5.5 试验实例

3.5.5.1 接线示意图

局部放电测量试验接线示意图如图 2-3-11 所示。

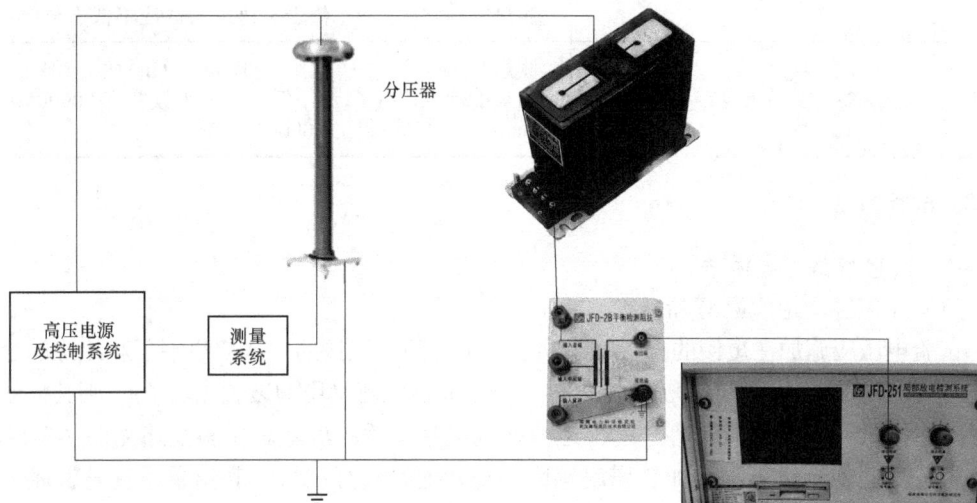

图 2-3-11 局部放电测量试验接线示意图

3.5.5.2 试验记录

局部放电测量试验记录表（参考示例）如表 2-3-11 所示。

表 2-3-11 局部放电测量试验记录表（参考示例）

环境温度：16.4℃   相对湿度：48.0%

试验频率（Hz）	50
预加电压（kV）	95

测量电压（kV）	48.6	28.1
局部放电水平（pC）	12	3

3.6 电容量和介质损耗因数测量

3.6.1 试验目的

检验电流互感器绝缘介质性能是否满足标准要求。

3.6.2 试验设备

该试验所需试验设备如表 2-3-12 所示。

表 2-3-12 试验设备一览表（推荐）

序号	设备名称	设备关键参数和要求
1	高压标准电容器	额定电压不低于 40kV； 测量准确度：C 应不低于 $\pm1\%$，$\tan\delta$ 应不低于 $\pm1\times10^{-4}$
2	多功能高压电容电桥	测量范围：C_x/C_s 为 1：（1～1000），$\tan\delta$ 为 $\pm10\%$； 测量准确度：C_x/C_s 应不低于 $\pm0.5\%$读数±0.00005； $\tan\delta$：$\pm0.5\%$读数±0.00005

3.6.3 试验方法

3.6.3.1 试验线路（电桥法）

（1）非电容型电流互感器。

试验电压应施加在短接的一次绕组端子与地之间，短接的二次绕组端子和绝缘的金属箱壳均接入测量电桥。如果电流互感器具有一个专供此测量用的装置（端子），则其他低压端子应短接，并与金属箱壳等一起接地或接到测量电桥的屏蔽。试验线路见图 2-3-12。

若采用其他测量方法（如金属底座或箱壳接地）进行测量，其结果不宜与上述方法的测量结果进行比对。

（2）电容型电流互感器。

试验电压应施加在短接的一次绕组端子与地之间，短接的二次绕组端子和绝缘的金属箱壳均应接地，一次绕组电容屏的地屏接入电桥（正接法），试验线路见图 2-3-13。也可将一次绕组端子直接接入电桥（反接法）。其中，反接法只能在 10kV 的测量电压下测量，且测得的电容量通常大于正接法所测得的电容量。

对于某种结构的倒立油浸式电流互感器的电容量和介质损耗因数测量应按整体和部分分别进行试验。整体电容量和介质损耗因数测量时，试验电压应施加在短接的一次绕组端子与地之间，主绝缘电容屏的地屏、短接的二次绕组端子和绝缘的金属箱壳均应接入电桥，试验线路见图 2-3-14。部分电容量和介质损耗因数测量时，试验电压应施加在短接的一次绕组端子与地之间，短接的二次绕组端子和绝缘的金属箱壳均应接地，主绝缘电容屏的地屏接入电桥（正接法），试验线路见图 2-3-13。

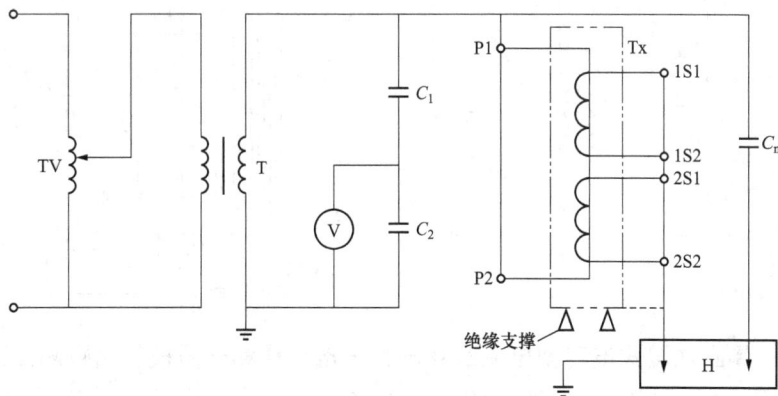

图 2-3-12 非电容型电流互感器介质损耗因数测量试验线路

TV—调压器；T—试验变压器；V—峰值电压表；C_1、C_2—电容分压器；H—电桥；C_n—标准电容器；Tx—被试互感器；P1、P2——一次绕组端子；1S1、1S2、2S1、2S2—二次绕组端子

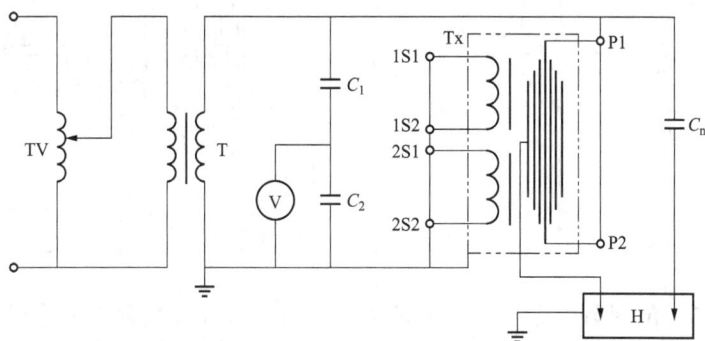

图 2-3-13 正立电容型电流互感器或倒立油浸式电容型电流互感器部分电容量和介质损耗因数测量（正接法）试验线路

TV—调压器；T—试验变压器；V—峰值电压表；C_1、C_2—电容分压器；H—电桥；C_n—标准电容器；Tx—被试互感器；P1、P2——一次绕组端子；1S1、1S2、2S1、2S2—二次绕组端子

电容型电流互感器的地屏介质损耗因数测量时，试验电压应施加在地屏上，短接的一次绕组端子不得与地连接，短接的二次绕组端子及金属箱壳接入电桥。试验线路见图 2-3-15。

3.6.3.2 一般要求

电容量和介质损耗因数（tanδ）应在额定频率和 $10kV \sim U_m/\sqrt{3}$ 范围内某一电压下测量。试验应在一次端工频耐压试验后进行。试验电压应施加在短路的一次绕组端子与地之间。通常短路的二次绕组、地屏和绝缘的金属壳均应接入测量装置。如果电流互感器具有专供此测量用的端子，则其他低压端子应短路，并与金属壳连在一起接地或接测量装置的屏蔽。

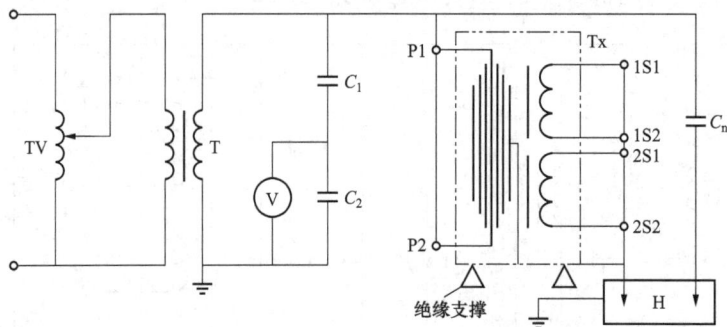

图 2-3-14 倒立油浸式电容型电流互感器整体电容量和介质损耗因数测量试验线路

TV—调压器；T—试验变压器；V—峰值电压表；C_1、C_2—电容分压器；H—电桥；C_n—标准电容器；Tx—被试互感器；P1、P2—一次绕组端子；1S1、1S2、2S1、2S2—二次绕组端子

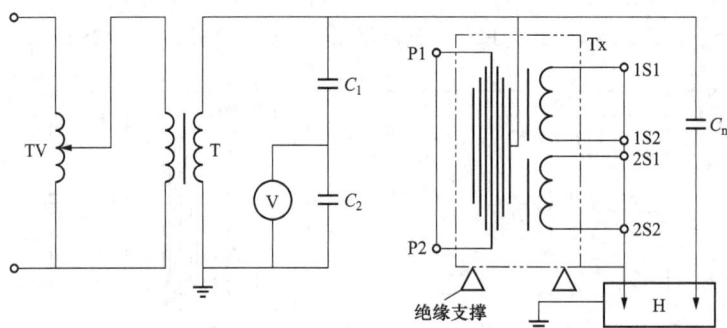

图 2-3-15 电容型电流互感器的地屏（末屏）介质损耗因数测量试验线路

TV—调压器；T—试验变压器；V—峰值电压表；C_1、C_2—电容分压器；H—电桥；C_n—标准电容器；Tx—被试互感器；P1、P2—一次绕组端子；1S1、1S2、2S1、2S2—二次绕组端子

试验应在环境温度下进行，应记录温度。试验方法应经制造方与用户协商同意，但优先选用电桥法。介质损耗因数试验不适用于气体绝缘互感器。非电容型绝缘结构的电流互感器不需要考核电容量。

3.6.3.3 施加的程序和方法

在确认试验线路无误后，对试品施加电压。维持电压再测量电压，调节电桥平衡，得到所测试品的电容量及介质损耗因数值。

3.6.4 结果判定

如果测得的介质损耗因数值满足表 2-3-13 的规定时，则认为此试验合格。

表 2-3-13　各种油浸式电流互感器的介质损耗因数允许值

绝缘结构	设备最高电压 U_m（方均根值，kV）	测量电压（kV）	介质损耗因数允许值（tanδ）
电容型绝缘	≤40.5	10kV、$U_m/\sqrt{3}$	≤0.005
非电容型绝缘	≤40.5	10	≤0.02

对采用电容型绝缘结构的电流互感器，制造方应提供测量电压为 10kV 下的介质损耗因数值。对于正立式电容型绝缘结构油浸式电流互感器的地屏（末屏），在测量电压为 3kV 下的介质损耗因数（tanδ）允许值不应大于 0.02。

3.6.5　试验实例

3.6.5.1　接线示意图

电容量和介质损耗因数测量试验接线示意图如图 2-3-16 所示。

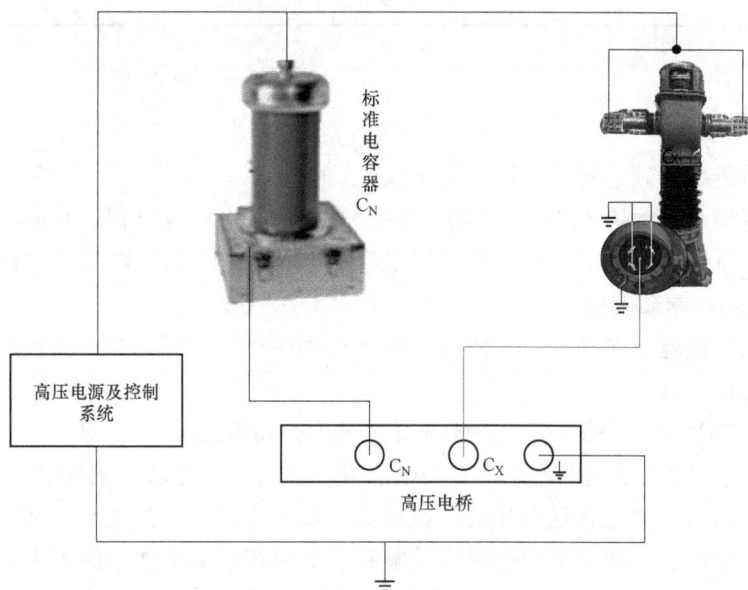

图 2-3-16　电容量和介质损耗因数测量试验接线示意图

3.6.5.2　试验记录

电容量和介质损耗因数测量试验记录表（参考示例）如表 2-3-14 所示。

表 2-3-14　电容量和介质损耗因数测量试验记录表（参考示例）

环境温度：16.4℃　　　　　　　　　　　　　相对湿度：48.0%

施加方式	测量电压（kV）	介质损耗因数（%）	电容量（pF）
一次绕组对二次绕组和底座	10	0.162	354.1
	24	0.172	354.1

3.7 匝间过电压试验

3.7.1 试验目的

检验电流互感器在二次侧开路状态下，匝间绝缘性能是否满足标准要求。

3.7.2 试验设备

该试验所需试验设备如表 2-3-15 所示。

表 2-3-15 试验设备一览表（推荐）

序号	设备名称	设备关键参数和要求
1	开路电压测试仪	测量范围覆盖：0～6kV； 准确度应不低于 3 级

3.7.3 试验方法

3.7.3.1 一般要求

绕组匝间绝缘的额定耐受电压应为 4.5kV（峰值）。

对于额定拐点电动势 E_k>450V 的 PX 级和 PXR 级电流互感器，匝间绝缘的额定耐受电压应为峰值是所规定拐点电动势方均根值的 10 倍，或 10kV 峰值，取二者的较低值。

3.7.3.2 施加的程序和方法

匝间过电压试验应在满匝二次绕组上按下列程序之一进行。在试验室进行此项试验时，推荐使用程序 A。

程序 A：二次绕组开路（或连接读取峰值电压的高阻抗装置），对一次绕组施加频率为 40～60Hz 的实际正弦波电流，其方均根值等于额定一次电流（或额定扩大一次电流，如果有），持续 60s。如果在达到额定一次电流（或额定扩大一次电流）之前，已经得到上述规定的试验电压，则施加的电流应受限制。如果在最大一次电流下未到达上述规定的试验电压，则所达到的电压应认定为是试验电压。

采用程序 A 时的试验线路见图 2-3-17。

程序 B：一次绕组开路，在每一个二次绕组端子之间施加上述规定的试验电压（以适当的试验频率），持续 60s。二次电流方均根值应不超过额定二次电流（或相应的扩大值，如果有）。试验频率的调整是为了提升到试验电压，但它应不超过 400Hz。如果在最大二次电流和最高试验频率下未到达上述规定的试验电压，则所达到的电压应认定为试验电压。

当试验频率超过两倍额定频率时，试验持续时间 t 可降低，计算为：

$$t = 120 \times \frac{f_r}{f_t} \qquad (2\text{-}3\text{-}1)$$

式中：

t ——试验持续时间，s；

f_r ——额定频率，Hz；

f_t ——试验频率，Hz。

最少为 15s。

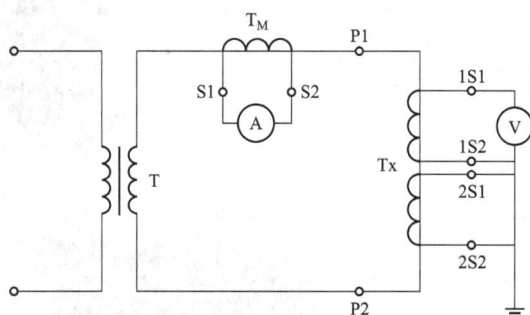

图 2-3-17 匝间过电压试验（程序 A）

T—升流变压器；T_M—测量用电流互感器；A—电流表；V—峰值电压表；Tx—被试互感器；

P1、P2—一次绕组出线端子；1S1、1S2、2S1、2S2—二次绕组出线端子

采用程序 B 时的试验线路图见图 2-3-18。

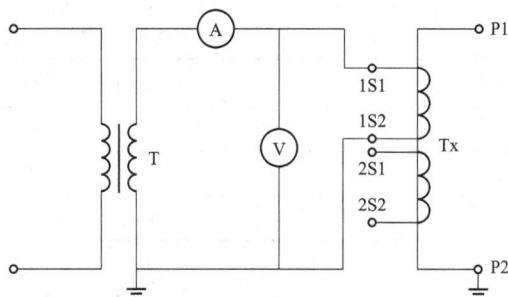

图 2-3-18 匝间过电压试验（程序 B）

T—升压变压器；A—电流表；V—峰值电压表；Tx—被试互感器；

P1、P2—一次绕组出线端子；1S1、1S2、2S1、2S2—二次绕组出线端子

3.7.4 结果判定

如果二次绕组耐受规定的试验电压及时间，且无闪络和击穿，则判定试验合格。

3.7.5 试验实例

3.7.5.1 接线示意图

匝间过电压试验接线示意图（程序 A）如图 2-3-19 所示。

3.7.5.2 试验记录

匝间过电压试验记录表（参考示例）如表 2-3-16 所示。

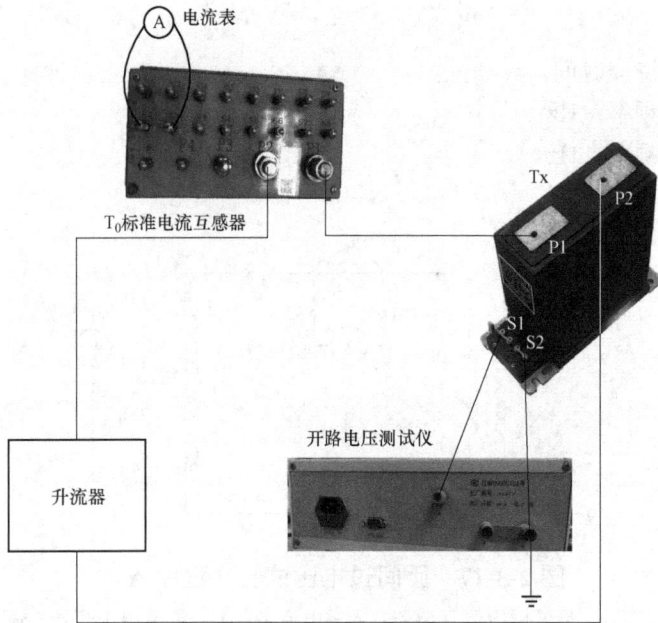

图 2-3-19 匝间过电压试验接线示意图

表 2-3-16 匝间过电压试验记录表（参考示例）

环境温度：16.4℃   相对湿度：48.0%

一次电流值	二次绕组/开路电压峰值/持续时间
200A	$1S_11S_2$/64V/60s
200A	$2S_12S_2$/74V/60s
200A	$3S_13S_2$/135V/60s

3.8 准 确 度 试 验

3.8.1 试验目的

检验电流互感器计量、测量及保护绕组准确度是否符合标准要求。

3.8.2 试验设备

该试验所需试验设备如表 2-3-17 所示。

表 2-3-17 试验设备一览表（推荐）

序号	设备名称	设备关键参数和要求
1	标准电流互感器	测量范围应覆盖：（5～5000）A/（1、5）A； 准确度应不低于 0.05 级

序号	设备名称	设备关键参数和要求
2	互感器校验仪	测量范围应覆盖 1、5A； 准确度应不低于 2 级
3	电流互感器负荷箱	推荐测量范围应覆盖 1～50VA； 准确度应不低于 3 级

3.8.3 试验方法

3.8.3.1 试验线路

测量用电流互感器的比值差和相位差试验线路典型试验线路见图 2-3-20。不同的互感器误差测量装置，其接法可能有所不同。

P 级和 PR 级保护用电流互感器的比值差和相位差试验典型试验线路见图 2-3-20，试验应在额定一次电流和额定负荷下进行。

测量用电流互感器的仪表保安系数（FS）测定试验线路应采用直接法试验，试验线路如图 2-3-21 和图 2-3-22 所示。

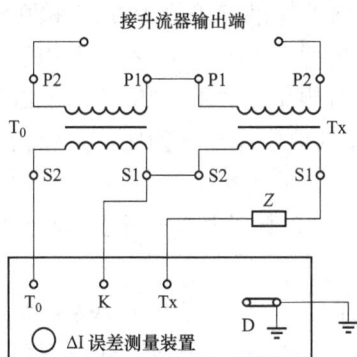

图 2-3-20 准确度试验（比较法）

T₀—标准电流互感器；Tx—被测电流互感器；
Z—电流互感器负载箱；P1、P2——一次绕组
出线端子；S1、S2—二次绕组出线端子

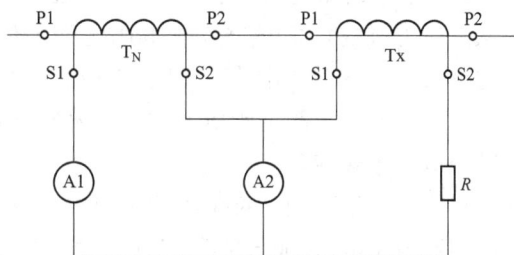

图 2-3-21 复合误差试验（直接法 1）

T_N—基准互感器；A1、A2—电流表；R—负载
电阻；Tx—被试互感器；P1、P2——一次绕组
出线端子；S1、S2—二次绕组出线端子

TPX、TPY 和 TPZ 级暂态特性保护用电流互感器在限值条件下的误差试验，对于满足规定的低漏抗型电流互感器可采用间接法进行试验，否则应进行直接法试验，试验方法见 GB/T 20840.2—2014 的附录 2E。直接法试验线路如图 2-3-21 和图 2-3-22 所示。

PX 和 PXR 级保护用电流互感器的低漏抗型试验，试验线路见 GB/T 20840.2—2014 的附录 2C。

PR、TPY 和 PXR 级保护用电流互感器的剩磁系数（K_R）应测定，试验方法见 GB/T 20840.2—2014 的附录 2E.2。试验线路图应与间接法一致。

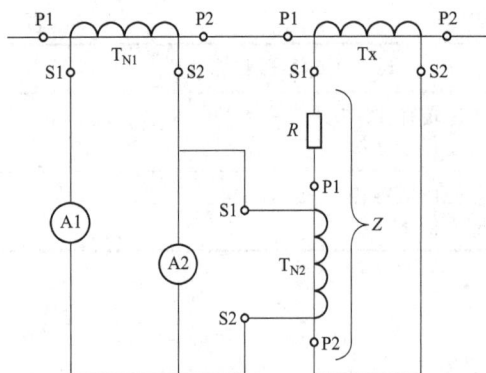

图 2-3-22　复合误差试验（直接法 2）

T_{N1}、T_{N2}—基准互感器；A1、A2—电流表；
Z—总负载；R—负载电阻；Tx—被试互感器；
P1、P2—一次绕组出线端子；
S1、S2—二次绕组出线端子

3.8.3.2　一般要求

试验环境温度为 5～40℃，相对湿度不大于 95%。

环境电磁场干扰引起标准器的误差变化不应大于被检互感器基本误差限值的 1/20。检定接线引起被检互感器误差的变化不应大于被检互感器基本误差限值的 1/10。

试验接线的布置应尽量避免对误差测量结果的影响。

3.8.3.3　测量用电流互感器的比值差和相位差要求

测量用电流互感器的准确级是以该准确级在额定一次电流和额定负荷下最大允许比值差（ε）的百分数来标称的。

测量用电流互感器的标准准确级为 0.1、0.2、0.5、1.0、3 和 5。特殊用途的测量用电流互感器的标准准确级为 0.2S 和 0.5S。对于 0.1 级、0.2 级、0.5 级和 1.0 级，在二次负荷为额定负荷的 25%～100% 之间的任一值时，其额定频率下的比值差和相位差应不超过表 2-3-18 所列限值；对于 0.2S 级和 0.5S 级，在二次负荷为额定负荷的 25%～100% 之间的任一值时，其额定频率下的比值差和相位差应不超过表 2-3-19 所列限值；对于 3 级和 5 级，在二次负荷为额定负荷的 50%～100% 之间的任一值时，其额定频率下的比值差应不超过表 2-3-20 所列限值。对 3 级和 5 级的相位差限值不予规定。

对所有的准确级，负荷的功率因数均应为 0.8（滞后），当负荷小于 5VA 时，应采用功率因数为 1.0，且最低值为 1VA。对于额定二次电流为 5A 的互感器，建议下限负荷不小于 2.5VA。

对额定输出最大不超过 15VA 的测量级，可以规定扩大负荷范围。当二次负荷范围扩大为 1VA 至 100% 额定输出时，比值差和相位差应不超过表 2-3-18～表 2-3-20 所列相应准确级的限值。在整个负荷范围，功率因数应为 1.0。

表 2-3-18　测量用电流互感器的比值差和相位差限值（0.1 级～1.0 级）

准确级	下列额定电流百分数下的比值差±%				下列额定电流百分数下的相位差							
					±（′）				±crad			
	5	20	100	120	5	20	100	120	5	20	100	120
0.1	0.4	0.2	0.1	0.1	15	8	5	5	0.45	0.24	0.15	0.15
0.2	0.75	0.35	0.2	0.2	30	15	10	10	0.9	0.45	0.3	0.3
0.5	1.5	0.75	0.5	0.5	90	45	30	30	2.7	1.35	0.9	0.9
1.0	3.0	1.5	1.0	1.0	180	90	60	60	5.4	2.7	1.8	1.8

具有扩大电流额定值的互感器，试验应以额定扩大一次电流值代替120%额定电流值进行。

通常，当任何位置的外部导体与互感器的空气距离不小于设备最高电压（U_m）所要求的空气绝缘间距时，规定的比值差和相位差限值皆有效。

表 2-3-19 特殊用途的测量用电流互感器的比值差和相位差限值
（0.2S 级和 0.5S 级）

准确级	下列额定电流百分数下的比值差±%					下列额定电流百分数下的相位差									
						±（′）					±crad				
	1	5	20	100	120	1	5	20	100	120	1	5	20	100	120
0.2S	0.75	0.35	0.2	0.2	0.2	30	15	10	10	10	0.9	0.45	0.3	0.3	0.3
0.5S	1.5	0.75	0.5	0.5	0.5	90	45	30	30	30	2.7	1.35	0.9	0.9	0.9

表 2-3-20 测量用电流互感器的比值差限值（3级和5级）

准确级	下列额定电流百分数下的比值差±%	
	50	120
3	3	3
5	5	5

3.8.3.4 P级和PR级保护用电流互感器的比值差、相位差和复合误差要求

在额定频率和连接额定负荷时，其比值差、相位差和复合误差应不超过表2-3-21所列限值。

负荷的功率因数应为0.8（滞后），当负荷小于5VA时功率因数为1.0。

表 2-3-21 P级和PR级保护用电流互感器的误差限值

准确级	额定一次电流下的比值差±%	额定一次电流下的相位差		额定准确限值一次电流下的复合误差%
		±（′）	±crad	
5P 和 5PR	1	60	1.8	5
10P 和 10PR	3	—	—	10

3.8.3.5 TPX、TPY和TPZ级电流互感器的误差限值

电流互感器连接额定电阻性负荷时，其比值差和相位差应不超过表2-3-22所列限值。

电流互感器连接额定电阻性负荷，在规定的工作循环（或对应于规定暂态面积系数K_{td}的工作循环）下，其暂态误差$\hat{\varepsilon}$（对TPX和TPY级）或$\hat{\varepsilon}_{ac}$（对TPZ级）应不超过表2-3-22所列限值。对于通过较大电流的电流互感器，应注意返回导体及邻近导体对互感器误差的影响。

表 2-3-22 TPX、TPY 和 TPZ 级电流互感器的误差限值

准确值	在额定一次电流下			在规定的工作循环条件下的暂态误差
	比值差	相位差		
	%	(′)	crad	%
TPX	±0.5	±30	±0.9	$\hat{\varepsilon}=10$
TPY[1]	±1.0	±60	±1.8	$\hat{\varepsilon}=10$
TPZ[2]	±1.0	180±18	5.3±0.6	$\hat{\varepsilon}_{ac}=10$

注 1. 对于 TPY 级铁芯，在适当值的 E_{al} 未超过磁化曲线线性段的条件下，下列公式可以采用：

$$\hat{\varepsilon} = \frac{K_{td}}{2\pi f_r T_s} \times 100\%$$

2. 在某些情况下，对 TPZ 铁芯，相位差绝对值可能不如减小批量产品中对平均值的偏离量更重要。

3.8.3.6 测量用电流互感器的比值差和相位差试验方法

对于 0.1 级、0.2 级、0.5 级和 1 级测量用电流互感器，准确度型式试验应在 5%、20%、100%、120%额定电流和额定频率下进行，其输出应为额定负荷的 25%、100%。

对于 0.2S 级和 0.5S 级特殊用途的测量用电流互感器，准确度型式试验应在 1%、5%、20%、100%、120%额定电流和额定频率下进行，其输出应为额定负荷的 25%、100%。

对所有的准确级，负荷的功率因数均应为 0.8（滞后）。当负荷小于 5VA 时，功率因数为 1.0，且最低值为 1VA。

3.8.3.7 P 级和 PR 级保护用电流互感器的比值差和相位差试验方法

试验应在额定一次电流和额定负荷下进行。

3.8.3.8 测量用电流互感器的仪表保安系数（FS）测定试验方法

仪表保安系数可作规定，标准值为 FS5 和 FS10。

为验证是否符合规定的仪表保安系数要求，应采用直接法试验，以实际正弦波的额定仪表限值一次电流通过一次绕组，二次绕组接额定负荷，负荷的功率因数为 0.8（滞后）～1.0，由制造方自定。额定仪表限值一次电流（I_{PL}）应为测出复合误差大于 10%时的最小一次电流值。但由于此数值较难迅速测出，故通常采用施加额定一次电流乘以仪表保安系数（FS）的一次电流，测得的复合误差应大于 10%。

试验也可采用间接法进行，方法如下：

在一次绕组开路时，对二次绕组施加额定频率的实际正弦波电压。电压应上升，直至励磁电流 I_e 达到 $I_{sr} \times FS \times 10\%$。得到的端电压方均根值应低于二次极限电动势 E_{FS}。

测量用电流互感器的二次极限电动势 E_{FS} 为仪表保安系数 FS、额定二次电流以及额定负荷与二次绕组阻抗的矢量和三者的乘积，按如式（2-3-2）计算：

$$E_{FS} = FSI_{sr}\sqrt{(R_{ct}+R_b)^2 + X_b^2} \tag{2-3-2}$$

式中：

R_b ——额定负荷的电阻部分；

X_b——额定负荷的电抗部分。

测量励磁电压应采用其响应正比于整流信号平均值但刻度为方均根值的仪器。测量励磁电流应采用具有波峰系数最低为 3 的方均根值仪器，也可采用满足上述功能的特性测试仪。如果对测量结果有疑问时，进一步测量应采用直接法试验进行，以直接法试验的结果为准。

间接法试验的显著优点是不需要强电流（例如：额定一次电流为 3000A 和仪表保安系数为 10 时达 30000A），也不必制作用于 50A 的负荷。间接法试验时不存在一次返回导体的影响。而在运行条件下，此影响却能增大复合误差，这正是测量用互感器供电的装置在安全上所期望的。

3.8.3.9　P 和 PR 级保护用电流互感器的复合误差试验方法

为验证是否符合表 2-3-21 所列的复合误差限值，应采用直接法试验，以实际正弦波的额定准确限值一次电流通过一次绕组，二次绕组接额定负荷，负荷的功率因数为 0.8（滞后）～1.0，由制造方自定。

复合误差试验时二次电流较大，测试时间应尽量短，除采用电流表测量外，通常采用示波器或暂态记录仪进行测量。测试用负荷箱不应采用测量额定一次电流下误差时的负荷箱，而应采用能承受额定准确限值一次电流的测量复合误差电流通用的负荷箱。

试验可在类似于交货产品的互感器上进行，可以减少绝缘，但要保持相同的几何布置尺寸。对于一次电流非常大和单匝贯穿式一次绕组的电流互感器，应以模仿运行条件来考虑一次返回导体与电流互感器之间的距离。

对于低漏抗电流互感器，可以用下述间接法试验替代直接法试验。

间接法：在一次绕组开路时，对二次绕组施加额定频率的实际正弦波电压，其方均根值等于二次极限电动势 E_{ALF}。得到的励磁电流，用 $I_{sr} \times ALF$ 的百分数表示时（其中，I_{sr} 为额定二次电流，ALF 为准确限值系数），应不超过表 2-3-21 所列的复合误差限值。

测量励磁电压应采用其响应正比于整流信号平均值但刻度为方均根值的仪器。测量励磁电流应采用具有波峰系数最低为 3 的方均根值仪器，也可采用满足上述功能的特性测试仪。用间接法测定复合误差时，不必考虑可能有的匝数补偿。

3.8.3.10　TPX、TPY 和 TPZ 级暂态特性保护用电流互感器在限值条件下的误差试验方法

对于满足下列条件的低漏抗型电流互感器，可采用间接法（GB/T 20840.2—2014 的附录 2E.2）进行试验，否则应进行直接法试验（GB/T 20840.2—2014 的附录 2E.3）。

1）电流互感器具有实际上连续的环形铁芯，且气隙均匀分布（如果有）；

2）电流互感器的二次绕组均匀分布；

3）电流互感器的一次导体位于对称中心处；

4）电流互感器箱体外邻近导体和邻相导体的影响可以忽略。

以上各项均应予证明，如果依据图样表明结构符合低漏抗要求不能使制造方和用户相互满意，则应采用直接法进行试验。

3.8.3.11　PX 和 PXR 级保护用电流互感器的低漏抗型试验方法

试验方法见 GB/T 20840.2—2014 的附录 2C。

3.8.3.12 PR、TPY 和 PXR 级保护用电流互感器的剩磁系数测定试验方法

PR、TPY 和 PXR 级保护用电流互感器的剩磁系数（K_R）应测定，试验的回路基本与励磁特性试验回路相同，只需要将被试绕组两端的电压通过分压器或者 TV 降压后，接入积分器，则积分器的输出即为磁通信号。将此信号接入示波器的另一通道，通过调节示波器的显示模式，可以将电流信号和磁通信号进行合成，通过变频电源的调压，示波器就可显示出磁滞回线了。需要记录两个波形，一个是达到饱和情况下的磁滞回线，另一个波形是通过调节示波器，局部放大剩磁，尽可能让剩磁清晰可见并记录波形。K_R 计算方法见 GB/T 20840.2—2014 的附录 2E.2。

积分器的最大输入电压为 10V，试验过程中不要超过此值。

3.8.3.13 PX 和 PXR 级的匝数比误差试验

PX 和 PXR 级的匝数比误差应按照 GB/T 20840.2—2014 的附录 2H 进行测定。

3.8.4 结果判定

测量用互感器的准确度测量结果应满足表 2-3-18～表 2-3-20 中对应准确级的限值要求。
保护用互感器的准确度测量结果应满足表 2-3-21、表 2-3-22 中对应准确级的限值要求。

3.8.5 试验实例

3.8.5.1 接线示意图

准确度试验接线示意图如图 2-3-23 所示。

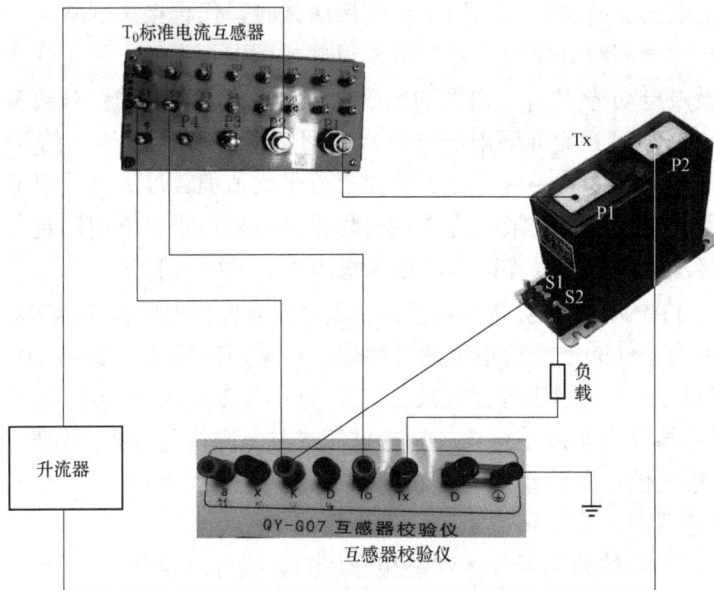

图 2-3-23 准确度试验实例接线示意图

3.8.5.2 试验记录

比值差和相位差试验记录表（参考示例）如表 2-3-23～表 2-3-25 所示。

表 2-3-23　比值差和相位差试验记录表（参考示例）

环境温度：16.4℃　　　　　　　　　　　　　　相对湿度：48.0%

二次绕组	变比	准确级	I_{pr}（%）	比值差（%）	相位差（'）	负荷（VA）$\cos\varphi=0.8$	比值差（%）	相位差（'）	负荷（VA）$\cos\varphi=1.0$
1S1 1S2	200/5A	0.2S	1	+0.081	+4.1	15	+0.142	+1.3	3.75
			5	+0.082	+3.2		+0.142	+2.1	
			20	+0.080	+2.3		+0.121	+2.0	
			100	+0.101	0		+0.123	+1.3	
			120	+0.101	0		+0.120	0	
2S1 2S2	200/5A	0.5	5	−0.252	+12.1	15	+0.151	+8.1	3.75
			20	−0.101	+8.2		+0.250	+6.3	
			100	+0.051	+2.2		+0.301	+4.1	
			120	+0.051	+2.4		+0.301	+4.3	
3S1 3S2	200/5A	5P	100	−0.202	+2.2	15	—		

表 2-3-24　仪表保安系数测定及复合误差试验记录表（参考示例）

环境温度：16.4℃　　　　　　　　　　　　　　相对湿度：48.0%

二次绕组	负荷（VA）	准确级限值系数/仪表保安系数	一次电流值（kA）	复合误差值
$1S_11S_2$	15	FS10	0.68	32%
$2S_12S_2$	15	FS10	1.23	33%
$3S_13S_2$	15	10	2.04	1.6%

表 2-3-25　保护级绕组的励磁特性试验记录表（参考示例）

环境温度：16.4℃　　　　　　　　　　　　　　相对湿度：48.0%

$3S_13S_2$	二次电压（V）	33	36	39	42	45
	实测励磁电流 I_e（A）	0.057	0.067	0.091	0.144	0.349

3.9　一次端冲击耐压试验

3.9.1　试验目的

检验电流互感器在遭受雷击状态下，绝缘性能是否符合标准要求。

3.9.2　试验设备

该试验所需试验设备如表 2-3-26 所示。

表 2-3-26 试验设备一览表（推荐）

序号	设备名称	设备关键参数和要求
1	冲击电压发生装置	输出电压不低于 300kV
2	冲击电压测量系统	测量电压范围应覆盖 30～300kV； 测量准确度应不低于 3 级

3.9.3 试验方法

3.9.3.1 试验线路

一次端冲击耐压试验线路如图 2-3-24 所示。

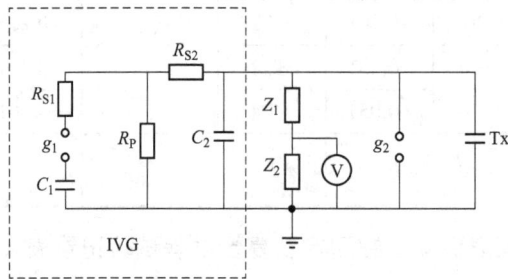

图 2-3-24 一次端冲击耐压试验

R_{S2}—波头电阻；R_P—波尾电阻；g_1—放电球隙；g_2—截波球隙；C_1—波头电容器；

C_2—波尾电容器；Z_1、Z_2—分压器；Tx—试品；V—峰值电压表

3.9.3.2 一般要求

冲击耐压试验电压应施加在一次绕组各端子（连接在一起）与地之间，座架、箱壳（如果有）、铁芯（如需接地）和所有二次绕组端子皆应接地。一次端额定雷电冲击耐压试验的选取均应以表 2-3-7 所列的设备最高电压为依据。

3.9.3.3 施加的程序和方法

对于 $U_m < 300kV$ 的互感器，试验应在正和负两种极性下进行。应施加每一极性连续冲击 15 次，不做大气条件校正。施加正、负极性冲击各 15 次是针对外绝缘试验而规定的。如果制造方与用户协商同意用其他方法检查外绝缘，则每一极性下的雷电冲击数可减少到 3 次，不做大气条件校正。

3.9.4 结果判定

如果满足下列条件，则认为互感器通过各极性冲击试验：

（1）每一组试验（正极性和负极性）至少冲击 15 次；

（2）非自恢复绝缘不发生破坏性放电，对此确认的条件是跟随一次破坏性放电后能耐受连续冲击 5 次；

（3）每一组试验的自恢复绝缘破坏性放电次数不超过 2 次；

（4）此程序使每一组试验最多可能冲击 25 次；

（5）未发现绝缘损坏的证据，例如所记录波形的变异。

如果试验时发生破坏性放电，而无证据显示破坏性放电发生在自恢复绝缘上，则互感器应在绝缘试验完成后拆开检查。如发现非自恢复绝缘损坏，应认为互感器未通过该试验。

3.9.5 试验实例

3.9.5.1 接线示意图

一次端冲击耐压试验接线示意图如图 2-3-25 所示。

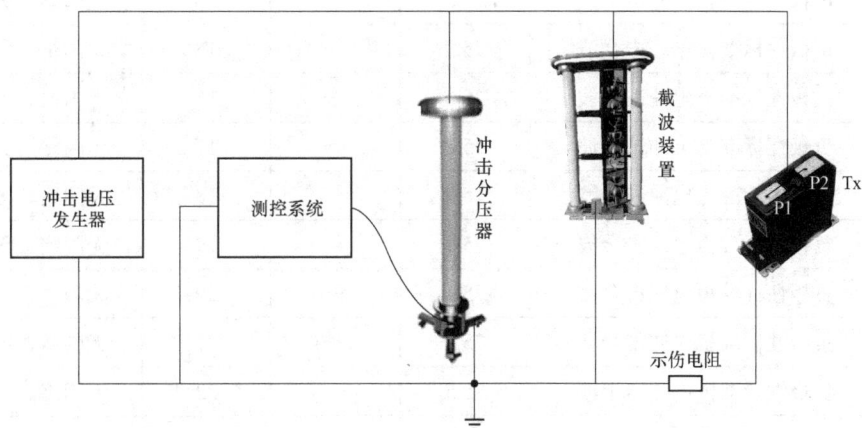

图 2-3-25 一次端冲击耐压试验实例接线示意图

3.9.5.2 试验记录

一次端冲击耐压试验记录表（参考示例）如表 2-3-27 所示。

表 2-3-27 一次端冲击耐压试验记录表（参考示例）

环境温度：16.4℃ 　　　　　　　　　　　　　相对湿度：48.0%

试验序号	冲击波类型	峰值电压（kV）	截断时间（μs）	波形序号	结果
1	正极性标准雷电冲击全波	44.7	—	1	无闪络、无击穿
2	正极性标准雷电冲击全波	75.7	—	2	无闪络、无击穿
3	正极性标准雷电冲击全波	75.4	—	3	无闪络、无击穿
4	正极性标准雷电冲击全波	75.7	—	4	无闪络、无击穿
5	正极性标准雷电冲击全波	75.7	—	5	无闪络、无击穿
6	正极性标准雷电冲击全波	75.9	—	6	无闪络、无击穿
7	正极性标准雷电冲击全波	75.7	—	7	无闪络、无击穿
8	正极性标准雷电冲击全波	75.7	—	8	无闪络、无击穿

续表

试验序号	冲击波类型	峰值电压（kV）	截断时间（μs）	波形序号	结果
9	正极性标准雷电冲击全波	75.9	—	9	无闪络、无击穿
10	正极性标准雷电冲击全波	76.0	—	10	无闪络、无击穿
11	正极性标准雷电冲击全波	75.4	—	11	无闪络、无击穿
12	正极性标准雷电冲击全波	75.4	—	12	无闪络、无击穿
13	正极性标准雷电冲击全波	75.6	—	13	无闪络、无击穿
14	正极性标准雷电冲击全波	75.5	—	14	无闪络、无击穿
15	正极性标准雷电冲击全波	75.9	—	15	无闪络、无击穿
16	正极性标准雷电冲击全波	75.4	—	16	无闪络、无击穿
17	负极性标准雷电冲击全波	45.2	—	17	无闪络、无击穿
18	负极性标准雷电冲击全波	75.2	—	18	无闪络、无击穿
19	负极性标准雷电冲击全波	75.9	—	19	无闪络、无击穿
20	负极性标准雷电冲击全波	75.1	—	20	无闪络、无击穿
21	负极性标准雷电冲击全波	75.2	—	21	无闪络、无击穿
22	负极性标准雷电冲击全波	75.5	—	22	无闪络、无击穿
23	负极性标准雷电冲击全波	75.2	—	23	无闪络、无击穿
24	负极性标准雷电冲击全波	75.3	—	24	无闪络、无击穿
25	负极性标准雷电冲击全波	75.4	—	25	无闪络、无击穿
26	负极性标准雷电冲击全波	75.6	—	26	无闪络、无击穿
27	负极性标准雷电冲击全波	75.3	—	27	无闪络、无击穿
28	负极性标准雷电冲击全波	75.6	—	28	无闪络、无击穿
29	负极性标准雷电冲击全波	75.5	—	29	无闪络、无击穿
30	负极性标准雷电冲击全波	76.3	—	30	无闪络、无击穿
31	负极性标准雷电冲击全波	75.4	—	31	无闪络、无击穿
32	负极性标准雷电冲击全波	75.3	—	32	无闪络、无击穿

3.10 一次端截断雷电冲击耐压试验

3.10.1 试验目的

检验电流互感器在遭受雷击、外部闪络状态下，其内绝缘是否符合标准要求。

3.10.2 试验设备

该试验所需试验设备如表 2-3-28 所示。

表 2-3-28 试验设备一览表（推荐）

序号	设备名称	设备关键参数和要求
1	冲击电压发生装置	输出电压不低于 300kV
2	冲击电压测量系统	测量电压范围应覆盖 30～300kV；测量准确度应不低于 3 级

3.10.3 试验方法

3.10.3.1 一般要求

试验电压应施加在一次绕组各端子（连接在一起）与地之间，座架、箱壳（如果有）、铁芯（如需接地）和所有二次绕组端子皆应接地。

3.10.3.2 施加的程序和方法

该试验应仅以负极性进行，并按下述方式与负极性额定雷电冲击试验结合进行。电压应满足 GB/T 16927.1 规定的标准雷电冲击波在 2～5μs 处截断。截断冲击电路的布置应使所记录冲击波的反冲值限制约为峰值的 30%。施加冲击的顺序如下：

对于 $U_m<300kV$ 的电流互感器：1 次额定雷电冲击、2 次截断雷电冲击、14 次额定雷电冲击。

3.10.4 结果判定

如果试品耐受规定的截断雷电冲击电压，并无闪络和击穿，且截断雷电冲击前后所施加额定雷电冲击波形无明显变异，则判定该试验合格。

截断雷电冲击沿自恢复外绝缘上的闪络，应不纳入对绝缘性能的评价之中。

3.10.5 试验实例

3.10.5.1 接线示意图

一次端截断雷电冲击耐压试验接线示意图如图 2-3-25 所示。

3.10.5.2 试验记录

一次端截断雷电冲击耐压试验记录表（参考示例）如表 2-3-29 所示。

表 2-3-29 一次端截断雷电冲击耐压试验记录表（参考示例）

环境温度：16.4℃　　　　　　　　　　　　　　　　相对湿度：48.0%

试验序号	冲击波类型	峰值电压（kV）	截断时间（μs）	波形序号	结果
1	正极性标准雷电冲击全波	39.7	—	1	无闪络、无击穿
2	正极性标准雷电冲击全波	75.4	—	2	无闪络、无击穿

续表

试验序号	冲击波类型	峰值电压（kV）	截断时间（μs）	波形序号	结果
3	正极性标准雷电冲击全波	75.6	—	3	无闪络、无击穿
4	正极性标准雷电冲击全波	75.9	—	4	无闪络、无击穿
5	正极性标准雷电冲击全波	75.9	—	5	无闪络、无击穿
6	正极性标准雷电冲击全波	75.8	—	6	无闪络、无击穿
7	正极性标准雷电冲击全波	75.8	—	7	无闪络、无击穿
8	正极性标准雷电冲击全波	75.4	—	8	无闪络、无击穿
9	正极性标准雷电冲击全波	75.9	—	9	无闪络、无击穿
10	正极性标准雷电冲击全波	75.1	—	10	无闪络、无击穿
11	正极性标准雷电冲击全波	75.8	—	11	无闪络、无击穿
12	正极性标准雷电冲击全波	75.6	—	12	无闪络、无击穿
13	正极性标准雷电冲击全波	75.9	—	13	无闪络、无击穿
14	正极性标准雷电冲击全波	75.8	—	14	无闪络、无击穿
15	正极性标准雷电冲击全波	75.8	—	15	无闪络、无击穿
16	正极性标准雷电冲击全波	75.7	—	16	无闪络、无击穿
17	负极性标准雷电冲击全波	40.8	—	17	无闪络、无击穿
18	负极性标准雷电冲击全波	74.6	—	18	无闪络、无击穿
19	负极性标准雷电冲击截波	44.3	4.8	19	无闪络、无击穿
20	负极性标准雷电冲击截波	87.1	4.6	20	无闪络、无击穿
21	负极性标准雷电冲击截波	86.4	4.8	21	无闪络、无击穿
22	负极性标准雷电冲击全波	74.2	—	22	无闪络、无击穿
23	负极性标准雷电冲击全波	74.1	—	23	无闪络、无击穿
24	负极性标准雷电冲击全波	74.7	—	24	无闪络、无击穿
25	负极性标准雷电冲击全波	74.6	—	25	无闪络、无击穿
26	负极性标准雷电冲击全波	74.8	—	26	无闪络、无击穿
27	负极性标准雷电冲击全波	74.2	—	27	无闪络、无击穿
28	负极性标准雷电冲击全波	74.1	—	28	无闪络、无击穿
29	负极性标准雷电冲击全波	74.3	—	29	无闪络、无击穿
30	负极性标准雷电冲击全波	74.3	—	30	无闪络、无击穿
31	负极性标准雷电冲击全波	74.7	—	31	无闪络、无击穿
32	负极性标准雷电冲击全波	74.6	—	32	无闪络、无击穿
33	负极性标准雷电冲击全波	74.2	—	33	无闪络、无击穿

试验序号	冲击波类型	峰值电压（kV）	截断时间（μs）	波形序号	结果
34	负极性标准雷电冲击全波	74.1	—	34	无闪络、无击穿
35	负极性标准雷电冲击全波	74.2	—	35	无闪络、无击穿

3.11　温　升　试　验

3.11.1　试验目的

检验电流互感器在规定运行状态下,各零件和部件及材料耐热性能是否满足标准要求。

3.11.2　试验设备

该试验所需试验设备如表 2-3-30 所示。

表 2-3-30　试验设备一览表（推荐）

序号	设备名称	设备关键参数和要求
1	多路测温仪	测量温度范围覆盖 0～150℃；最大允许误差±2℃
2	交直流电流表	测量范围覆盖 AC：0～10A；准确度应不低于 0.5 级
3	直阻电桥	测量范围覆盖 0～50kΩ；准确度应不低于 0.5 级

3.11.3　试验方法

3.11.3.1　试验线路

试验线路如图 2-3-26 所示。

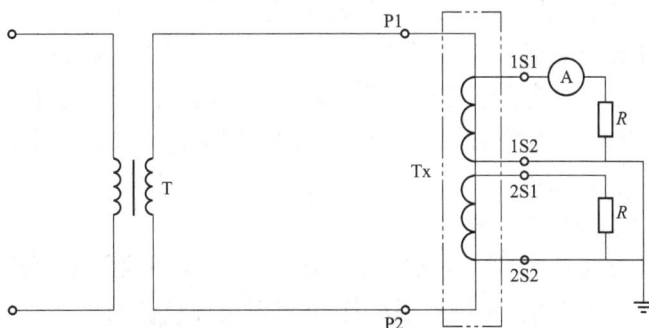

图 2-3-26　温升试验回路图

T—升流器；A—电流表；R—负载电阻；Tx—试品；

P1、P2—一次绕组出线端子；1S1、1S2、2S1、2S2—二次绕组出线端子

3.11.3.2　一般要求

产品在进行温升试验时，其各部分温升不应超过其对应的温升限值。

绕组的温升应采用电阻法测量（如可行），但对电阻值很小的绕组可采用热电偶测量。绕组以外部位的温升可用温度计或热电偶测量。当温升变化值不超过 1K/h 时，则认为互感器已达到稳定温度。

电流互感器的安装状态应代表其运行安装情况，且二次绕组应连接规定的负荷。但由于电流互感器在各种开关中的位置不相同，所以如何安排试验布置应由检测方自定。对于装在三相气体绝缘金属封闭式组合开关设备上的电流互感器，所有三相应同时进行试验。

与电流互感器一次端子连接的导线，对一次端子的温升会有影响，试验时应选取合适的导线长度和截面，并与一次端子有良好的接触试验方法。

3.11.3.3　试验负荷

当电流互感器承载的一次电流为额定连续热电流，应带有对应于额定输出且功率因数为 1 的负荷。

3.11.3.4　环境要求

试验场所周围不应有任何影响环境温度的因素，例如辐射、热源、气流等。

环境温度测量应采用 2～3 个温度计，其测温端应浸于容积不小于 1000mL、装满油的杯中。放置于试品周围 1～2m 处，高度约为试品高度的中间部位。环境温度以几个温度计的平均值为准。

3.11.3.5　试验持续时间要求

当下列两种条件皆满足时可以终止试验：

1）试验持续时间至少等于电流互感器热时间常数的 3 倍；

2）绕组和油浸式电流互感器油顶层的温升变化连续 3 次不超过每小时 1K。

3.11.3.6　$U_m \leqslant 40.5$kV 电流互感器的试验方法

试验应在对一次绕组施加额定连续热电流时进行。施加试验电流也可通过对一个或多个二次绕组励磁来获得，但所励磁铁芯的二次绕组端电压至少要高达它接额定负荷时的数值，同时一次绕组短路及非供电二次绕组接额定负荷。

3.11.3.7　一次端子温度测量

对于电流互感器一次端子温升测量推荐采用热电偶法。用热电偶法测量一次绕组温度时，以适当数量的热电偶分别置于被测绕组的不同部位，最后以各热电偶测得温度的平均值作为绕组的平均温度。

3.11.3.8　铁芯及顶层油温度测量

对于铁芯外露的电流互感器应测量铁芯表面温度，可采用酒精温度计或其他不受磁场影响的温度计（如热电偶或电阻式温度计），测温端应与被测点紧密接触。测量顶层油温度时，温度计的测温端应浸于油面下 50～100mm（如有温度计座时，则座内应充油）。

3.11.3.9　绕组温度测量

绕组平均温度应采用电阻法测量，测量冷、热电阻应用同一线路和仪器。

在温升试验结束，切断电源之后，立即测量绕组的直流电阻。应在停电后 1~2min 内测出第一个读数，然后在 8~10min 内每隔相等的时间 Δt（30~60s）测定电阻值，依次记录为 R_1、R_2、R_3、$\cdots$、R_k。

若以切断电源瞬间为 $t_0=0$，在坐标纸上将相应各点绘出，用一曲线连接；按图 2-3-27 方法绘出 L 线，再确定曲线与 R 轴的交点即为 $t_0=0$ 时的 R_0 值；由电阻值 R_0 可计算出切断电源瞬间的绕组平均温升 $\Delta\theta$。

绕组平均温升 $\Delta\theta$ 按式（2-3-3）计算：

$$\Delta\theta = \frac{R_0}{R_{\theta 1}} \times (T+\theta_1) - (T+\theta_2) \quad (2\text{-}3\text{-}3)$$

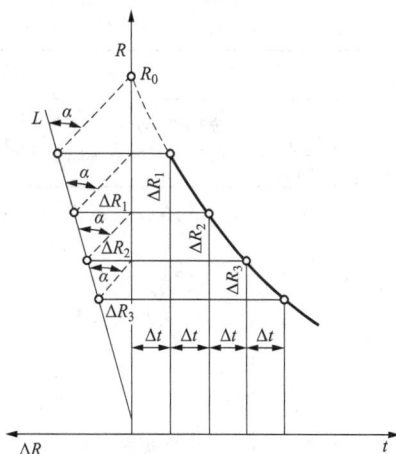

**图 2-3-27　确定切断电源瞬间
的电阻 R_0 值**

式中：

$\Delta\theta$ ——绕组平均温升，K；

R_0 ——断电瞬间绕组热态电阻值，Ω；

$R_{\theta 1}$ ——温度为 θ_1 时冷态电阻值，Ω；

T ——导体温度系数的倒数，铜为 235，铝为 225；

θ_1 ——绕组冷态温度（冷态时环境温度），℃；

θ_2 ——温升试验后期确定温升的环境温度，℃。

3.11.4　结果判定

绕组温升受其本身绝缘或周围介质的最低绝缘等级限制。互感器各种零部件、材料和介质的温升限值见表 2-3-31。

表 2-3-31　各种零部件、材料和介质的温升限值

项　　目			温升限值（K）
油浸式互感器	顶层油		50
	顶层油（对于全密封结构）		55
	绕组平均		60
	绕组平均（对于全密封结构）		65
	接触油的其他金属		与绕组相同
固体或气体绝缘互感器	绕组平均（对于接触右列各等级绝缘材料）	Y	45
		A	60
		E	75
		B	85

项 目			温升限值（K）
固体或气体绝缘互感器	绕组平均（对于接触右列各等级绝缘材料）	F	110
		H	135
	接触上述各等级绝缘材料的其他金属件		与绕组相同
用螺栓或类似件紧固的连接接触处	裸铜、裸铜合金或裸铝合金	在空气中	50
		在SF₆中	75
		在油中	60
	被覆银或镍	在空气中	75
		在SF₆中	75
		在油中	60
	被覆锡	在空气中	65
		在SF₆中	65
		在油中	60

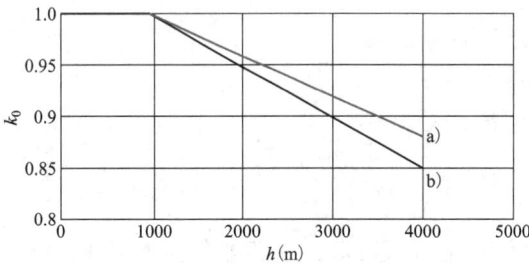

图 2-3-28　温升的海拔校正因数

如果规定互感器在海拔超出 1000m 处使用而试验处海拔低于 1000m，则表 2-3-31 的温升限值 ΔT 应按使用处海拔超出 1000m 后的每 100m 减去下列相应数值（见图 2-3-28）：油浸式互感器为 0.4%；干式和气体绝缘互感器为 0.5%。

温升的海拔校正因数按式（2-3-4）计算：

$$k_0 = \frac{\Delta T_h}{\Delta T_{h0}} \quad (2\text{-}3\text{-}4)$$

式中：

ΔT_h ——在海拔 $h>1000$m 处的温升；

ΔT_{h0} ——表 2-3-31 所规定的温升限值 ΔT（海拔 $h_0 \leq 1000$m 处）。

如果互感器各种零部件、材料和介质的实际温升值不高于表 2-3-31 及经海拔修正后的温升限值，则认为通过该试验。

3.11.5　试验实例

3.11.5.1　接线示意图

温升试验接线示意图如图 2-3-29 所示。

3.11.5.2　试验记录

温升试验记录表（参考示例）如表 2-3-32 所示。

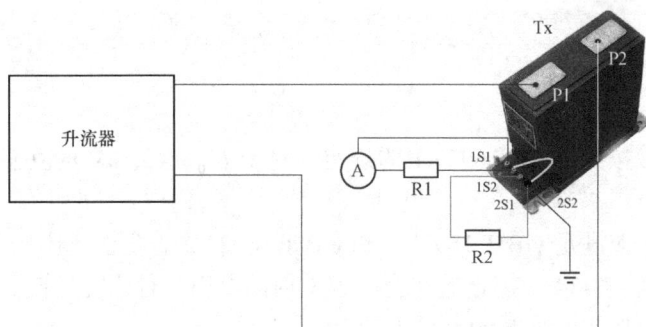

图 2-3-29　温升试验实例接线示意图

表 2-3-32　温升试验记录表（参考示例）

环境温度：16.4℃　　　　　　　　　　　　相对湿度：48.0%

绕组	1S11S2 （mΩ）	2S12S2 （mΩ）	3S13S2 （mΩ）	环境温度 （℃）
冷态电阻	118.6	104.0	155.2	24

按照有关标准要求进行，测得各部位的温升值为：

部位 温升 试验电流	1S11S2 （K）	2S12S2 （K）	3S13S2 （K）	一次绕组出头 （K）	环境温度 （℃）
100%I_{pr}（200A）	12	14	13	12	24

3.12　户外型互感器的湿试验

3.12.1　试验目的

检验电流互感器在淋雨条件下，其外绝缘是否符合标准要求。

3.12.2　试验设备

该试验所需试验设备如表 2-3-33 所示。

表 2-3-33　试验设备一览表（推荐）

序号	设备名称	设备关键参数和要求
1	工频电压测量系统	测量范围应覆盖 5～150kV； 测量准确度应不低于 3 级
2	便携式电导率仪	测量范围应覆盖 50～150μs/cm； 不确定度应不低于±5%

3.12.3 试验方法

3.12.3.1 一般要求

湿试验程序应按照 GB/T 16927.1 的规定。对于 $U_m \leq 40.5$kV 的互感器，试验应以工频电压进行。

电压测量装置应满足 GB/T 16927.1 和 GB/T 16927.2 的要求。淋雨装置应能调整，以便在试品上产生表 2-3-34 中规定的在允许容差内的淋雨条件。只要满足表 2-3-34 中规定的淋雨条件，任何形式的喷嘴均可采用。

表 2-3-34 标准湿试验的淋雨条件

所有测量点的平均淋雨率		每次测量的每个分布量的极限值（mm/min）	雨水温度（℃）	雨水电导率（μS/cm）
水平分布量（mm/min）	垂直分布量（mm/min）			
1.0～2.0	1.0～2.0	平均值±0.5	周围环境温度±15	100±15

3.12.3.2 湿试验要求

用满足规定电阻率和温度的水（见表 2-3-34）喷射试品。落在试品上的水应成滴状（避免雾状）并控制喷射角度，以使其按垂直和水平方向的分布量大致相等。用量雨器测量水量，量雨器应具有两个隔开的开口均为 $100 \sim 750$cm^2 的容器；一个开口测水平分布量，一个开口测垂直分布量，垂直的开口面对淋雨方向。应在所收集的即将喷到试品的水样品中测量其温度和电导率。

3.12.3.3 试验电压

对于 $U_m \leq 40.5$kV 的互感器，依据设备最高电压取表 2-3-7 中相应电压值，需做大气条件校正。

3.12.3.4 施加的程序和方法

通常情况下，湿试验结果与其他高压放电或耐受试验相比，其重复性差。为减少分散性，应采用下述方法：

（1）对于高度小于 1m 的试品，量雨器要位于靠近试品的地方，但要避免试品上溅出的雨滴。测量时，应缓慢地在足够大的区域移动并求其雨量的平均值。为避免个别喷嘴喷射不均匀的影响，测量的宽度应等于试品宽度，最大宽度为 1m。

（2）对于高度在 1～3m 之间的试品，应在试品顶部、中部和底部分别进行测量，每一测量区域仅涵盖试品高度的 1/3。

（3）对于水平尺寸大的试品也可采用类似（1）和（2）的方法。

（4）试品表面用活性洗涤剂洗净会减少试验的分散性，洗涤剂在开始淋雨之前应擦净。

（5）试验的结果可能受局部反常（偏大或偏小）淋雨量的影响。如果需要的话，宜采用局部测量进行检验，以改进喷射的均匀性。

试品应按规定条件在规定的容差范围内至少不间断预淋 15min，预淋时间不包括调整喷水所需的时间。开始时也可以用自来水预淋 15min，接着在试验开始前需用规定的水连续预淋至少 2min。雨水条件应在试验开始前进行测量。

湿试验的试验程序和规定的相应干试验的程序相同，湿试验交流电压的持续时间为 60s。

3.12.4 结果判定

对于 $U_m \leqslant 40.5kV$ 的互感器，在进行湿耐受试验时允许闪络一次，但在重复试验时不应再发生闪络，满足上述要求则认为产品通过该试验。

3.12.5 试验实例

3.12.5.1 接线示意图

户外型互感器的湿试验接线示意图如图 2-3-30 所示。

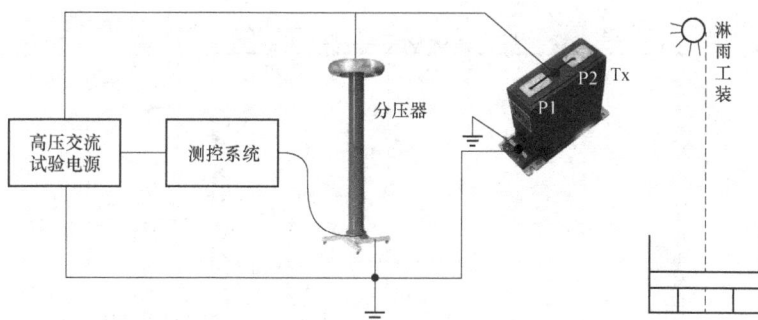

图 2-3-30 户外型互感器的湿试验接线示意图

3.12.5.2 试验记录

户外型互感器的湿试验记录表（参考示例）如表 2-3-35 所示。

表 2-3-35 户外型互感器的湿试验记录表（参考示例）

环境温度：14℃　　　　　　　相对湿度：78.0%　　　　　　　大气压力：101.2kPa

施加方式	试验电压/频率/时间
短接的一次绕组对二次绕组及地之间	95kV/50Hz/60s

3.13　短 时 电 流 试 验

3.13.1 试验目的

检验电流互感器在系统短路故障下的短时电流耐受能力，是否满足标准要求。

111

3.13.2 试验设备

该试验所需试验设备如表 2-3-36 所示。

表 2-3-36 试验设备一览表（推荐）

序号	设备名称	设备关键参数和要求
1	大电流试验系统	输出电流不低于 100kA； 准确度应不低于±3%
2	数据采集系统	测量范围覆盖 0～100kA； 不确定度应不低于±2%

3.13.3 试验方法

3.13.3.1 试验线路

试验线路如图 2-3-31 所示。

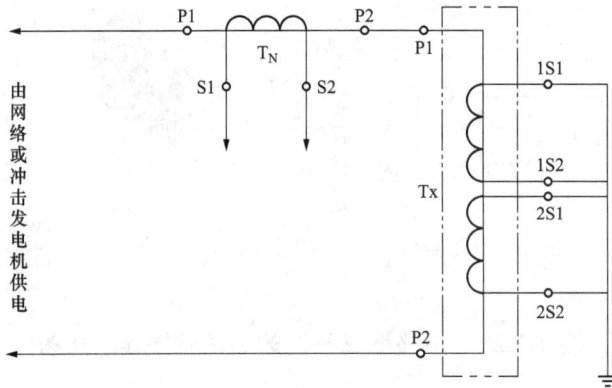

图 2-3-31 短时电流试验线路

T_N—基准互感器；Tx—被试互感器；P1、P2—一次绕组出线端子；

S1、S2、1S1、1S2、2S1、2S2—二次绕组出线端子

3.13.3.2 一般要求

试验时互感器的初始温度为 5～40℃。短时热电流试验应在二次绕组短路的情况下进行，施加的电流 I'、持续时间 t' 及额定短时热电流 I_{th} 应满足式（2-3-5）：

$$I'^2 t' \geqslant I_{th}^2 t \tag{2-3-5}$$

式中，t 为短时热电流的规定持续时间，而 t' 值应为 0.5～5s。

动稳定试验应在二次绕组短路的情况下进行，施加一次电流的峰值至少有一个波峰不小于额定动稳定电流（I_{dyn}）。动稳定试验可以与上述短时热电流试验合并进行，但要求该试验电流的第一个主峰值不小于额定动稳定电流（I_{dyn}）。动稳定试验的峰值电流应该不小于额定动稳定电流 I_{dyn}，未经制造方同意不应超过该值的 5%，试验的 $I'^2 t'$ 未经制

造方同意不应该超过 $I_{th}^2 t$ 的 10%。

3.13.3.3 多变比互感器的绕组连接

对于多变比互感器的短时电流试验，应根据使一次绕组有最大电流密度的产品技术条件所规定的短时电流值来进行互感器引出端子的接线。

（1）当互感器有相同多段一次绕组进行串、并联以改变电流比时，如果只规定一个短时电流额定值（对任何变比都要满足的），则应在最小电流比接线方式下进行试验。

（2）如果规定了不同的几个短时电流额定值，且这几个短时电流额定值的比例关系与一次绕组在不同串、并联时的额定一次电流的比例关系对应（例如：一台互感器可以通过一次绕组串联、串—并联、并联换接得到三种电流比，其额定一次电流的比例关系为 1:2:4，且短时电流额定值的比例关系也是 1:2:4），则应在最大电流比接线方式（一次绕组并联）下进行试验。

（3）如果与上述关系不对应，则需在一次绕组短时热电流密度最大的连接方式（一般为一次绕组串联）下进行试验。

（4）对采用一次绕组串、并联来改变电流比的互感器，应选择在一次绕组短时热电流密度最大的接线方式下进行试验。

（5）如果各种接线方式下一次绕组短时热电流密度相同时，则应在最大一次电流接线方式下进行试验。

（6）当互感器通过二次绕组抽头改变电流比时，应将具有最小电流比的二次端子短接。

3.13.4 结果判定

如果试验后的互感器在冷却到环境温度（5～40℃）后，若能满足下列要求，则应认为互感器通过该试验：

（1）无可见的损伤。

（2）退磁后，其误差与试验前的差异不超过其准确级误差限值的一半。

（3）能够承受一次端工频耐压试验、局部放电测量、二次端工频耐压试验、段间工频耐压试验和匝间过电压试验规定的绝缘试验，但其试验的电压或电流降低为规定值的 90%。

（4）经检查，与导体表面接触的绝缘无明显的劣化现象（如碳化）。

如果一次绕组对应于额定短时热电流（I_{th}）的电流密度不超过下列值，则第（4）项检查可不进行：

（1）180A/mm^2，绕组为铜材，其电导率不小于 GB/T 5585.1 规定值的 97%。

（2）120A/mm^2，绕组为铝材，其电导率不小于 GB/T 3954 规定值的 97%。

经验表明，只要一次绕组额定短时热电流的电流密度不超过上述值，则在运行中均能满足对 A 级绝缘的热额定值要求。

3.13.5 试验实例

3.13.5.1 接线示意图

短时电流试验接线示意图如图 2-3-32 所示。

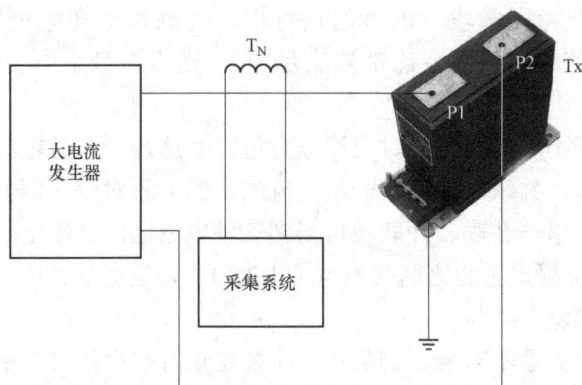

图 2-3-32 短时电流试验接线示意图

3.13.5.2 试验记录

短时电流试验记录表（参考示例）如表 2-3-37 所示。

表 2-3-37 短时电流试验记录表（参考示例）

环境温度：16.4℃   相对湿度：48.0%

动稳定电流（kA）	热稳定电流（kA）	持续时间（s）	热稳定值（10^6A^2s）
82.08	31.67	4.00	4013

3.14 绝缘油性能试验

3.14.1 试验目的

应对互感器用绝缘油进行击穿电压和介质损耗因数（tanδ）测量。

绝缘油的击穿电压是衡量绝缘油被水和悬浮杂质污染程度的重要指标。油的击穿电压越低，互感器的整体绝缘性能越差，直接影响互感器的安全运行。因此应严格测试，以便将绝缘油击穿电压控制在规定范围内。

绝缘油介质损耗因数是衡量绝缘油本身绝缘性能和被杂质污染程度的重要参数。油的损耗因数越大，互感器的整体介质损耗因数也就越大，绝缘电阻相应降低，油纸绝缘的寿命也会缩短。因此应严格测试，以便将油的介质损耗因数控制在较低范围内。

3.14.2 试验设备

该试验所需试验设备如表 2-3-38 所示。

表 2-3-38　试验设备一览表（推荐）

序号	设备名称	设备关键参数和要求
1	油耐压测试仪	推荐测量范围 0～100kV； 测量准确度应不低于 3 级
2	绝缘油介质损耗测试仪	推荐测量范围 $\tan\delta$：0～0.1； 不确定度应不低于±2%读数+0.0001

3.14.3　试验方法

3.14.3.1　一般要求

应对 U_m=40.5kV 油浸式互感器用绝缘油进行击穿电压和介质损耗因数（$\tan\delta$）的测量。

3.14.3.2　绝缘油击穿电压的测定

新油或者用过的绝缘油应依照 GB/T 4756 的要求取样，用专用采样器采样，以防止试样污染。试样杯体积在 350～600mL 之间，样品容器最好使用棕色玻璃瓶。若用透明玻璃瓶应在试验前避光储藏，也可用不与绝缘油作用的塑料容器，但不能重复使用。为了密封，应使用带聚乙烯或聚四氟乙烯材质垫片的螺纹塞。样品容器在使用前应清洗干净，并用热空气吹干。

进行试验时，除非另有规定，试样一般不进行干燥或排气。整个试验过程中，试样温度和环境温度之差不应大于 5℃。

试样在倒入试样杯前，轻轻摇动翻转盛有试样的容器数次，以使试样中的杂质尽可能分布均匀而又不形成气泡，避免试样与空气不必要的接触。

试验前应倒掉试样杯中原来的绝缘油，立即用待测试样清洗杯壁、电极及其他各部分，再缓慢倒入试样，并避免生成气泡。将试样杯放入测试仪上，如需搅拌则打开搅拌器。测量并记录试样温度。

第一次加压是在装好试样，并检查完电极间无可见气泡 5min 之后进行的，在电极间按 2.0±0.2kV/s 的速率缓慢加压至试样被击穿。击穿电压为电路自动断开（产生恒定电弧）或手动断开（可闻或可见放电）时的最大电压值。

记录击穿电压值。达到击穿电压至少暂停 2min 后，再进行加压，重复 6 次。注意电极间不要有气泡，若使用搅拌，在整个试验过程中应一直保持。计算 6 次击穿电压的平均值。

3.14.3.3　绝缘油介质损耗因数（$\tan\delta$）测量

试验应该在 90℃下进行，测量温度的分辨率应在 0.25℃以内。

通常采用频率为 40～62Hz 的正弦电压。施加交流电压的大小视被试液体而定，推荐电场强度为 0.03～1kV/mm。

试验池非自动加热，当其温度达到所要求试验温度的±1℃时，应于 10min 内开始测量介质损耗因数。完成测量后，倒出试验液体。

例行试验不需要重复测量。

3.14.4 结果判定

3.14.4.1 绝缘油击穿电压测定

绝缘油击穿电压应满足表 2-3-39 的要求。

表 2-3-39 绝缘油击穿电压要求

项目	运行前	运行中
油击穿电压（kV）	≥40	≥35

3.14.4.2 绝缘油介质损耗因数（tanδ）测量

绝缘油介质损耗因数应满足表 2-3-40 的要求。

表 2-3-40 绝缘油介质损耗因数要求

项目	运行前	运行中
介质损耗因数 tanδ（90℃）	≤0.01	≤0.04

3.14.5 试验实例

3.14.5.1 试验照片

绝缘油性能试验实例照片如图 2-3-33 所示。

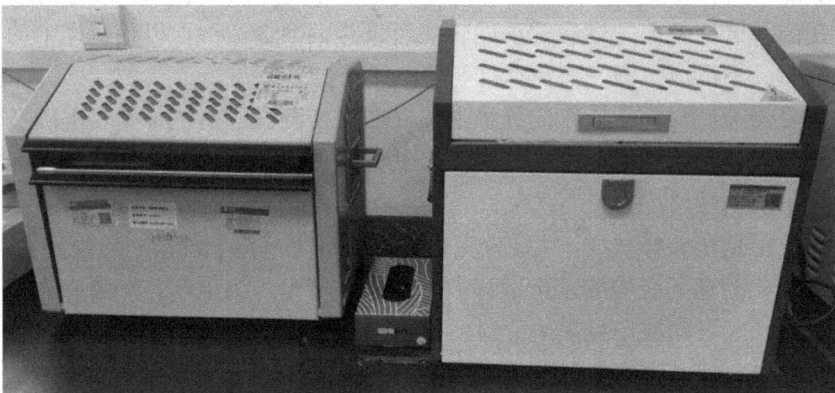

图 2-3-33 绝缘油性能试验实例照片［油耐压测试仪（左）绝缘油介质损耗测试仪（右）］

3.14.5.2 试验记录

绝缘油性能试验记录表（参考示例）如表 2-3-41 所示。

表 2-3-41 绝缘油性能试验记录表（参考示例）

环境温度：16.4℃　　　　　　　　　　相对湿度：48.0%

油击穿电压（kV）	90℃介质损耗因数（%）
86.3	0.23

3.15　气 体 露 点 测 量

3.15.1　试验目的

检验气体绝缘电流互感器的最大允许含水量是否符合标准要求。

3.15.2　试验设备

该试验所需试验设备如表 2-3-42 所示。

表 2-3-42　试验设备一览表（推荐）

序号	设备名称	设备关键参数和要求
1	数字露点仪	测量范围覆盖–50～–25℃； 不确定度应不低于±1℃

3.15.3　试验方法

3.15.3.1　一般要求

气体露点应在充气后 24h 测定。如无其他协议，试验方法由检测方自行选定。

3.15.3.2　露点法（推荐）

瓶装气体的采样用耐压针形阀，至少采用 3 次升、降压法吹洗采样阀及其他气路系统。

管道气体的采样应使用管道上的根部采样阀，并用尽可能短的采样管将样品气直接通入露点仪。按照仪器说明书规定的气体流速，用皂膜流量计或其他方法来确定适当的样品气体流速。

当整个气路系统充分置换后就可以开始测量，手动制冷的露点仪当镜面温度离露点约 5℃时应该缓慢地降低镜面温度，应尽量减小降温的惯性影响；到露点出现时，记录露点值。消露后重复测定一次，当两次平行测定的误差满足仪器规定的要求时即可停止测定。

3.15.3.3　电解法

瓶装气体的采样用耐压取样阀，用被测气体充分置换采样阀及采样管。

管道气体的采样应使用管道上的采样阀，并用尽可能短的采样管将样品气体直接通入电解式微量水分仪。

测定方法及测定前的准备按仪器说明书进行。

3.15.4　结果判定

对于额定充气密度达到要求的气体绝缘互感器，其内部最大允许含水量应对应于 20℃时测量的露点值不高于–30℃。在其他温度测量应适当校正。

3.15.5　试验实例

3.15.5.1　接线示意图

气体露点测量试验接线示意图如图 2-3-34 所示。

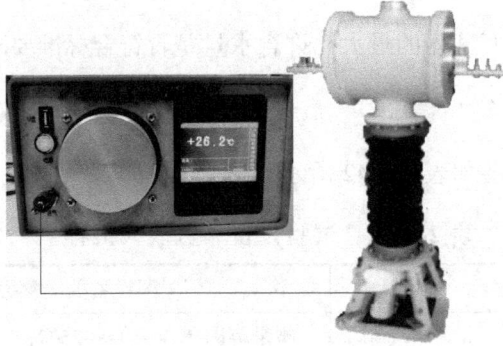

图 2-3-34　气体露点测量试验接线示意图

3.15.5.2　试验记录

气体露点测量试验记录表（参考示例）如表 2-3-43 所示。

表 2-3-43　气体露点测量试验记录表（参考示例）

环境温度：16.4℃　　　　　　　　　　　　相对湿度：48.0%

20℃露点值（℃）	SF_6气体含水量（20℃，μL/L）
−46.1	62.7

3.16　环境温度下密封性能试验

3.16.1　试验目的

检测电流互感器在环境温度下的密封性能是否符合要求。

3.16.2　试验设备

气体绝缘电流互感器密封性能试验所需试验设备如表 2-3-44 所示。

表 2-3-44　试验设备一览表（推荐）

序号	设备名称	设备关键参数和要求
1	SF_6气体检漏仪	测量范围覆盖 0～50ppm；测量准确度应不低于 10 级
2	压力表	测量范围覆盖 0～1MPa；测量准确度应不低于 1.5 级

油浸式电流互感器密封性能试验所需试验设备如表 2-3-45 所示。

表 2-3-45　试验设备一览表（推荐）

序号	设备名称	设备关键参数和要求
1	压力表	测量范围覆盖 0～1MPa； 测量准确度应不低于 1.5 级

3.16.3　试验方法

3.16.3.1　气体绝缘电流互感器一般试验要求

该试验适用于所有采用气体作为绝缘介质的互感器，但使用大气压的空气除外。试验应在完整的互感器上和环境温度为 20℃±10℃下进行。试验方法应采用封闭压力系统的累积法（Q_m 试验的方法 1）。

互感器气体封闭压力系统上每一个开口应以原有的密封手段密封。互感器应充以运行时所用的同一种混合气体，达到环境温度为 20℃时的额定充气压强。

泄漏测量的灵敏度应能检测出相当于约每年 0.25% 的泄漏率。泄漏测量的灵敏度随测漏仪的灵敏度、所测量的容积和两次浓度测量的间隔时间而变化。

为了测量准确，试验应在互感器充气完成至少 1h 后开始进行。如果密封性能例行试验采用累积法（Q_m 试验的方法 1）进行，则密封性能型式试验不需要进行。

3.16.3.2　气体绝缘电流互感器环境温度下密封性能试验的程序和方法

互感器气体封闭压力系统上每一个开口应以原有的密封手段密封。在测试期间内，从任何缺陷处泄漏出的气体聚集在密封罩内，然后测量采集到的气体并计算出泄漏率。试验程序如下：

（1）互感器应充以运行时所用的同种气体，达到环境温度为 20℃时的额定充气压强。

（2）互感器放置 6h 后，用密封罩将整个样品（或它表面的一部分）罩住。

（3）扣罩 24h 后，用灵敏度不低于 10^{-6}、经检验合格的气体检漏仪测定罩内特征气体的浓度（视产品的大小选择 2～6 个点，通常是密封罩的上、下、左、右、前、后共 6 个点）。根据密封罩内泄漏气体的浓度、密封罩的容积、试品的体积及试验场地的绝对压力，按式（2-3-6）推算出泄漏率 R：

$$R = 10^{-6} \times \frac{V_m(C_1 - C_0)P_e}{t_1 - t_0} \tag{2-3-6}$$

式中：

R ——泄漏率，Pa·m³/s；

V_m ——测量体积，m³；

$C_1 - C_0$ ——示踪气体浓度，cm³/m³；

$t_1 - t_0$ ——时间间隔，s；

P_e ——样品外表面压力，10^5Pa。

相对泄漏率 F_{rel} 按式（2-3-7）计算：

$$F_{\text{rel}} = \frac{R \times 31.5 \times 10^6}{V(P_{\text{r}} + P_{\text{e}})} \times 100\% \qquad (2\text{-}3\text{-}7)$$

式中：

F_{rel} ——相对泄漏率，%年；

V ——试品气体密封系统容积，m^3；

P_{r} ——试品额定充气压力，MPa。

当所测量的特征气体仅为试品中混合气体的一种气体时，测出的漏气率应乘以一个校正因子，即内部总压强与特征气体分压强之比。

3.16.3.3 油浸式电流互感器一般试验要求

油浸式互感器密封性能试验的主要设备如下：

（1）气体压缩装置；

（2）过滤器；

（3）减压阀及输气管；

（4）充气或注油装置，且充气或注油装置上应装有单向阀和压力计，压力计的准确度等级不应低于 2.5 级。

3.16.3.4 油浸式电流互感器环境温度下密封性能试验的程序和方法

密封性能试验应在清洁的产品上进行，试验场地应无明显油污。应安装充气或注油装置，通过单向阀对不带膨胀器的油浸式互感器产品注入一定压力的干燥空气（氮气）或油，施加压力和维持时间不应低于表 2-3-46 的规定值。

表 2-3-46 油浸式互感器密封性能试验要求

设备最高电压 U_{m}（方均根值，kV）	施加压力（MPa）	维持压力时间（h）	充气加压的最小剩余压力（MPa）	说明
40.5	0.05	6	0.03	不带膨胀器产品
	0.1	6	0.07	带膨胀器产品不带膨胀器试验
<40.5	0.04	3	0.025	同时适用于户外组合互感器

按表 2-3-46 规定的压力和时间试验后，观察产品有无渗、漏油现象。对于带膨胀器的油浸式互感器，应在未装膨胀器之前，对互感器按上述方法进行密封性能试验。试验后，将装好膨胀器的产品按规定时间（一般不少于 12h）静放，检查外观是否有渗、漏油现象。带防爆片的产品应采取措施，以满足表 2-3-46 中的试验压力。

3.16.4 结果判定

3.16.4.1 气体绝缘电流互感器结果判定

如果产品经过试验测得的相对泄漏率不超过每年 0.5%（适用于 SF_6 或 SF_6 混合气体），则认为产品通过此试验。

3.16.4.2 油浸式电流互感器结果判定

如果试验过程中试品无渗、漏油现象，且维持压力时间后剩余压力满足表 2-3-46 的要求，则此试验合格。

3.16.5 试验实例

3.16.5.1 试验照片

环境温度下密封性能试验实例照片如图 2-3-35 所示。

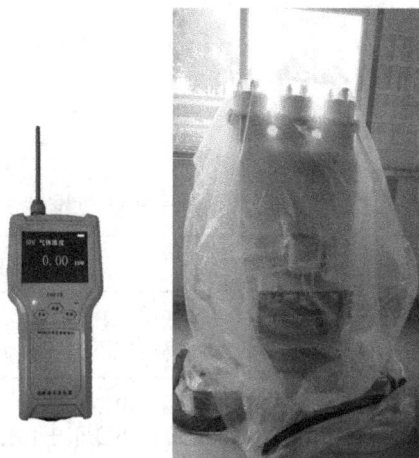

图 2-3-35 环境温度下密封性能试验实例照片

3.16.5.2 试验记录

环境温度下密封性能试验记录表（参考示例）如表 2-3-47 和表 2-3-48 所示。

表 2-3-47 环境温度下密封性能试验（气体绝缘电流互感器）
记录表（参考示例）

环境温度：16.4℃　　　　　　　　　　相对湿度：48.0%

时间间隔 t_1-t_0（s）	测量体积 V_m（m³）	气室容积 V（m³）	额定充气压力 P_r（MPa）	示踪气体浓度 C_1-C_0（cm³/m³）	相对年泄漏率（%/年）
86400	0.5	3.5	0.40	8	小于 0.05

表 2-3-48 环境温度下密封性能试验（油浸式电流互感器）
记录表（参考示例）

环境温度：16.4℃　　　　　　　　　　相对湿度：48.0%

1	带膨胀器的试品	静放大于 12h			无渗漏油现象
2	带膨胀器的试品、不带膨胀器试验	试验压力（MPa）	持续时间（h）	剩余压力（MPa）	无渗漏油现象
		0.1	6	0.09	

3.17 外壳防护等级的检验

3.17.1 试验目的

考核各类电流互感器外壳及密封件在粉尘、潮湿、淋雨或潜水等各种严酷环境条件下其外壳防护的可靠性，以验证产品及元器件的工作性能是否会受到损害，同时应对人体防止接触危险部件提供相应保护要求。

3.17.2 试验设备

该试验所需试验设备如表 2-3-49 所示。

表 2-3-49 试验设备一览表（推荐）

序号	设备名称	设备关键参数和要求
1	指针型推拉力计	输出不低于 1N； 测量准确度应不低于 1 级
2	B 型探棒	测量范围：IP2X； 不确定度应不低于±10%
3	C 型探棒	测量范围：IP3X； 不确定度应不低于±5%
4	D 型探棒	测量范围：IP4X； 不确定度应不低于±5%
5	冲水试验设备	测量范围：IPX4/X5/X6； 不确定度应不低于：角度，±1°； Φ，±0.06mm； 流量，±5%L/min
6	垂直冲击试验装置	测量范围应覆盖 5J，10J，20J； 不确定度应不低于±5%
7	弹簧冲击器	输出不低于 2J； 不确定度应不低于±5%
8	沙尘试验箱	测量范围：IP5X/6X 不确定度应不低于（600±200）g/（m²·h）

检验防尘试验装置（防尘箱）原理图见图 2-3-36；IP 代码第一位特征数为 4 和 5 的试验原理图见图 2-3-37；IP 代码第二位特征数字为 3 和 4，防淋水和溅水手持式试验装置（喷头）见图 2-3-38；IP 代码第二位特征数字为 5 和 6，检验防喷水试验装置（软管喷嘴）见图 2-3-39；IK 试验机械冲击试验原理图（弹簧冲击锤）见图 2-3-40。

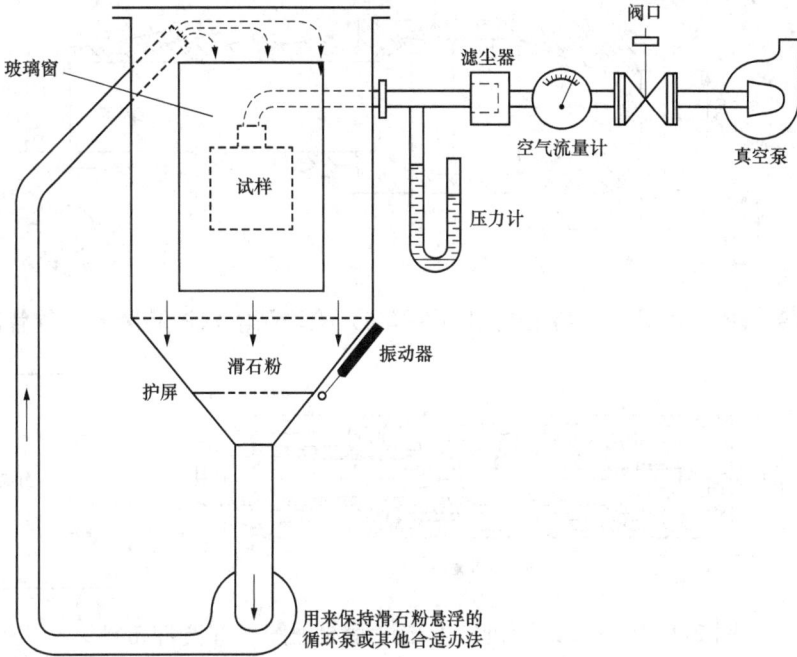

图 2-3-36 检验防尘试验装置（防尘箱）

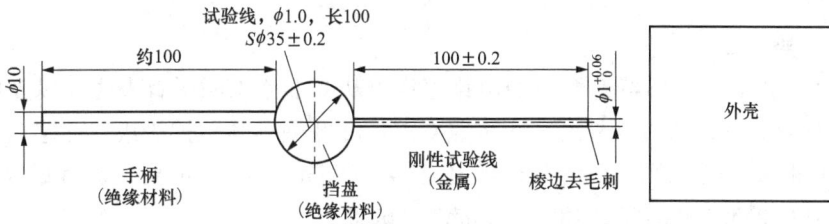

图 2-3-37 IP 代码第一位特征数为 4 和 5 的试验原理图

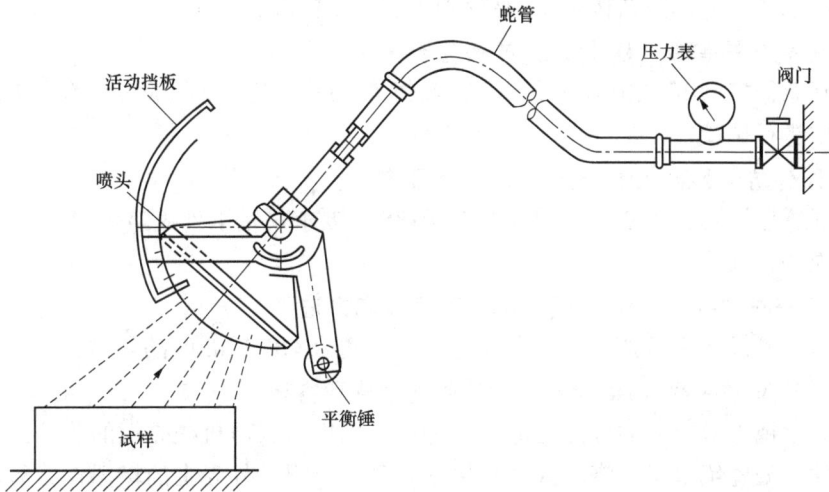

图 2-3-38 IP 代码第二位特征数字为 3 和 4，防淋水和溅水手持式试验装置（喷头）

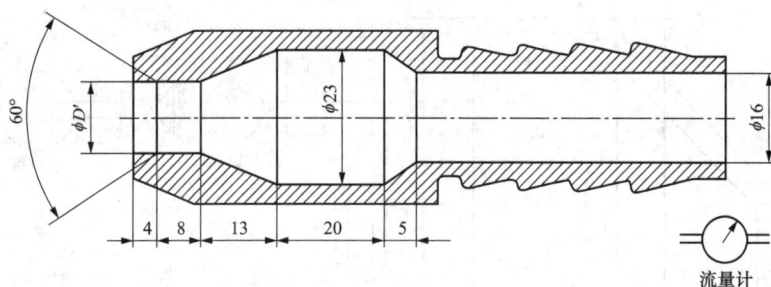

图 2-3-39　IP 代码第二位特征数字为 5 和 6，检验防喷水试验装置（软管喷嘴）

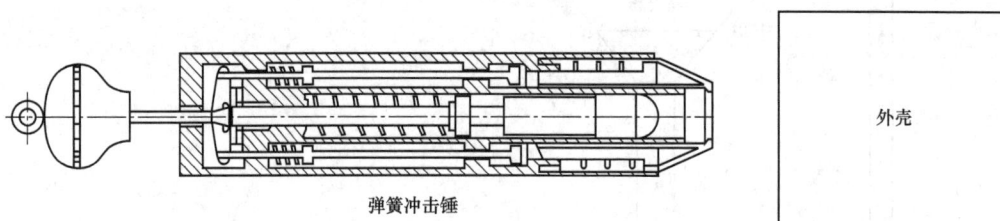

弹簧冲击锤

图 2-3-40　IK 试验机械冲击试验原理图（弹簧冲击锤）

3.17.3　试验方法

3.17.3.1　一般要求

如果适用，对于互感器包含电源电路零件可从外部穿入的所有外壳，以及所属低电压控制和/或辅助电路的所有外壳，应按照 GB/T 4208 规定其防护等级。互感器的外壳还应有足够的机械强度。规定了 IP 代码的互感器应按 GB/T 4208 的要求进行试验。规定了 IK 代码的互感器应按 GB/T 20138 的要求进行试验。

IP、IK 代码的检验可在试品上直接进行试验，也可在制造方提供的代表性部件上（如同型式二次端子盒）或同结构等比例缩小的试品上进行试验。

3.17.3.2　外壳防护等级（IP 代码）的检验要求

如果互感器按 GB/T 20840.1 和 GB/T 4208 的要求规定了外壳防护等级（IP 代码），则应按要求进行试验。

3.17.3.3　外壳防护等级（IK 代码）的检验要求

如果互感器按 GB/T 20840.1 和 GB/T 20138 的要求规定了外壳防护等级（IK 代码），则应按要求进行试验。

3.17.3.4　外壳防护等级（IP 代码）的检验程序和方法

外壳防护等级（IP 代码）检验的试验方法应符合 GB/T 4208 的规定。

3.17.3.5　外壳防护等级（IK 代码）的检验的程序和方法

对外壳上视为最薄弱的各点施加 3 次冲击，以检验其对机械碰撞的防护。不能承受冲击的部件（如瓷绝缘子、浇注式环氧树脂外壳及伞裙、外壳上的接插件、显示器等）可以不要求该试验。

试验时，被试外壳应按制造方使用说明的要求安装在一刚性支撑座上。当对支撑座直接施加一能量相当于被试外壳防护等级的碰撞力时，如发生的位移小于或等于 0.1mm，则认为该支撑座具有足够的刚性。

适合于产品的其他安装和支撑方法，可在相关的产品标准中规定。如在相关的产品标准中无规定，则每一暴露面应承受 5 次碰撞。碰撞的部位应均匀地分布于被试外壳的测试面上。在外壳上同一部位附近所施加的碰撞应不超过 3 次。相关的产品标准应规定所施加撞击力的碰撞部位。IK 代码及其相应碰撞能量的对应关系如表 2-3-50 所示。

表 2-3-50 IK 代码及其相应碰撞能量的对应关系

IK 代码	IK00	IK01	IK02	IK03	IK04	IK05	IK06	IK07	IK08	IK09	IK10
碰撞能量（J）	—*	0.14	0.2	0.35	0.5	0.7	1	2	5	10	20

注 如要求更高的碰撞能量，推荐取值 50J。有些国家标准使用 1 位数字表示规定的碰撞能量，为避免与之混淆，故特征数字选用两位数字表示。

* 按标准为无防护。

3.17.4 结果判定

3.17.4.1 外壳防护等级（IP 代码）的检验

3.17.4.1.1 第一位特征数字所代表的对接近危险部件防护的试验的接受条件

如果试具与危险部件之间有足够的间隙，则防护合格。

第一位特征数字为 1 的试验，直径为 50mm 的试具不得完全进入开口。

第一位特征数字为 2 的试验，铰接试指可进入 80mm 长，但挡盘不得进入开口。从直线位置开始，试指的两个接点应绕相邻面的轴线在 90° 范围内自由弯曲。应使试指在每一个可能的位置上活动。

接受条件中"足够的间隙"对于低压设备来说，指的是试具不能触及危险带电部件，如果足够的间隙是通过试具与危险部件间的指示灯电路来检验，则试验时指示灯不亮。

接受条件中"足够的间隙"对于高压设备，指的是当试具放在最不利的位置时，设备应能承受相关标准规定的适用于该设备的耐电压试验，还可通过观察规定的空气中的间隙尺寸来确定，此间隙应能保证在最不利的电场分布下通过耐电压试验。如果外壳包括有不同等级的几个部分，则应对每一部分确定足够间隙的适当验收条件。

3.17.4.1.2 第一位特征数字所代表的防止固体异物进入的试验的接受条件

第一位特征数字为 1、2、3、4 的接受条件：如果试具的直径不能通过任何开口，则试验合格。

第一位特征数字为 5 的防尘试验接受条件：试验后，观察滑石粉沉积量及沉积地点，如果同其他灰尘一样，不足以影响设备的正常操作或安全，则认为试验合格，而且在可有沿爬电距离导致漏电起痕处不允许有灰尘沉积。

第一位特征数字为 6 的防尘试验接受条件：试验后，如果壳内无明显的灰尘沉积，则认为试验合格。

3.17.4.1.3 第二位特征数字所代表的防水进入试验

试验后应检查外壳进水情况，一般来说，如果进水，则应不足以影响设备的正常操作或破坏安全性。水不积聚在可能导致沿爬电距离引起漏电起痕的绝缘部件上；水不进入带电部件，或进入不允许在潮湿状态下运行的绕组；水不积聚在电缆头附近或进入电缆。如外壳有泄水孔，应通过观察证明进水不会积聚，且能排出而不损害设备。满足以上条件则认为试验合格。

3.17.4.1.4 外壳防护等级（IK 代码）的检验

试验后，外壳不应出现破裂，外壳的变形应不影响互感器的正常性能，且不降低规定的防护等级。表面的损伤，例如漆膜脱落、散热翅或类似件的破损或少量凹痕可以忽略。

3.17.5 试验实例

3.17.5.1 试验照片

外壳防护等级的检验实例照片如图 2-3-41 所示。

（a）沙尘试验箱　　　　　　　（b）IPX4 试验照片　　　　　　（c）IK 代码的检验试验照片

图 2-3-41 外壳防护等级的检验实例照片

3.17.5.2 试验记录

外壳防护等级的检验记录表（参考示例）如表 2-3-51 所示。

表 2-3-51 外壳防护等级的检验记录表（参考示例）

环境温度：16.4℃　　　　　　　　　　　　　　相对湿度：48.0%

IP 代码的检验：IP 代码第一位特征数字 5	
防止接近危险部件	固体异物
试验负荷：1N； 直径 1.0mm 的试验金属线未进入壳内，并与带电部件保持足够的间隙	持续时间：8h； 无尘进入

IP 代码的检验：IP 代码第二位特征数字 5			
防水试验			
水量（L/min）	试验压力（kPa）	持续时间（min）	试品状态
12.1	23	3	无水进入
机械冲击试验（IK 代码 08 的检验）			
标准要求动能（J）	试验动能（J）	试验次数	试品状态
5（1±5%）	5	每个暴露面 5 次	无破裂、无变形

3.18 压力试验（适用于气体绝缘产品）

3.18.1 试验目的

考核气体绝缘型电流互感器在规定压力下外壳耐受能力是否满足标准要求。

3.18.2 试验设备

该试验所需试验设备如表 2-3-52 所示。

表 2-3-52 试验设备一览表（推荐）

序号	设备名称	设备关键参数和要求
1	压力表	测量范围覆盖：（0～5）MPa； 测量准确度应不低于 1.5 级

3.18.3 试验方法

3.18.3.1 一般要求

当制造方能提供同型式的金属封闭部件、绝缘子的型式试验报告时，可以免做此项试验。

对于气体绝缘互感器金属封闭部件，需进行外壳的型式试验的压力试验。对于气体绝缘互感器的空心绝缘子，则应进行空心绝缘子的型式试验的内压力试验。注意：本书中空心绝缘子均简称绝缘子。

此项试验推荐采用水压进行试验，并采取严格的安全防护措施以防止因螺杆崩断、试品炸裂而造成人身伤害。

压力试验原理图如图 2-3-42 所示。

3.18.3.2 外壳压力试验施加的程序和方法

在型式试验的压力试验情况下，压力上升速度不应超过 400kPa/min。型式试验的压力试验要求至少如下：

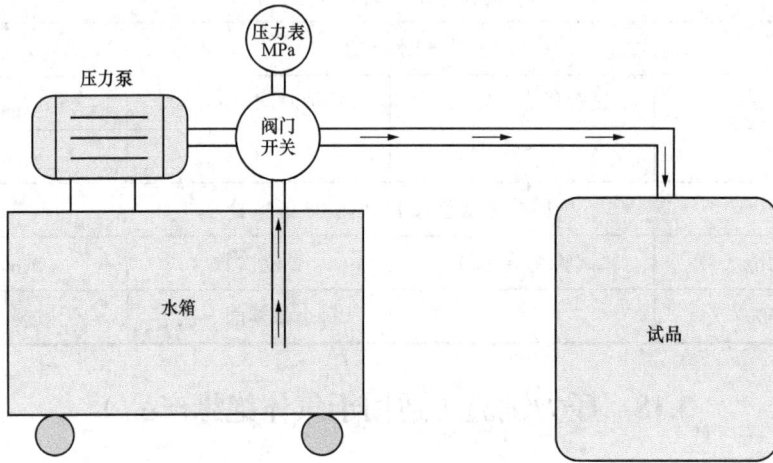

图 2-3-42　压力试验原理图

（1）铸铝和铝合金外壳：型式试验压力=(3.5/0.7)×设计压力

数值 0.7 是考虑了涵盖铸造可能存在的分散性，如果经过专门的材料试验证明，则允许将该系数提高到 1.0。

（2）焊接的铝外壳和焊接的钢外壳：型式试验压力=(2.3/v)×(σ_1/σ_a)×设计压力

式中：

v ——焊接效应系数（10%焊接段经过超声波或射线检查时为 1，目测检查时为 0.75）；

σ_1 ——试验温度时的允许设计应力；

σ_a ——设计温度时的允许设计应力。

这些系数给予所用材料验证过的最低性能。考虑到制造的方法，可以要求附加的系数。经过这些压力后依然保持完好的所有外壳都不能使用。

3.18.3.3　绝缘子内压力试验

3.18.3.3.1　复合绝缘子内压力试验

该试验所用绝缘子试品应装有伞套。试品上应装上 2 个电阻应变片（例如：最终伸长率大于或等于 2%，阻抗大于或等于 120Ω，长度小于或等于 12mm），应除去局部伞套以便将应变片固定到管的外侧。应变片的位置应为：

（1）管的外侧或内侧；

（2）一个应变片平行于管的轴线，另一个应变片垂直于管的轴线；

（3）两个端部附件间管的中部。

内压力试验时，试品应垂直安装。试品两端应装有端盖并密封，端盖上应装有能使内压力介质进入或排除的装置。内压力介质应是气体或液体，该介质除对管施加机械力外不产生其他影响。

试验分两个阶段进行，也可能分三个阶段进行。设计用于无压力运行条件下的绝缘子无需进行该试验。

第一阶段，在 2.0 倍最大设计压力下的试验：

内压力在室温下应迅速而平稳地从零增加到 2.0 倍最大设计压力。当压力达到 2.0 倍最大设计压力时应保持 5min。然后将压力平稳地泄去。如在压力施加前后，管的应变情况相同，即应变片表明管的残余应变在最大应变的±5%以内（可逆的弹性状态），则表明没有出现损伤。

第二阶段，在 4.0 倍最大设计压力下的试验：

在施加先前的压力后，再施加 4.0 倍最大设计压力持续至少 5min，然后将压力平稳泄去。在压力施加后允许残余应变大于最大应变的±5%（不可逆的塑性状态），但应确定没有出现可见损伤。

第三阶段，规定内压力水平下的试验：

如有附加要求，则应使用第二阶段的程序，施加规定内压力 5min，应记录所有数据。允许有明显的损伤（不可逆的塑性状态）。

3.18.3.3.2 瓷绝缘子内压力试验

将带有相应连接阀和测量仪表的压板压紧或固定到空心绝缘子端部附件上，固定时在附件和压板间加适当的密封垫。密封结构应尽可能与实际使用结构接近。

将空心绝缘子注满水，并与液压泵相连。液体压力应平稳增加到试验压力，升压中不应产生冲击。每分钟的升压速率应为试验压力的 30%～60%。

3.18.4 结果判定

3.18.4.1 外壳压力试验

外壳应至少能承受试验所要求的压力。

3.18.4.2 绝缘子内压力试验

（1）复合绝缘子内压力试验。如果满足下列条件，则试验通过：

1）没有出现管的破坏和抽出，没有出现端部附件的破坏；

2）施加 2.0 倍最大设计压力后，据应变片的指示，没有发现管的不可逆形变。

（2）瓷绝缘子内压力试验的程序和方法。绝缘子应能承受 4.25 倍设计压力 5min，不发生破坏。当压力释放到零时，应检查绝缘子的瓷件和端部附件是否开裂，胶状或密封是否破坏。如无上述现象，即使端部附件承受的压力超过其屈服点，只要没有破坏，则可判定该试验通过。

3.18.5 试验实例

3.18.5.1 试验照片

压力试验实例照片如图 2-3-43 所示。

3.18.5.2 试验记录

压力试验记录表（参考示例）如表 2-3-53 所示。

图 2-3-43 压力试验实例照片

表 2-3-53 压力试验记录表（参考示例）

环境温度：16.4℃   相对湿度：48.0%

焊接效应系数 ν	试验温度允许设计应力 σ_t（MPa）	设计温度的设计应力 σ_a（MPa）	设计压力/最大运行压力（MPa）
0.75	113	113	0.70
材质	试验压力（MPa）		维持时间（min）
焊接的铝合金外壳	2.15		1
电瓷套管	2.98		5

3.19 二次绕组电阻（R_{ct}）测定

3.19.1 试验目的

对于 TPX、TPY 和 TPZ 级互感器应测定二次绕组直流电阻 R_{ct}，以验证是否符合设计要求。

3.19.2 试验设备

该试验所需试验设备如表 2-3-54 所示。

表 2-3-54 试验设备一览表（推荐）

序号	设备名称	设备关键参数和要求
1	直阻电桥	测量范围覆盖 0～50kΩ； 准确度应不低于 0.5 级

3.19.3 试验方法

3.19.3.1 一般要求

利用单臂电桥/双臂电桥/直流电阻测试仪在环境温度下测量二次绕组直流电阻 R_0，此时测得的 R_0 为实际值，单位为欧姆（Ω），应按式（2-3-8）校正到75℃或规定的其他温度。

$$R_{ct}=(235+75)\times R_0/(235+T) \tag{2-3-8}$$

式中：

T——环境温度值，℃。

3.19.3.2 施加的程序和方法

使用单臂电桥或双臂电桥测量时，将被测绕组两端与电桥连接，调节电桥表盘读数，使电桥达到平衡状态，记录电桥表盘读数。

使用直流电阻测试仪时，将被测绕组两端与测试仪连接，选择合适的量程，测量绕组直流电阻并记录读数。

3.19.4 结果判定

如果校正后的 R_{ct} 值不超过规定的上限值（如果有），则认为试验合格。

3.19.5 试验实例

3.19.5.1 接线示意图

二次绕组电阻（R_{ct}）测定试验接线示意图如图2-3-44所示。

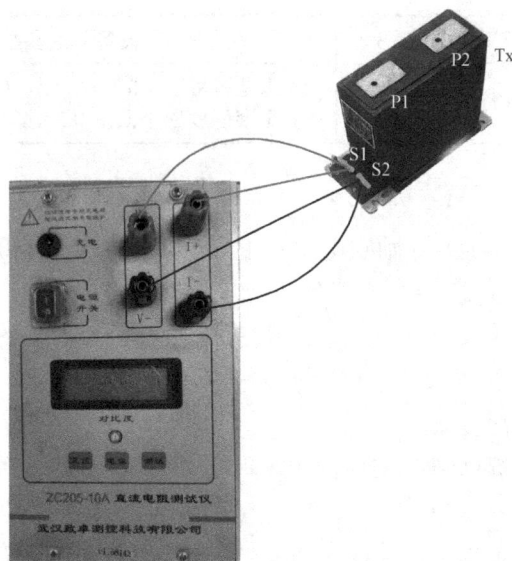

图 2-3-44 二次绕组电阻（R_{ct}）测定试验接线示意图

3.19.5.2 试验记录

二次绕组电阻（R_{ct}）测定记录表（参考示例）如表2-3-55所示。

表 2-3-55   二次绕组电阻（R_{ct}）测定记录表（参考示例）

环境温度：16.4℃   相对湿度：48.0%

绕组	规定值（75℃，Ω）	实测值 R_{ct}（75℃，Ω）
$1S_1 1S_2$	≤17.5	16.69
$2S_1 2S_2$	≤17.5	16.34
$3S_1 3S_2$	≤17.5	14.03
$4S_1 4S_2$	≤17.5	13.92

3.20   二次回路时间常数（T_s）测定

本试验适用于准确级为 TPX，TPY，TPZ 的电流互感器。

3.20.1   试验目的

对于 TPX、TPY 和 TPZ 级互感器应测定二次回路时间常数（T_s），以验证是否符合设计要求。

3.20.2   试验设备

该试验所需试验设备如表 2-3-56 所示。

表 2-3-56   试验设备一览表（推荐）

序号	设备名称	设备关键参数和要求
1	CT 分析仪	测量范围覆盖：0～5A，0～120V； 测量准确度应不低于 0.2 级

3.20.3   试验方法

确定 T_s 应采用式（2-3-9）（励磁电感 L_m 的测定见 GB/T 20840.2 的附录 2E.2）

$$T_s = \frac{L_m}{R_{ct} + R_b} \tag{2-3-9}$$

式中：

R_b ——额定电阻性负荷；

R_{ct} ——二次绕组折算到 75℃时的电阻；

L_m ——励磁电感。

如果负荷规定为额定输出，单位为 VA，则 R_b 取负荷的电阻部分。另外，T_s 也可按式（2-3-10）确定：

$$T_s = \frac{L_m}{2\pi f_r \times \tan(\Delta\varphi)} \tag{2-3-10}$$

由于小相位差测量的不确定度，因此在大变比和小相位差的互感器上，利用 $\Delta\varphi$ 的方法可能出现困难。

对于 TPZ 级互感器，T_s 未作明确规定。其准确度要求（$\Delta\varphi=180\text{min}\pm18\text{min}$）是在例行试验中验证，于是 T_s 可由上式得出。

3.20.4　结果判定

如果测得值与其规定值之差不超过 $\pm30\%$，则认为试验合格。

3.20.5　试验实例

3.20.5.1　接线示意图

二次回路时间常数（T_s）测定试试验线示意图如图 2-3-45 所示。

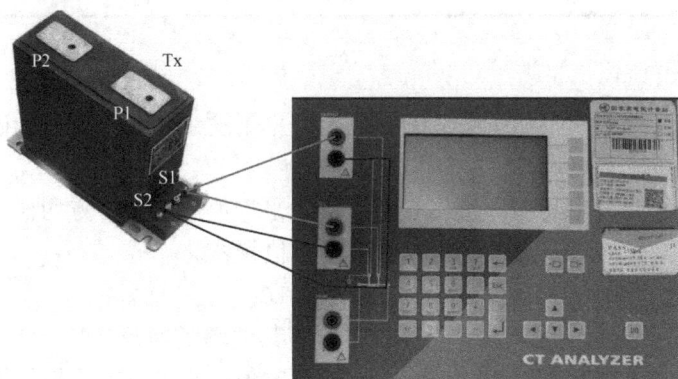

图 2-3-45　二次回路时间常数（T_s）测定试验接线示意图

3.20.5.2　试验记录

二次回路时间常数（T_s）测定记录表（参考示例）如表 2-3-57 所示。

表 2-3-57　二次回路时间常数（T_s）测定记录表（参考示例）

环境温度：16.4℃　　　　　　　　　　　相对湿度：48.0%

绕组	规定的时间常数（s）	实测的时间常数（s）	测得值与规定值之差（%）
$1S_1 1S_2$	1.20	1.294	+7.8
$2S_1 2S_2$	1.20	1.245	+3.8
$3S_1 3S_2$	1.20	1.250	+4.2
$4S_1 4S_2$	1.20	1.243	+3.6

3.21　额定拐点电动势（E_k）和 E_k 下励磁电流的试验

本节试验适用于准确级为 TPX，TPY，TPZ 的电流互感器。

3.21.1 试验目的

对于 TPX、TPY 和 TPZ 级互感器应测定其额定拐点电动势和 E_k 下的励磁电流 I_e，以验证是否符合设计要求。

3.21.2 试验设备

该试验所需试验设备如表 2-3-58 所示。

表 2-3-58 试验设备一览表（推荐）

序号	设备名称	设备关键参数和要求
1	CT 分析仪	测量范围覆盖：0～5A，0～120V； 测量准确度应不低于 0.2 级

3.21.3 试验方法

在互感器二次绕组满匝端子上应施加额定频率下适当值的正弦波励磁电压，所有其他端子开路，测量励磁电流。

测量励磁电压应采用其响应正比于整流信号平均值但刻度为方均根值的仪器。测量励磁电流应采用具有波峰系数最低为 3 的方均根值仪器。

励磁特性曲线图绘制应至少达到电压等于 $1.1E_k$。

在等于 E_k 的电压点，应满足"当互感器所有其他端子均开路时，施加于二次端子上的额定频率正弦波电压方均根值，该值增加 10%时使励磁电流方均根值增加 50%"的拐点条件。在电压等于 E_k（或其指定百分数）时的励磁电流 I_e 应不超过规定的限值。

对于二次绕组抽头的变比可选的互感器，最大变比之外其他变比的励磁特性可以计算。可在每一个测量点利用式（2-3-11）和式（2-3-12）计算：

$$E_2 = E_1 \frac{k_{r2}}{k_{r1}} \tag{2-3-11}$$

$$I_{e2} = I_{e1} \frac{k_{r1}}{k_{r2}} \tag{2-3-12}$$

式中：

k_{r1}、k_{r2} ——两个额定变比；

E_1、E_2 ——两个相应的电动势值；

I_{e1}、I_{e2} ——两个相应的励磁电流值。

测量点数可由制造方与用户协商确定。

通常，确定的实际拐点电动势宜高于额定拐点电动势 E_k。

3.21.4 结果判定

如果在等于 E_k 的电压点满足规定的拐点条件且在电压等于 E_k（或其指定百分数）时，

测得的励磁电流 I_e 不超过规定的限值，则认为试验合格。

3.21.5 试验实例

3.21.5.1 接线示意图

二额定拐点电动势（E_k）和 E_k 下励磁电流的试验接线示意图如图 2-3-46 所示。

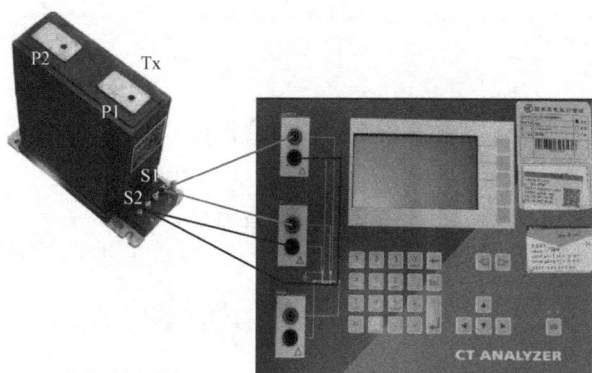

图 2-3-46 额定拐点电动势（E_k）和 E_k 下励磁电流的试验接线示意图

3.21.5.2 试验记录

额定拐点电动势（E_k）和 E_k 下励磁电流的试验记录表（参考示例）如表 2-3-59 所示。

表 2-3-59 额定拐点电动势（E_k）和 E_k 下励磁电流的试验记录表（参考示例）

环境温度：16.4℃　　　　　　　　　　　　相对湿度：48.0%

$4S_14S_3$	二次电压（V）	5333	5926	6545（E_k）	6584	7316	8129	8942
	实测励磁电流 I_e（A）	0.016	0.017	0.019	0.020	0.023	0.028	0.043
	规定值（A）	—	—	0.030	—	—	—	—
$4S_14S_2$	二次电压（V）	2664	2960	3264（E_k）	3289	3655	4061	4467
	实测励磁电流 I_e（A）	0.030	0.033	0.037	0.038	0.044	0.054	0.082
	规定值（A）	—	—	0.060	—	—	—	—

3.22 剩 磁 系 数 测 定

本试验适用于准确级为 TPX，TPY，TPZ 的电流互感器。

3.22.1 试验目的

考核电流互感器在系统短路故障状态下，铁芯剩磁是否符合标准要求。

3.22.2 试验设备

该试验所需试验设备如表 2-3-60 所示。

表 2-3-60 试验设备一览表（推荐）

序号	设备名称	设备关键参数和要求
1	CT 分析仪	测量范围覆盖：0～5A，0～120V； 测量准确度应不低于 0.2 级

3.22.3 试验方法

3.22.3.1 交流法

见 GB/T 20840.2—2014 附录 E 中 2E.2.2.3 交流法。

3.22.3.2 直流法

见 GB/T 20840.2—2014 附录 E 中 2E.2.3.2 直流法。

3.22.4 结果判定

对剩磁系数的要求如下：

1）PR 级：$K_R \leq 10\%$；

2）TPX 级：无限值；

3）TPY 级：$K_R \leq 10\%$；

4）TPZ 级：$K_R \leq 10\%$；

5）PXR 级：$K_R \leq 10\%$。

3.22.5 试验实例

3.22.5.1 接线示意图

剩磁系数测定试验接线示意图如图 2-3-47 所示。

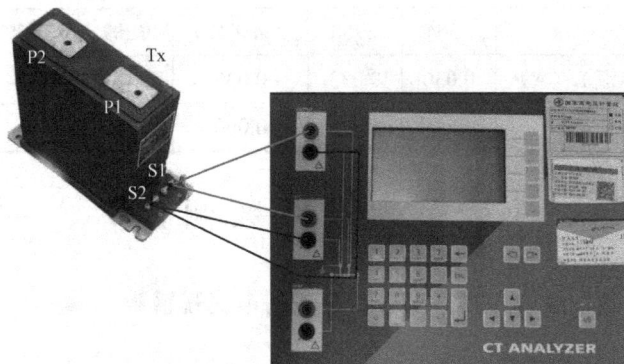

图 2-3-47 剩磁系数测定试验接线示意图

3.22.5.2 试验记录

剩磁系数测定记录表（参考示例）如表 2-3-61 所示。

表 2-3-61　剩磁系数测定记录表（参考示例）

环境温度：16.4℃　　　　　　　　　　　　　　相对湿度：48.0%

二次绕组	剩磁系数
$1S_11S_2$	<1%
$2S_11S_2$	<1%
$3S_13S_2$	<1%
$4S_14S_2$	<1%

3.23　测量用电流互感器的仪表保安系数（FS）测定（间接法）

3.23.1　试验目的

为验证电流互感器计量或测量绕组在规定的仪表保安系数电流下，复合误差不小于 10%，保护所接仪表避免受到相应过电流的损坏。

3.23.2　试验设备

该试验所需试验设备如表 2-3-62 所示。

表 2-3-62　试验设备一览表（推荐）

序号	设备名称	设备关键参数和要求
1	CT 分析仪	测量范围覆盖：0～5A，0～120V；测量准确度应不低于 0.2 级

3.23.3　试验方法

试验方法同 3.8.3.8 间接法。

3.23.4　结果判定

测量用电流互感器的仪表保安系数（FS）测定结果应符合 3.8.3.8 对应的准确级限值要求。

3.23.5　试验实例

3.23.5.1　接线示意图

测量用电流互感器的仪表保安系数（FS）测定试验接线示意图如图 2-3-48 所示。

3.23.5.2　试验记录

测量用电流互感器的仪表保安系数测定记录表（参考示例）如表 2-3-63 所示。

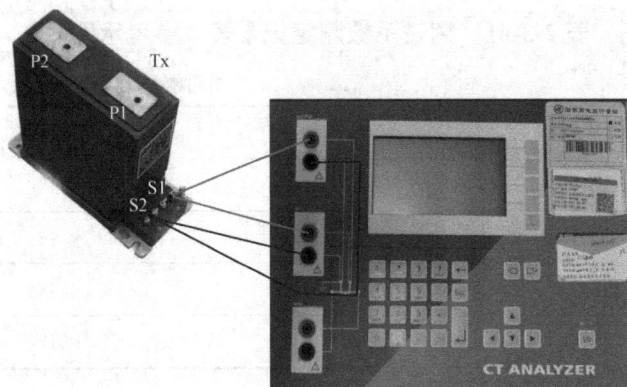

图 2-3-48　测量用电流互感器的仪表保安系数（FS）测定试验接线示意图

表 2-3-63　测量用电流互感器的仪表保安系数测定（参考示例）

环境温度：16.4℃　　　　　　　　　　　　　　　　相对湿度：48.0%

二次绕组	负荷（VA）	准确级限值系数/ 仪表保安系数（FS）	实测系数
$6S_16S_3$	30	FS10	4.3
$7S_17S_3$	30	FS10	4.5
$8S_18S_3$	30	FS10	4.2

4 电磁式电压互感器试验基础

本章介绍了 35kV 及以下电磁式电压互感器质量检测的试验项目、类型和试验顺序的要求。

4.1 电磁式电压互感器试验标准

GB/T 2423.23 环境试验 第 2 部分：试验方法 试验 Q：密封

GB/T 4208 外壳防护等级（IP 代码）

GB/T 4756 石油液体手工取样法

GB/T 5585.1 电工用铜、铝及其合金母线 第 1 部分：铜和铜合金母线

GB/T 7354 局部放电测量

GB/T 7674 额定电压 72.5kV 及以上气体绝缘金属封闭开关设备

GB/T 11604 高压电器设备无线电干扰测试方法

GB/T 16927.1 高电压试验技术 第 1 部分：一般定义及试验要求

GB/T 16927.2 高电压试验技术 第 2 部分：测量系统

GB/T 19001 质量管理体系 要求

GB/T 20138 电器设备外壳对外界机械碰撞的防护等级（IK 代码）

GB/T 20840.1 互感器 第 1 部分：通用技术要求

GB/T 20840.3 互感器 第 3 部分：电磁式电压互感器的补充技术条件

4.2 电磁式电压互感器试验项目、类型和试验顺序

4.2.1 电磁式电压互感器的试验项目

额定电压 35kV 及以下电磁式电压互感器的试验项目见表 2-4-1。

表 2-4-1 电磁式电压互感器试验项目、类型及试验方法

序号	试验项目	试验类型	试验方法
1	标志的检验	例行试验	GB/T 20840.1，GB/T 20840.3
2	二次端工频耐压试验	例行试验	GB/T 20840.1，GB/T 20840.3
3	段间工频耐压试验	例行试验	GB/T 20840.1，GB/T 20840.3
4	励磁特性测量	型式试验	GB/T 20840.1，GB/T 20840.3

序号	试验项目	试验类型	试验方法
5	电容量和介质损耗因数测量	例行试验	GB/T 20840.1，GB/T 20840.3
6	一次端工频耐压试验	例行试验	GB/T 20840.1，GB/T 20840.3
7	局部放电测量	例行试验	GB/T 20840.1，GB/T 20840.3
8	准确度试验	例行试验 型式试验	GB/T 20840.1，GB/T 20840.3
9	绝缘油试验	例行试验	GB/T 20840.1，GB/T 20840.3
10	气体露点测量（适用于气体绝缘产品）	例行试验	GB/T 20840.1，GB/T 20840.3
11	环境温度下密封性能试验	型式试验	GB/T 20840.1，GB/T 20840.3
12	户外型互感器的湿试验	型式试验	GB/T 20840.1，GB/T 20840.3
13	外壳防护等级的检验	型式试验	GB/T 20840.1，GB/T 20840.3
14	温升试验	型式试验	GB/T 20840.1，GB/T 20840.3
15	一次端冲击耐压试验	型式试验	GB/T 20840.1，GB/T 20840.3
16	压力试验	型式试验	GB/T 20840.1，GB/T 20840.3
17	短路承受能力试验	型式试验	GB/T 20840.1，GB/T 20840.3

4.2.2 试验顺序

4.2.2.1 干式电磁式电压互感器推荐的试验顺序

推荐的试验顺序如下：

1）标志的检验；

2）二次端工频耐压试验；

3）段间工频耐压试验；

4）励磁特性测量；

5）电容量和介质损耗因数测量；

6）一次端工频耐压试验；

7）局部放电测量；

8）准确度试验；

9）户外型互感器的湿试验；

10）外壳防护等级的检验；

11）温升试验；

12）一次端冲击耐压试验；

13）短路承受能力试验。

4.2.2.2 油浸式电磁式电压互感器推荐的试验顺序

推荐的试验顺序如下：

1）标志的检验；

2）二次端工频耐压试验；

3）段间工频耐压试验；

4）励磁特性测量；

5）电容量和介质损耗因数测量；

6）一次端工频耐压试验；

7）局部放电测量；

8）准确度试验；

9）户外型互感器的湿试验；

10）外壳防护等级的检验；

11）温升试验；

12）一次端冲击耐压试验；

13）短路承受能力试验；

14）环境温度下密封性能试验；

15）绝缘油性能试验。

4.2.2.3　气体式电磁式电压互感器推荐的试验顺序

推荐的试验顺序如下：

1）标志的检验；

2）二次端工频耐压试验；

3）段间工频耐压试验；

4）励磁特性测量；

5）一次端工频耐压试验；

6）局部放电测量；

7）准确度试验；

8）户外型互感器的湿试验；

9）外壳防护等级的检验；

10）温升试验；

11）一次端冲击耐压试验；

12）短路承受能力试验；

13）环境温度下密封性能试验；

14）气体露点测量（适用于气体绝缘产品）。

4.3　电磁式电压互感器试验环境要求

检测试验室应满足如下基本要求：

1）试验应在装配完整的产品上进行；

2）试品的温度与环境温度应无显著差异；

3）除另有规定，试验时的环境温度为 5～40℃；

4）试验场所不应有明显的外部电磁场影响；

5）试验场地应具有单独工作接地和保护接地，并设置保护栅栏；

6）试品与接地体或邻近物体的距离，一般应大于试品高压部分与接地部分的最小空气距离的 1.5 倍。

5　电磁式电压互感器试验方法和要求

5.1　标　志　的　检　验

5.1.1　试验目的

检验铭牌内容是否符合标准要求、端子标志是否齐全完整、极性是否正确。

5.1.1.1　端子标志的检验

大写字母 A、B、C 和 N 表示一次绕组端子，小写字母 a、b、c 和 n 表示相应的二次绕组端子。字母 A、B 和 C 表示全绝缘端子，字母 N 表示接地端子。复合字母 da 和 dn 表示提供剩余电压的绕组端子。

应对互感器的端子标志进行检验。标有同一字母大写和小写的端子，在同一瞬间应具有同一极性。

5.1.1.2　铭牌标志的检验

应按照 GB/T 20840.1 和 GB/T 20840.3 的有关要求对互感器的铭牌进行检验。

5.1.2　试验设备

该试验所需试验设备如表 2-5-1 所示。

表 2-5-1　试验设备一览表（推荐）

序号	设　备　要　求	
	设备名称	设备关键参数和要求
1	互感器校验仪	推荐测量范围覆盖：0.5～5A，100/3～200V；最大允差不低于 2 级

5.1.3　试验方法

5.1.3.1　铭牌标志的检验

采用目测方式，应按照 GB/T 20840.1 和 GB/T 20840.3 的有关要求，逐项检查产品铭牌内容。

5.1.3.2　端子标志的检验

（1）直流检验法。互感器出线端子极性检验用直流检验法，接线见图 2-5-1。

电池的正极接一次绕组 A 端，负极接一次绕组的 B（或 N）端。直流电压（流）表的正极接在二次绕组的 a 端，负极接在二次绕组的 b（或 n）端。接通开关的瞬间，电压（流）表向顺时针方向摆动即为极性正确。

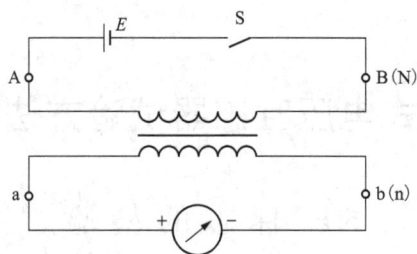

图 2-5-1 出线端子极性检验（直流检验法）接线图

E—直流电源；S—开关；A、B（N）——次绕组端子；a、b（n）—二次绕组端子

剩余电压绕组端子标志检验方法同上。

**图 2-5-2 标志的检验
试验实例照片**

（2）误差校验仪检验法。根据互感器的接线标志，按比较法线路完成测量接线后，升高电压至额定值的 5%以下试测，用校验仪的极性指示功能或误差测量功能，检验出线端子的极性是否正确。

5.1.4 结果判定

如果互感器的铭牌标志内容满足 5.1.2.1 中的要求，且出线端子所标志的极性正确，则认为此试验合格。

5.1.5 试验实例

5.1.5.1 试验照片

标志的检验试验实例照片如图 2-5-2 所示。

5.1.5.2 试验记录

标志的检验试验记录（参考示例）如表 2-5-2 所示。

表 2-5-2 标志的检验试验（参考示例）

环境温度：16.4℃   相对湿度：48.0%

项目	标准要求	实测值	结论
标志内容	铭牌、标志、接地栓、接地符号、出线端子应符合要求	铭牌、标志、接地栓、接地符号、出线端子符合要求	符合要求

5.2 一次端工频耐压试验

5.2.1 试验目的

检验电磁式电压互感器的内绝缘及外绝缘是否符合标准要求。

5.2.2 试验设备

该试验所需试验设备如表 2-5-3 所示。

表 2-5-3　试验设备一览表（推荐）

序号	设备名称	设备关键参数和要求
1	电压测量系统	推荐测量范围覆盖 5～150kV； 最大允差不低于 3 级
2	二次耐压仪	输出电压不低于 6kV； 最大允差不低于 3 级

5.2.3　试验方法

5.2.3.1　一般要求

互感器应承受一次端外施工频耐压试验及一次端感应耐压试验。

5.2.3.2　外施工频耐压试验要求

外施工频耐压试验的持续时间应为 60s。试验电压应施加在一次绕组各端子与地之间。所有二次绕组端子、座架、箱壳（如果有）、铁芯（如果要求接地）皆应连在一起接地。试验电压按下列规定选取：

（1）电压互感器的一次端。端子 $U_m \leqslant 40.5\text{kV}$ 的不接地互感器的试验电压，应按设备最高电压取表 2-5-4 所列的相应值。

（2）接地互感器的接地端子。额定短时工频耐受电压应为 3kV（方均根值）。如果互感器的设备最高电压 $U_m = 40.5\text{kV}$，则额定短时工频耐受电压应为 5kV（方均根值）。

5.2.3.3　感应耐压试验要求

对于感应耐压试验，为防止铁芯饱和，试验频率可以高于额定值，试验持续时间应为 60s。如果试验频率超过两倍额定频率，则其试验持续时间可以从规定时间减少到按式（2-5-1）计算的值，但最少为 15s：

$$t = \frac{2f_r}{f'} \times 60 \tag{2-5-1}$$

式中：

t ——试验持续时间，s；

f_r ——额定频率，Hz；

f' ——试验频率，Hz。

无论在一次侧加压或是在二次侧加压，试验电压均应在高压侧测量。座架、箱壳（如果有）、铁芯（如果要求接地）和各二次绕组的一个端子以及一次绕组的另一个端子均应连在一起接地。

绕组 $U_m \leqslant 40.5\text{kV}$ 的试验电压，应按设备最高电压取表 2-5-4 所列的相应值。

若规定的设备最高电压（U_m）与规定的额定一次电压差别很大时，则感应试验电压应不超过额定一次电压值的 5 倍。

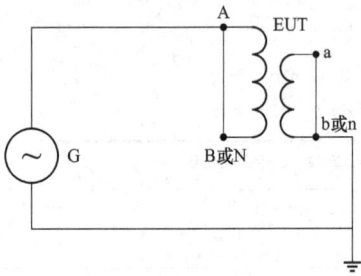

图 2-5-3 一次绕组外施工频
耐压试验线路图

EUT—被试品;

G—试验电压发生器

电电压的测量值。

不接地互感器试验时,应对每一个线端施加试验电压,持续时间均为要求时间的一半,但每一端最少为 15s。

接地互感器试验时,运行中要求接地的一次绕组端子应接地。

5.2.3.4 外施工频耐压试验

进行一次绕组的外施工频耐压试验时,试验电压应施加在短接的一次绕组端子与地之间,试验线路见图 2-5-3。

试验线路的电压应足够稳定,不致受泄漏电流变化的影响。试品上非破坏性放电不应使试验电压降低过多并维持时间过长,以致明显影响试品上破坏性放

5.2.3.5 感应耐压试验

试验电压应施加在一次端子之间。由检测方自行选择,试验可采用二次绕组励磁,施加的电压足够使一次绕组感应出规定的试验电压,或是用规定的试验电压对一次绕组直接励磁。

试验电压施加在一次绕组两出线端子之间,金属夹件、金属底座或箱壳、铁芯以及各二次绕组的一个出线端子和一次绕组的接地端子应连在一起接地,试验线路见图 2-5-4。

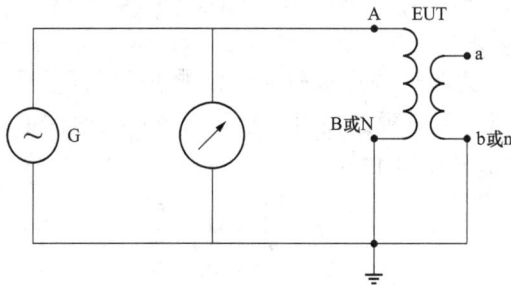

图 2-5-4 感应耐压试验的试验线路图(一次绕组励磁)

EUT—被试品;G—试验电压发生器

也可对二次绕组侧施加足够的励磁电压,使一次绕组感应出规定的试验电压值,金属夹件、金属底座或箱壳、铁芯以及各二次绕组的一个出线端子和一次绕组的一个端子应连在一起接地,试验线路见图 2-5-5。二次绕组侧施加电压时需监测二次电流。

电磁式电压互感器的一次端绝缘水平和耐受电压如表 2-5-4 所示。对于安装在 GIS 中的互感器,其额定工频耐受电压水平按照 GB/T 7674 的规定,但可能有差别。

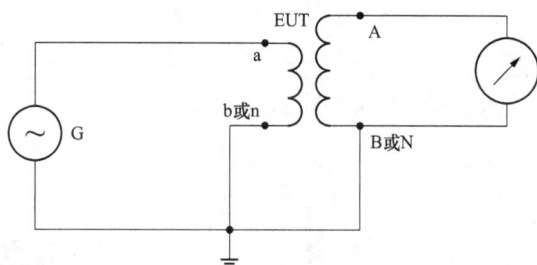

图 2-5-5　感应耐压试验的试验线路图（二次绕组励磁）

EUT—被试品；G—试验电压发生器

表 2-5-4　互感器的一次端绝缘水平和耐受电压

kV

设备最高电压 U_m（方均根值）	额定短时工频耐受电压[①]（方均根值）	额定雷电冲击耐受电压（峰值）	额定操作冲击耐受电压（峰值）	截断雷电冲击（内绝缘）耐受电压（峰值）
$U_n \leqslant 0.66$	3	—	—	—
3.6	18/25	40	—	45
7.2	23/30	60	—	65
12	30/42	75	—	85
17.5	40/55	105	—	115
24	50/65	125	—	140
40.5	80/95	185	—	220

注　对于暴露安装，推荐选用最高的绝缘水平。

①　对于斜线左侧的数值为感应耐压试验施加的电压值；对于斜线右侧的数值，额定工频耐受电压为设备外绝缘干状态下的耐受电压值，额定雷电冲击耐受电压为设备内绝缘的耐受电压值。

5.2.3.6　施加的程序和方法

在确定设备线路及电源波形无误后，对试品施加电压。加压时，应由机械零位开始缓慢升高电压，观测仪表升压数值。在升至 75%试验电压时，以每秒 2%试验电压的速率升压至短时工频耐压的试验值，维持 60s 或规定的时间，然后降到 30%规定试验电压以下后再切断电源。

5.2.4　结果判定

如果未发生试验电压突然下降（无击穿或闪络），则试验合格。

147

5.2.5 试验实例

5.2.5.1 试验接线示意图

一次端工频耐压试验接线示意图如图 2-5-6 所示。

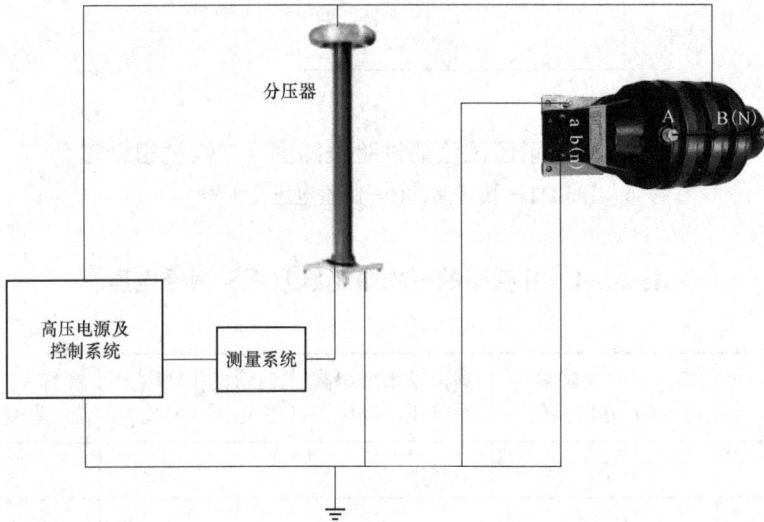

（a）一次绕组外施工频耐压试验

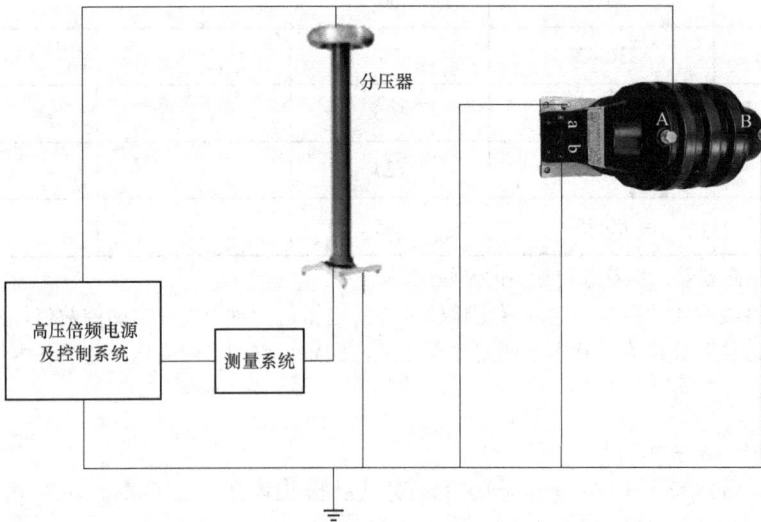

（b）感应耐压试验

图 2-5-6 一次端工频耐压试验接线示意图

5.2.5.2 试验记录

一次端工频耐压试验记录（参考示例）如表 2-5-5 所示。

表 2-5-5 一次端工频耐压试验记录表（参考示例）

环境温度：16.4℃ 　　　　　相对湿度：48.0% 　　　　　大气压力：100.4kPa

项目	标准要求	实测值	结论
一次端工频耐压试验	一次绕组对二次绕组及地之间应耐受感应电压 30kV、150Hz、40s，应无闪络或击穿； 一次绕组对二次绕组及地之间应耐受外施工频电压 42kV、60s，应无闪络或击穿	30kV/150Hz/40s 无闪络、无击穿； 42kV/50Hz/60s 无闪络、无击穿；大气校正因数：K_t=0.999	符合要求
	一次绕组对二次绕组及地之间应耐受感应电压 42kV、150Hz、40s，应无闪络或击穿； 一次绕组接地端子对二次绕组及地之间应耐受外施工频电压 3kV、60s，应无闪络或击穿	42kV/150Hz/40s 无闪络、无击穿； 3kV/50Hz/60s 无闪络、无击穿； 大气校正因数 K_t=0.9996	符合要求

5.3 局部放电测量

5.3.1 试验目的

检验电磁式电压互感器的内绝缘，发现局部绝缘缺陷。

5.3.2 试验设备

该试验所需试验设备如表 2-5-6 所示。

表 2-5-6 试验设备一览表（推荐）

序号	设备名称	设备关键参数和要求
1	局部放电测量系统	测量范围覆盖 0～500pC； 测量准确度应不低于 10 级
2	电压测量系统	测量范围覆盖 5～150kV； 最大允差不低于 3 级

5.3.3 试验要求

不接地互感器的试验电路应与接地互感器的电路相同，但要做两次试验，即轮流对每一高压端子施加电压，同时另一高压端子与低压端子、座架和箱壳（如果有）相连接。所用的试验方法应在试验报告中说明。

当互感器的额定电压明显低于设备最高电压 U_m 时，降低的预加电压和测量电压可由制造方与用户商定。其中，局部放电测量电压需与预加电压同比率降低。

所用试验电路和测试设备应符合 GB/T 7354 的要求，试验电路见图 2-5-7。

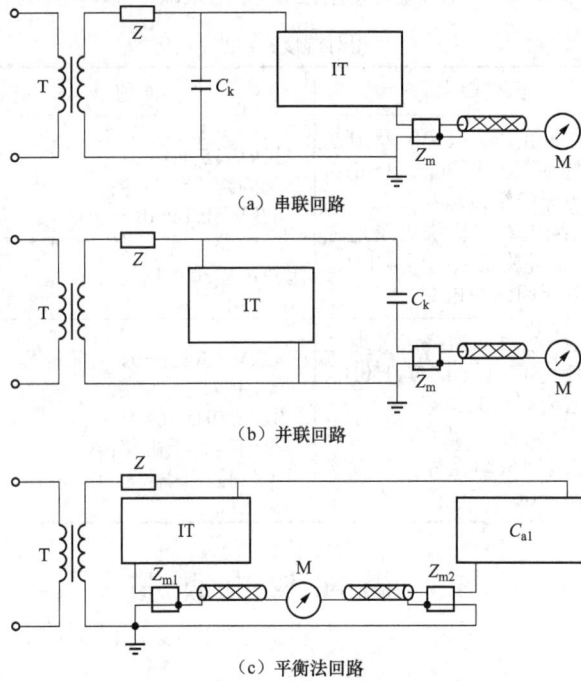

图 2-5-7 局部放电测量的试验电路

T—试验变压器；IT—被试互感器；C_k—耦合电容器；M—局部放电测量仪器；

Z_m、Z_{m1}、Z_{m2}—测量阻抗；Z—滤波器（如果 C_k 是试验变压器的电容，则不需要）；

C_{al}—无局部放电的辅助试品

所用仪器设备应测量以皮库（pC）表示的视在电荷量 q，其校准应在试验电路上进行，见图 2-5-8。

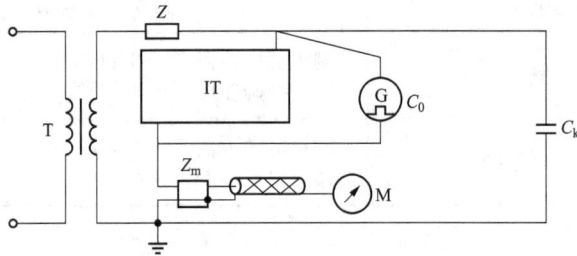

图 2-5-8 局部放电测量的校准电路

G—电容量为 C_0 的脉冲发生器；其余符号含义见图 2-5-7 的图注

宽频带仪器的带宽应至少为 100kHz，其上限截止频率不超过 1.2MHz。窄频带仪器的谐振频率应为 0.15～2MHz，优先值应在 0.5～2MHz 范围内。

测量系统进行视在电荷 q 的测量时，测量允差为 ±10%或 ±1pC，取两者中较大的一个。

为了抑制外部噪声，宜采用平衡法试验回路，见图 2-5-7（c）。

当采用电子信号处理和复原技术降低背景噪声时，宜以改变其参数来达到它能检测重复出现的脉冲。

5.3.4 试验方法

在按照程序 A 或程序 B 施加预加电压之后，将电压降到表 2-5-7 规定的局部放电测量电压，在 30s 内测量相应的局部放电水平。

程序 A：局部放电测量电压是在工频耐压试验后的降压过程中达到。

程序 B：局部放电试验是在工频耐压试验结束之后进行。施加电压上升至额定工频耐受电压的 80%，至少保持 60s，然后不间断地降低到规定的局部放电测量电压。

除非另有规定，程序的选择由检测方自行选定。

5.3.5 结果判定

测得的局部放电水平若不超过表 2-5-7 规定的限值，则认为此试验合格。

表 2-5-7 允许的局部放电水平

系统中性点接地方式[①]	互感器类型	局部放电测量电压（方均根值，kV）	不同绝缘类型局部放电最大允许水平[②]（pC）	
			液体浸渍或气体	固体
中性点有效接地系统（接地故障因数≤1.4）	接地互感器	U_m	10	50
		$1.2U_m/\sqrt{3}$	5	20
	不接地互感器	$1.2U_m$	5	20
中性点绝缘系统或非有效接地系统（接地故障因数＞1.4）	接地互感器	$1.2U_m$	10	50
		$1.2U_m/\sqrt{3}$	5	20
	不接地互感器	$1.2U_m$	5	20

① 如果系统中性点的接地方式未指明时，局部放电水平可按中性点绝缘或非有效接地系统考虑。

② 局部放电最大允许水平对于非额定频率也是适用的。

5.3.6 试验实例

5.3.6.1 试验接线示意图

局部放电测量接线示意图如图 2-5-9 所示。

5.3.6.2 试验记录

局部放电测量试验记录（参考示例）如表 2-5-8 所示。

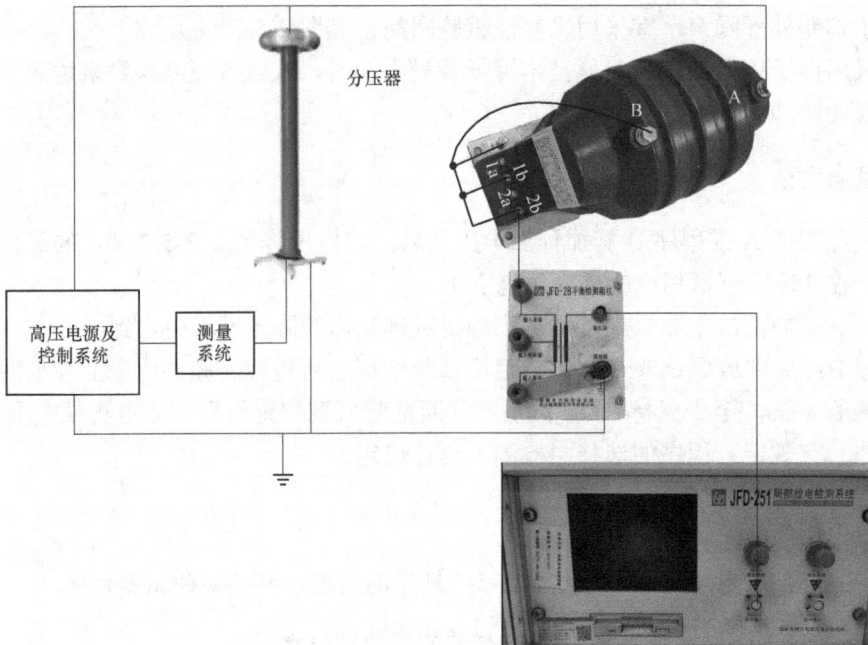

图 2-5-9　局部放电测量接线示意图

表 2-5-8　局部放电测量试验记录表（参考示例）

环境温度：16.4℃　　　　　　　　　　　　　　相对湿度：48.0%

项目	标准要求	实测值	结论
局部放电测量	试验频率：150Hz； 预加电压：30kV； 测量电压：14.4kV； 局部放电最大允许水平：50pC； 测量电压：8.3kV； 局部放电最大允许水平：20pC	试验频率：150Hz； 预加电压：30kV； 测量电压：14.4kV； 局部放电水平：10pC； 测量电压：8.3kV； 局部放电水平：4pC	符合要求

5.4　二次端工频耐压试验

5.4.1　试验目的

检验电磁式电压互感器的二次端之间及对地的绝缘性能，是否满足标准要求。

5.4.2　试验设备

该试验所需试验设备如表 2-5-9 所示。

5.4.3　试验要求

二次端各绕组间及各绕组与地之间的额定工频耐受电压应为 3kV。座架、箱壳

（如果有）和铁芯（如果要求接地）及所有其他绕组均应连在一起接地，试验线路见图 2-5-10。

表 2-5-9 试验设备一览表（推荐）

序号	设备名称	设备关键参数和要求
1	二次耐压仪	输出电压不低于 6kV； 最大允差不低于 3 级

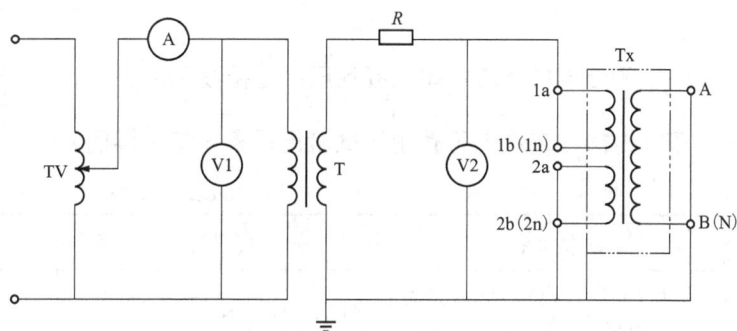

图 2-5-10 二次绕组工频耐压试验线路

TV—调压器；T—试验变压器；A—电流表；V1—电压表；R—保护电阻；

V2—电压表；Tx—被试互感器［A、B（N）为一次绕组端子；

1a、1b（1n）、2a、2b（2n）为二次绕组端子］

5.4.4 试验方法

二次绕组工频耐压试验时，试验电压应施加在各短接的二次绕组与地之间，持续时间 60s。施加电压应由机械零位开始缓慢升高，升到规定试验电压值并持续 60s 后，降到 30%试验电压值以下再切断电源。

5.4.5 结果判定

如果试验过程中无击穿现象出现，则试验合格。

5.4.6 试验实例

5.4.6.1 接线示意图

二次端工频耐压试验接线示意图如图 2-5-11 所示。

5.4.6.2 试验记录

二次端工频耐压试验记录（参考示例）如表 2-5-10 所示。

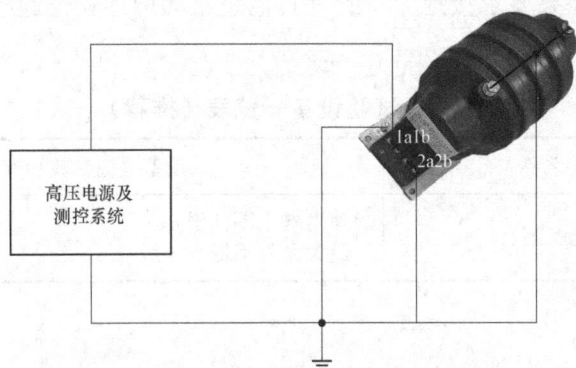

图 2-5-11　二次端工频耐压试验接线示意图

表 2-5-10　二次端工频耐压试验记录表（参考示例）

环境温度：16.4℃　　　　　　　　　　　　　　　　相对湿度：48.0%

项目	标准要求	实测值	结论
二次端工频耐压试验	短接的各二次绕组之间及各二次绕组与地之间应耐受工频电压 3kV，60s，应无闪络或击穿	3kV/50Hz/60s；无闪络、无击穿	符合要求

5.5　段间工频耐压试验

5.5.1　试验目的

检验具有多个线段的电磁式电压互感器，其段间绝缘性能是否满足标准要求。

5.5.2　试验设备

该试验所需试验设备如表 2-5-11 所示。

表 2-5-11　试验设备一览表（推荐）

序号	设备名称	设备关键参数和要求
1	二次耐压仪	输出电压不低于 6kV；最大允差不低于 3 级

5.5.3　试验要求

该试验仅适用于具有多个线段的互感器。

对相互连接的各线段，其段间绝缘的额定工频耐受电压应为 3kV。座架、箱壳（如果有）、铁芯（如需接地）和所有其他端子皆应连在一起接地。试验线路见图 2-5-12。

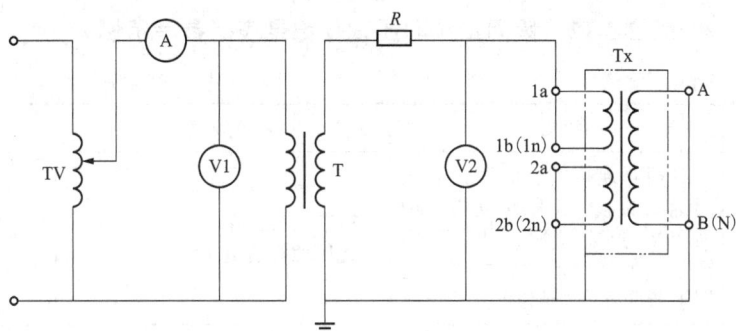

图 2-5-12 段间工频耐压试验线路

TV—调压器；T—试验变压器；A—电流表；V1—电压表；R—保护电阻；V2—电压表；

Tx—被试互感器［A、B（N）为一次绕组端子；1a、1b（1n）、2a、2b（2n）为二次绕组端子］

5.5.4 试验方法

试验电压应依次施加到端子短接的各线段之间，持续 60s。施加电压应由机械零位开始缓慢升高，升到规定试验电压值并持续 60s 后，降到 30%试验电压值以下再切断电源。

5.5.5 结果判定

如果试验过程中无击穿现象出现，则试验合格。

5.5.6 试验实例

5.5.6.1 接线示意图

段间工频耐压试验接线示意图如图 2-5-13 所示。

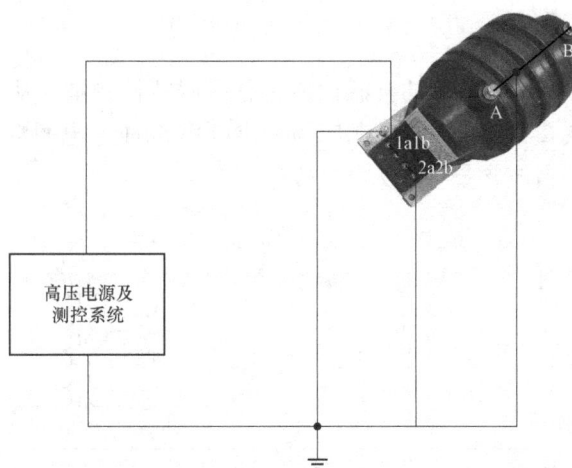

图 2-5-13 段间工频耐压试验接线示意图

5.5.6.2 试验记录

段间工频耐压试验记录（参考示例）如表 2-5-12 所示。

表 2-5-12 段间工频耐压试验记录表（参考示例）

环境温度：16.4℃ 相对湿度：48.0%

项目	标准要求	实测值	结论
段间工频耐压试验	对相互连接的各线段，其段间绝缘的额定工频耐受电压应为 3kV；座架、箱壳（如果有）、铁芯（如需接地）和所有其他端子皆应连在一起接地	3kV/50Hz/60s；无闪络、无击穿	符合要求

5.6 励磁特性测量

5.6.1 试验目的

检验电磁式电压互感器绕组的伏安特性，是否符合设计要求。

5.6.2 试验设备

该试验所需试验设备如表 2-5-13 所示。

表 2-5-13 试验设备一览表（推荐）

序号	设 备 要 求	
	设备名称	设备关键参数和要求
1	TV 伏安特性测试仪	推荐测量范围应覆盖：0.01～20A，10～270V；最大允差不低于 0.5 级

5.6.3 试验要求

对设备最高电压 $U_m \geqslant 40.5$kV 的互感器应进行励磁特性测量。从二次侧进行励磁特性测量的试验线路见图 2-5-14。试验电源应为额定频率 50Hz，电源电压的波形应近似于正弦波，其波形中总的谐波含量不应大于 3%。

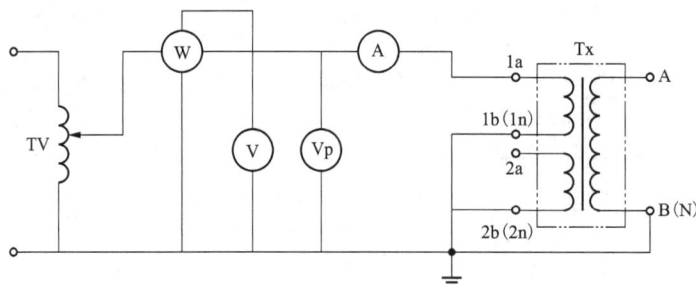

图 2-5-14 励磁特性测量试验线路

TV—自耦调压器；A—电流表；W—低功率因数功率表；V—方均根值电压表；Vp—平均值交流电压表；Tx—被试互感器［A、B（N）为一次绕组端子；1a、1b（1n）、2a、2b（2n）为二次绕组端子］

5.6.4　试验方法

试验时，电压应施加在二次端子或一次端子上，电压波形应为实际正弦波。试验时应将互感器一次绕组的末端出线端子可靠接地，其他绕组开路且接地，在互感器二次绕组上测量损耗值和励磁电流值（若电压加到一次电压值，则记录一次电流记录）。测量点应包括额定电压及相应于额定电压因数（1.5 或 1.9）下的电压值，测量出对应的励磁电流。试验中应注意电表的分流分压作用所带来的误差（以平均值电压表为准）。

5.6.5　结果判定

试验结果与型式试验对应结果的差异应不大于 30%。同一批生产的同型互感器，其励磁特性的差异亦应不大于 30%。

5.6.6　试验实例

5.6.6.1　接线示意图

励磁特性测量接线示意图如图 2-5-15 所示。

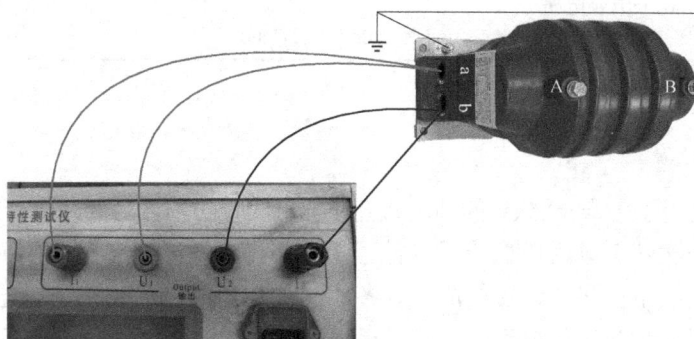

图 2-5-15　励磁特性测量接线示意图

5.6.6.2　试验记录

励磁特性测量试验记录（参考示例）如表 2-5-14 所示。

表 2-5-14　励磁特性测量试验记录表（参考示例）

环境温度：16.4℃　　　　　　　　　　　　相对湿度：48.0%

额定二次电压百分数（%）		20	50	80	100	120	190
an	试验电压（V）	11.5	28.6	46.3	57.8	69.4	109.3
	励磁电流（A）	0.011	0.022	0.035	0.047	0.062	0.102
	空载损耗（W）	—	—	—	5.6	—	—

5.7 电容量和介质损耗因数测量

5.7.1 试验目的

检验互感器绝缘介质性能是否满足标准要求。

5.7.2 试验设备

该试验所需试验设备如表 2-5-15 所示。

表 2-5-15 试验设备一览表（推荐）

序号	设备名称	设备关键参数和要求
1	电压测量系统	推荐测量范围覆盖 5～150kV； 最大允差不低于 3 级
2	标准电容器	推荐测量范围覆盖 3～150kV； 最大允差不低于：C 为 100pF±1pF，$\tan\delta$ 为 1×10^{-4}
3	高压电容电桥	推荐测量范围覆盖：C 为 1:（1–1000），$\tan\delta$ 为 ±10%； 最大允差不低于：C 为 ±（$0.005R_NX+0.5\% \ R_ND$），$\tan\delta$ 为 ±0.5%（D+0.01）

5.7.3 试验要求

5.7.3.1 一般要求

该试验仅适用于 U_m=40.5kV 的油浸式互感器。试验的主要目的是检查产品的一致性。

试验应在一次端工频耐压试验后进行。试验应在环境温度下进行，应记录温度。对于互感器的一次绕组由多个线圈构成，且各线圈均与主绝缘的相应分级电压层连接的结构，在对介质损耗因数进行校正时，应考虑线圈的电阻。

5.7.3.2 测量电压

电容量和介质损耗因数（$\tan\delta$）应在额定频率和 $10\sim U_m/\sqrt{3}$ 范围内某一电压下测量。

如果互感器的一次绕组由多个线圈构成，且各线圈均与主绝缘的相应分级电压层连接，则受检验的仅是连接地电位的线圈那部分绝缘，此时试验电压应降低。

5.7.3.3 不接地互感器

试验电压施加在短接的一次绕组端子上，二次绕组短接且接到测量电桥，金属底座或箱壳接地，试验线路见图 2-5-16。

5.7.3.4 接地互感器

（1）铁芯接地的互感器

试验时将一次绕组的末端接地，试验电压施加在一次绕组的首端，各二次绕组均开路，并将任一同名端相连且接测量电桥，座架、箱壳（如果有）和铁芯（如果要求接地）均应连在一起接地。试验线路见图 2-5-17。

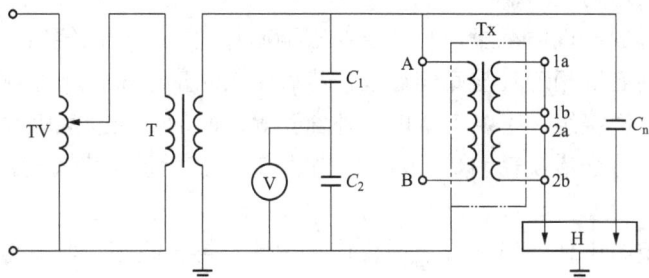

图 2-5-16 不接地电压互感器介质损耗因数测量线路

TV—调压器；T—试验变压器；V—峰值电压表；C_1、C_2—电容分压器；H—电桥；C_n—标准
电容器；Tx—被试互感器（A、B 为一次绕组端子；1a、1b、2a、2b 为二次绕组端子）

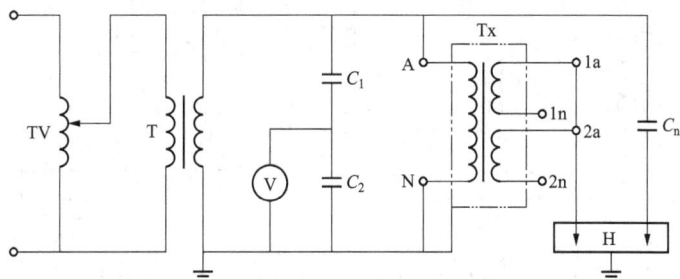

图 2-5-17 （铁芯接地的）接地电压互感器介质损耗因数测量（线路 1）

TV—调压器；T—试验变压器；V—峰值电压表；C_1、C_2—电容分压器；H—电桥；C_n—标准
电容器；Tx—被试互感器（A、N 为一次绕组端子；1a、1n、2a、2n 为二次绕组端子）

一次引线绝缘采用电容型结构的互感器，试验时将一次绕组的末端接地，试验电
压施加在一次绕组的首端，各二次绕组均开路，并将任一同名端相连且接地，座架、箱
壳（如果有）和铁芯（如果要求接地）均应连在一起接地，末屏应接至电桥。试验线路
见图 2-5-18。

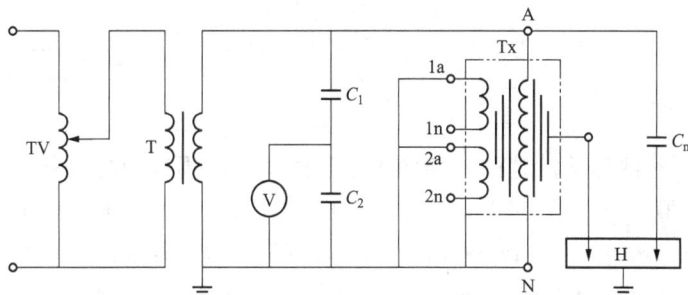

图 2-5-18 （铁芯接地的）接地电压互感器介质损耗因数测量（线路 2）

TV—调压器；T—试验变压器；V—峰值电压表；C_1、C_2—电容分压器；H—电桥；C_n—标准
电容器；Tx—被试互感器（A、N 为一次绕组端子；1a、1n、2a、2n 为二次绕组端子）

（2）铁芯不接地的互感器

试验时将互感器与地面绝缘，一次绕组首端施加电压，一次绕组末端接地。各二次绕组开路中任一同名端相连且与底座连接，然后接入测量电桥，此时测得 $\tan\delta$ 值表示互感器一次绕组与二次绕组、绝缘支架以及外瓷套等之间的介质损耗因数（$\tan\delta$），因此通常称为互感器的整体介质损耗因数（$\tan\delta$），如图 2-5-19 所示。其试验方法也称整体介损测量法。

如果将二次绕组中任一出线端子均相连且接地，再将底座与测量电桥相连，则可测得互感器内绝缘支架的介质损耗因数（$\tan\delta$），如图 2-5-20 所示。该试验方法也称为支架介损测量法。

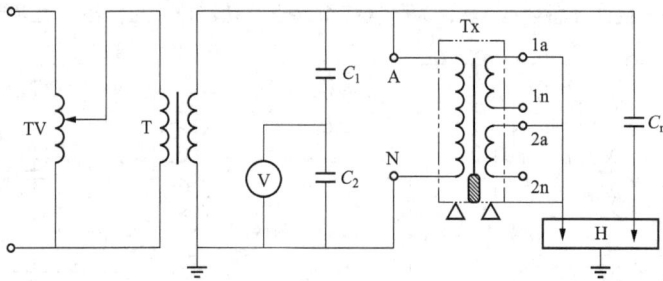

图 2-5-19 （铁芯不接地的）接地电压互感器介质损耗因数测量（线路 1）

TV—调压器；T—试验变压器；V—峰值电压表；C_1、C_2—电容分压器；H—电桥；

C_n—标准电容器；Tx—被试互感器（A、N 为一次绕组端子；1a、1n、

2a、2n 为二次绕组端子）

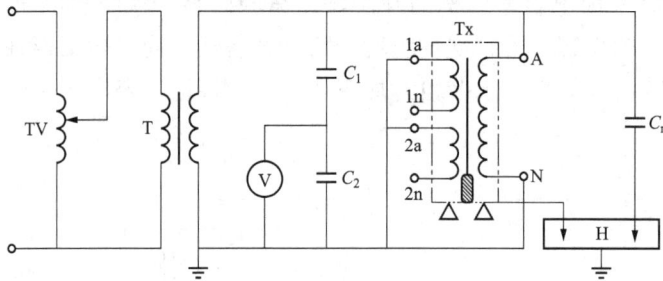

图 2-5-20 （铁芯不接地的）接地电压互感器介质损耗因数测量（线路 2）

TV—调压器；T—试验变压器；V—峰值电压表；C_1、C_2—电容分压器；H—电桥；

C_n—标准电容器；Tx—被试互感器（A、N 为一次绕组端子；1a、1n、

2a、2n 为二次绕组端子）

现场试验需要采用反接法时，具体接线可参照使用电桥的说明书。当测试数据与正接法有差别时，应以正接法为准。

5.7.4 试验方法

在确认试验线路无误后，对试品施加电压。维持电压在测量电压，调节电桥平衡，得到所测试品的电容量及介质损耗因数值。

5.7.5 结果判定

允许变化的限值可由制造方与用户协商确定。在电压为 $U_{\mathrm{m}}/\sqrt{3}$ 及正常环境温度下，介质损耗因数通常应不大于 0.005。

对于串级式电压互感器而言，不需考核其电容量，且 0.005 的介质损耗因数的允许值亦不合适，其在 10kV 测量电压和正常环境温度下的介质损耗因数的允许值通常应不大于 0.02，其绝缘支架的介质损耗因数的允许值通常不大于 0.05。

应考虑环境湿度对介质损耗因数的影响。

5.7.6 试验实例

5.7.6.1 接线示意图

电容量和介质损耗因数测量接线示意图如图 2-5-21 所示。

5.7.6.2 试验记录

电容量和介质损耗因数测量试验记录（参考示例）如表 2-5-16 所示。

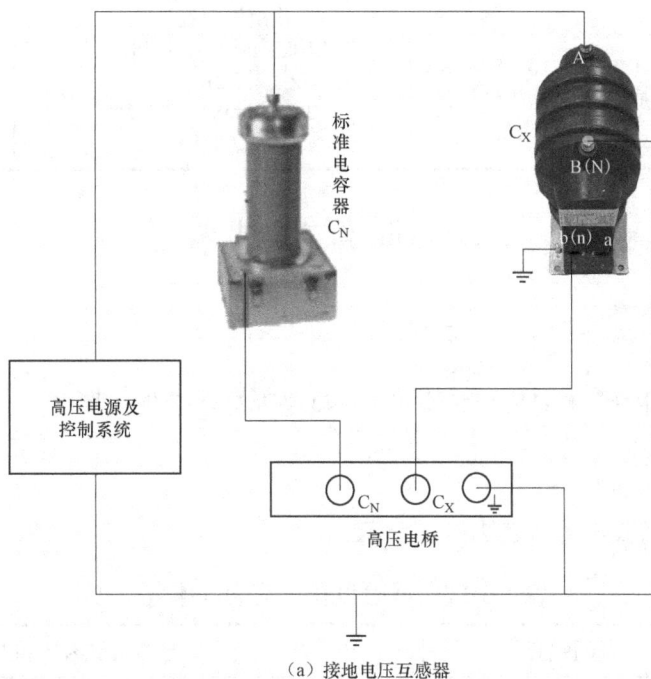

（a）接地电压互感器

图 2-5-21　电容量和介质损耗因数测量接线示意图（一）

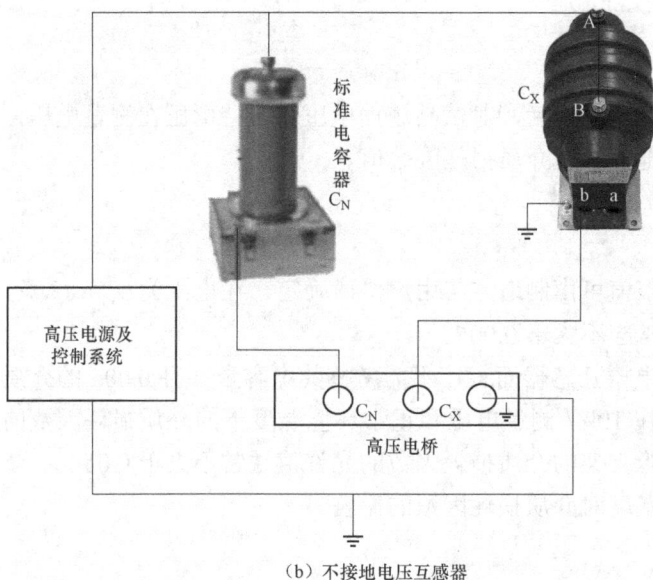

（b）不接地电压互感器

图 2-5-21 电容量和介质损耗因数测量接线示意图（二）

表 2-5-16 电容量和介质损耗因数测量试验记录表（参考示例）

环境温度：16.4℃ 相对湿度：48.0%

项目	标准要求	实测值	结论
电容量和介质损耗因数测量	在电压为 $10kV \sim U_m / \sqrt{3}$ 下，介质损耗因数应不大于 0.005	一次绕组对地屏： $10kV \tan\delta$：0.211% Cx：223.2pF $23.4kV \tan\delta$：0.211% Cx：223.3pF	符合要求

5.8 准 确 度 试 验

5.8.1 试验目的

检验互感器计量、测量及保护绕组准确度是否符合标准要求。

5.8.2 试验设备

该试验所需试验设备如表 2-5-17 所示。

表 2-5-17 试验设备一览表（推荐）

序号	设备名称	设备关键参数和要求
1	标准电压互感器	推荐测量范围：0～12kV； 最大允差不低于 0.05 级

续表

序号	设备名称	设备关键参数和要求
2	标准电压互感器	推荐测量范围：0～42kV； 最大允差不低于 0.05 级
3	七盘感应分压器	测量范围覆盖：0～200V； 最大允差不低于 0.001 级

5.8.3 试验要求

5.8.3.1 一般要求

试验环境温度为 5～40℃，相对湿度不大于 95%。

环境电磁场干扰引起标准器的误差变化不应大于被检互感器基本误差限值的 1/20。检定接线引起被检互感器误差的变化不应大于被检互感器基本误差限值的 1/10。

试验接线的布置应尽量避免对误差测量结果的影响。

5.8.3.2 测量用互感器的准确度要求

测量用互感器的准确级是以该准确级在额定电压和额定负荷下所规定的最大允许电压误差百分数来标称的。测量用互感器的标准准确级为 0.1、0.2、0.5、1.0、3.0。

在 80%～120%额定电压之间的任一电压下，其额定频率下的电压误差和相位差应不超过表 2-5-18 所列值，且负荷如下：

1）对于功率因数为 1 的负荷系列Ⅰ，为 0～100%额定负荷之间的任一值。

2）对于功率因数为 0.8（滞后）的负荷系列Ⅱ，为 25%～100%额定负荷之间的任一值。

误差应在互感器端子处测定，并应包括作为互感器一部分的熔断器或电阻器的影响。对于二次绕组带有抽头的互感器，如无另行规定，则其准确级的要求指的是最大变比。

表 2-5-18 测量用互感器的电压误差和相位差限值

准确级	电压误差（比值差） ±%	相位差	
		±（′）	±crad
0.1	0.1	5	0.15
0.2	0.2	10	0.3
0.5	0.5	20	0.6
1.0	1.0	40	1.2
3.0	3.0	不规定	不规定

注 1. 对于有两个独立二次绕组的互感器，应考虑两个二次绕组间的相互影响。有必要规定每个绕组试验时的输出范围，且在非被试绕组带有 0 到额定负荷的任意值下，每个被试绕组在规定的输出范围内均应满足准确级的要求。

  2. 如果未规定输出范围，则每个绕组试验时的输出范围应符合本条中 1）项或 2）项中的规定。

  3. 如果某一绕组只有偶然的短时负荷，或仅作为剩余电压绕组使用时，则它对其余绕组的影响可以忽略不计。

5.8.3.3　保护用互感器的准确度要求

保护用互感器的准确级是以该准确级自 5%额定电压到与额定电压因数相对应电压的范围内的最大允许电压误差百分数来标称的，其后标以字母 P。

保护用电压互感器的标准准确级为 3P 和 6P，对每一准确级，其在 5%额定电压及与额定电压因数对应电压下的电压误差和相位差的限值通常相同。在 2%额定电压下的误差限值为 5%额定电压下误差限值的两倍。

在 5%额定电压和额定电压乘以额定电压因数（1.2、1.5 或 1.9）的电压下，其额定频率下的电压误差和相位差应不超过表 2-5-19 所列值。

表 2-5-19　保护用互感器的电压误差和相位差限值

准确级	电压误差（比值差）±%	相位差	
		±（'）	±crad
3P	3.0	120	3.5
6P	6.0	240	7.0

注　当互感器具有两个单独的二次绕组时，因为它们的相互影响，用户宜规定两个输出范围，每个绕组一个，各输出范围的上限值应符合标准的额定输出值。每个绕组应在其输出范围内满足各自准确级的要求，同时另一绕组具有 0～100%输出范围上限值之间的任一输出值。为证明是否符合此要求，只需在各极限值下进行试验。

单相互感器准确度试验线路如图 2-5-22 所示。其中电源频率为 50±0.5Hz，波形畸变系数不大于 5%。

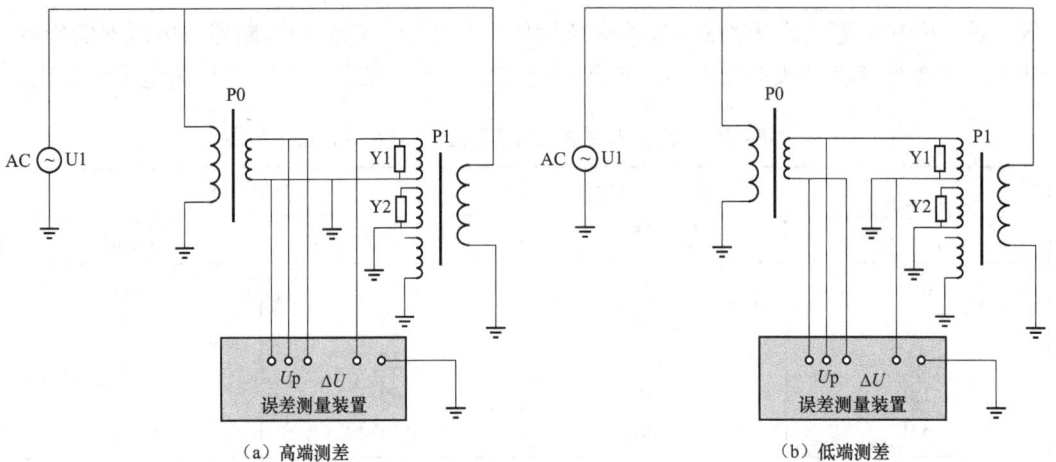

（a）高端测差　　　　　　　　　　　　　（b）低端测差

图 2-5-22　单相互感器准确度试验线路

P0—标准电压互感器；P1—被检互感器；Y1、Y2—电压负荷箱

试验使用的标准电压互感器，其额定变比应和被检互感器相同，准确度等级至少比被检互感器高两个等级，在试验环境条件下的实际误差不应大于被检互感器基本误差限

值的 1/5。标准器的变差不应大于其基本误差限值的 1/5。标准器的实际二次负荷不应超过其规定的上、下限负荷范围。

用于互感器误差测量的电压负荷箱，在规定的环境温度区间及在额定频率和额定电压的 80%～120%范围内，有功和无功分量的相对误差均不应超出±6%，残余无功分量（适用于功率因数为 1 的负荷箱）不应超出额定负荷的±6%。在其他规定的电压百分数下，有功和无功分量的相对误差均不应超出±9%，残余无功分量（适用于功率因数为 1 的负荷箱）不应超出额定负荷的±9%。

误差测量装置的比值差和相位差分辨力不应低于 0.001%和 0.01′。

监测用电压百分表准确度等级不应低于 1.5。在规定的测量范围内，内阻抗应保持不变。

5.8.4　试验方法

5.8.4.1　测量用互感器的准确度型式试验

型式试验应在 80%、100%、120%额定电压和额定频率下进行，其输出按照表 2-5-20 所列在功率因数为 1（负荷系列Ⅰ）或功率因数为 0.8（滞后，负荷系列Ⅱ）的各规定值。

表 2-5-20　准确度试验的负荷范围

负荷系列	额定输出的优先值（VA）	额定输出的试验值（%）
Ⅰ	1.0、2.5、5、10	0 和 100
Ⅱ	10、25、50、100	25 和 100

5.8.4.2　保护用互感器的准确度型式试验

型式试验应在 2%、5%和 100%额定电压和额定电压与额定电压因数（1.2、1.5 或 1.9）相乘的电压下进行，其输出按照表 2-5-20 所列在功率因数为 1（负荷系列Ⅰ）或功率因数为 0.8（滞后，负荷系列Ⅱ）的各规定值。

当电压互感器有多个二次绕组时，它们应按表 2-5-19 的表注中所述连接负荷。

剩余电压绕组在电压不超过 120%额定电压的试验中不接负荷，在电压为额定电压乘以额定电压因数（1.5 或 1.9）时的试验中接额定负荷。

5.8.5　结果判定

测量用互感器的准确度测量结果应满足表 2-5-18 中对应准确级的限值要求。
保护用互感器的准确度测量结果应满足表 2-5-19 中对应准确级的限值要求。

5.8.6　试验实例

5.8.6.1　接线示意图

准确度试验接线示意图如图 2-5-23 所示。

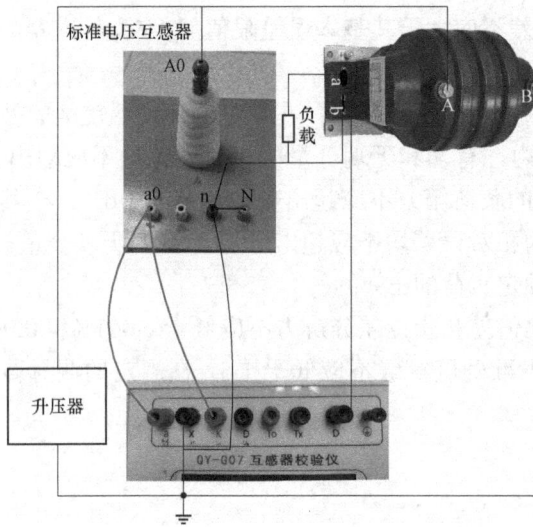

图 2-5-23 准确度试验接线示意图

5.8.6.2 试验记录

准确度试验记录（参考示例）如表 2-5-21 所示。

表 2-5-21 准确度试验记录表（参考示例）

环境温度：16.4℃ 相对湿度：48.0%

二次绕组	准确级	U_{pr}（%）	比值差（%）	相位差（′）	负荷（VA）$\cos\varphi = 0.8$		比值差（%）	相位差（′）	负荷（VA）$\cos\varphi = 0.8$	
					an	dadn			an	dadn
an	0.5	80	−0.150	+2.0	50	0	+0.301	0	12.5	0
		100	−0.151	+2.3			+0.300	0		
		120	−0.152	+2.5			+0.304	0		
dadn	3P	2	−0.103	−2.7	50	0	+0.353	+2.1	0	0
		5	−0.054	−2.5			+0.401	0		
		100	−0.053	−2.3			+0.403	0		
		190	−2.250	+18.9	50	100	−0.151	+6	0	25

5.9 绝缘油性能试验

5.9.1 试验目的

应对互感器用绝缘油进行击穿电压和介质损耗因数（tanδ）测量。

　　绝缘油的击穿电压是衡量绝缘油被水和悬浮杂质污染程度的重要指标。油的击穿电压越低，互感器的整体绝缘性能越差，直接影响互感器的安全运行，因此应严格测试，以便将绝缘油击穿电压控制在不同范围内。

　　绝缘油介质损耗因数是衡量绝缘油本身绝缘性能和被杂质污染程度的重要参数。油的损耗因数越大，互感器的整体介质损耗因数也就越大，绝缘电阻相应降低，油纸绝缘的寿命也会缩短，因此应严格测试，以便将油的介质损耗因数控制在较低范围内。

5.9.2　试验设备

　　该试验所需试验设备如表 2-5-22 所示。

表 2-5-22　试验设备一览表（推荐）

序号	设备名称	设备关键参数和要求
1	油耐压测试仪	输出电压不低于 100kV； 测量准确度应不低于 3 级
2	绝缘油介质损耗测试仪	测量范围覆盖：$\tan\delta$：$0\sim0.1$； 不确定度应不低于 ±2% 读数+0.0001

5.9.3　试验方法

　　试验方法同本书第二部分 3.14 绝缘油性能试验中的试验方法。

5.9.4　结果判定

5.9.4.1　绝缘油击穿电压测定

　　绝缘油击穿电压应满足表 2-5-23 的要求。

表 2-5-23　绝缘油击穿电压要求

设备最高电压 （kV）	油击穿电压 （kV）
≤40.5	≥40

5.9.4.2　绝缘油介质损耗因数（$\tan\delta$）测量

　　绝缘油介质损耗因数（$\tan\delta$）应满足表 2-5-24 的要求。

表 2-5-24　绝缘油介质损耗因数（$\tan\delta$）要求

设备最高电压 （kV）	介质损耗因数（90℃，%）
≤40.5	≤1

5.9.5 试验实例

5.9.5.1 试验照片

绝缘油性能试验照片如图 2-5-24 所示。

图 2-5-24 绝缘油性能试验照片

5.9.5.2 试验记录

绝缘油性能试验记录（参考示例）如表 2-5-25 所示。

表 2-5-25 绝缘油性能试验记录表（参考示例）

环境温度：16.4℃ 　　　　　　　　　　　　　相对湿度：48.0%

项目	标准要求	实测值	结论
绝缘油性能试验	击穿电压：≥40kV tanδ（90℃）：≤1%	击穿电压：57.6kV tanδ（90℃）：0.322%	符合要求

5.10 气体露点测量

5.10.1 试验目的

检验气体绝缘电磁式电压互感器的最大允许含水量能否符合标准要求。

5.10.2 试验设备

该试验所需试验设备如表 2-5-26 所示。

表 2-5-26 试验设备一览表（推荐）

序号	设备名称	设备关键参数和要求
1	数字露点仪	测量范围覆盖-50～-25℃； 不确定度应不低于±1℃

5.10.3 试验方法

电磁式电压互感器气体露点测量试验方法同本书第二部分 3.15 气体露点测量中的试

验方法。

5.10.4 结果判定

电磁式电压互感器气体露点测量结果判定同本书第二部分3.15气体露点测量中的结果判定。

5.10.5 试验实例

5.10.5.1 试验照片

气体露点试验照片如图2-5-25所示。

图2-5-25 气体露点试验照片

5.10.5.2 试验记录

气体露点测量试验记录（参考示例）如表2-5-27所示。

表2-5-27 气体露点测量试验记录表（参考示例）

环境温度：16.4℃   相对湿度：48.0%

项目	标准要求	实测值	结论
气体露点测量	试品内部最大允许含水量对应于20℃测量的露点不高于−38.6℃，对应气体含水量不超过150μL/L	20℃的露点值：−44.3℃；对应气体含水量：76.2μL/L	符合要求

5.11 温 升 试 验

5.11.1 试验目的

检验互感器在规定运行状态下各零件和部件以及材料耐热性能是否满足标准要求。

5.11.2 试验设备

该试验所需试验设备表 2-5-28 所示。

表 2-5-28 试验设备一览表（推荐）

序号	设备名称	设备关键参数和要求
1	50kV 电压测量系统	推荐测量范围覆盖 5～50kV； 最大允差不低于 3 级
2	直流电阻测量装置	输出直流电流范围应不小于 0.1～10A； 测量范围应不小于 1mΩ～20kΩ； 测量准确度应不低于 0.5 级

5.11.3 试验要求

5.11.3.1 一般要求

对产品进行温升试验时，其各部分温升不应超过其对应的温升限值。绕组的温升应采用电阻法测量（如可行），但对电阻值很小的绕组可采用热电偶测量。绕组以外部位的温升可用温度计或热电偶测量。当温升变化值不超过 1K/h 时，则认为互感器已达到稳定温度。温升试验应在连接额定负荷时进行，如有多个额定负荷，则应在连接最大额定负荷时进行。

当有多个二次绕组时，除制造方与用户另有协议外，试验应在每个二次绕组同时连接相应的额定负荷时进行。剩余电压绕组（如果有）应按下述（1）、（2）、（3）或（4）要求连接负荷。

对于三相气体绝缘金属封闭开关设备中的互感器，所有三相应同时进行试验。

互感器的安装应代表其运行时的安装状态，但由于互感器在各种开关柜中的位置可能不同，因此此时的试验布置应由检测方决定。

试验时所施加的电压应按照下述（1）、（2）或（3）中相应的规定：

（1）所有互感器，无论其额定电压因数和额定时间如何，皆应在 1.2 倍额定一次电压下进行试验，此时剩余电压绕组不接负荷。

（2）如果规定了热极限输出，则互感器应在额定一次电压和其热极限输出所对应的且功率因数为 1 的负荷下，在剩余电压绕组不接负荷时进行试验。

（3）如果对多个二次绕组规定了热极限输出，则应分别对互感器这些绕组进行试验。每次试验时，只有一个二次绕组连接其热极限输出所对应的且功率因数为 1 的负荷。

（4）试验应连续进行，直到互感器温升达到稳定状态为止。

额定电压因数为 1.5 或 1.9 并均持续 30s 的互感器，应在 1.2 倍额定电压下达到稳定热状态后，按其各自的额定电压因数施加电压进行试验，历时 30s，温升应不超过表 2-5-30 的规定值加 10K。此时剩余电压绕组接额定输出所对应的负荷。

这种互感器的试验也可在冷状态下按其相应的电压因数施加电压，历时 30s，其绕组温升应不超过 10K。

如果能用其他方法证明互感器在这些条件下能满足要求，则可不进行该试验。

在额定电压下测量之后，过电压下短暂的 30s 时间未必能产生可测量的温升。所以，过电压对互感器的有害作用，最好根据各绝缘型式试验中所观察到的缺陷间接地进行评估。

额定电压因数为 1.9 持续 8h 的互感器，试验应在施加 1.2 倍额定电压并经过足够时间达到稳定热状态后，立即施加 1.9 倍额定电压，历时 8h，温升应不超过表 2-5-30 的规定值加 10K。

在按 1.2 倍额定一次电压进行预热试验时，剩余电压绕组不接负荷。在按 1.9 倍额定一次电压进行持续 8h 试验时，剩余电压绕组应连接额定负荷或额定热极限输出（如果有）所对应的负荷，而其他绕组均接额定负荷。

电压测量宜在一次绕组上进行，因为实际二次电压可能明显小于额定二次电压与额定电压因数的乘积。

5.11.3.2 试验负荷

试验中所接负荷见表 2-5-29。

表 2-5-29 试验负荷

试验时施加的一次电压	各绕组所带负荷			试验持续时间
	二次测量绕组	二次测量（保护）绕组	剩余电压绕组	
$1.0U_{1n}$	热极限负荷（如果有）	不接负荷	不接负荷	到温升稳定为止
$1.0U_{1n}$	不接负荷	热极限负荷（如果有）	不接负荷	到温升稳定为止
$1.2U_{1n}$	额定负荷	额定负荷	不接负荷	到温升稳定为止
$1.9U_{1n}$/8h	额定负荷	额定负荷	热极限负荷，如未规定则接额定负荷	8h
$1.5U_{1n}$/30s 或 $1.9U_{1n}$/30s	额定负荷	额定负荷	额定负荷	30s

注 1. 如规定有几个额定负荷，则取最大的额定负荷。
　　2. 对于三相接地电压互感器，剩余电压绕组额定负荷是指开口角端的负荷。

5.11.3.3 环境要求

试验场所周围不应有任何影响环境温度的因素，例如辐射、热源、气流等。环境温度测量应采用至少 2 个温度计，其测温端应浸于容积不小于 1000mL 装满油的杯中。放置于试品周围 1~2m 处，高度约为试品高度的中间部位。环境温度以几个温度计的平均值为准。

5.11.4 试验方法

5.11.4.1 铁芯及顶层油温度测量

测量铁芯表面温度，可采用酒精温度计或其他不受磁场影响的温度计（如热电偶或电阻式温度计），测温端应与被测点紧密接触。

测量顶层油温度时，温度计的测温端应浸于油面下 50～100mm（如有温度计座时，则座内应充油）。

5.11.4.2 绕组温度测量

电磁式电压互感器温升试验绕组温度测量同本书第二部分 3.11 温升试验中的绕组温度测量。

5.11.5 结果判定

绕组温升受其本身绝缘或周围介质的最低绝缘等级限制。

互感器各种零部件、材料和介质的温升限值见表 2-5-30。

表 2-5-30 互感器各种零部件、材料和介质的温升限值

K

互感器各部分			温升限值
油浸式互感器	顶层油		50
	顶层油（对于全密封结构）		55
	绕组平均		60
	绕组平均（对于全密封结构）		65
	接触油的其他金属		与绕组相同
固体或气体绝缘互感器	绕组平均（对于接触右列各等级绝缘材料）	Y	45
		A	60
		E	75
		B	85
		F	110
		H	135
	接触上述各等级绝缘材料的其他金属件		与绕组相同
用螺栓或类似件紧固的连接接触处	裸铜、裸铜合金或裸铝合金	在空气中	50
		在 SF_6 中	75
		在油中	60
	被覆银或镍	在空气中	75
		在 SF_6 中	75
		在油中	60
	被覆锡	在空气中	65
		在 SF_6 中	65
		在油中	60

如果规定互感器在海拔超出 1000m 处使用而试验处海拔低于 1000m，则表 2-5-30 的温升限值应按使用处海拔超出 1000m 后的每 100m 减去下列相应数值（见图 2-5-26）：

（1）油浸式互感器：0.4%；

（2）固体或气体绝缘互感器：0.5%。

温升的海拔校正因数按式（2-5-2）计算：

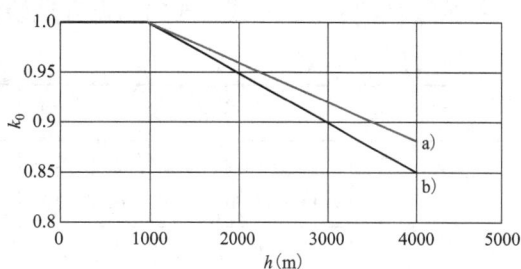

图 2-5-26 温升的海拔校正因数

$$k_0 = \frac{\Delta T_h}{\Delta T_{h0}} \tag{2-5-2}$$

式中：

ΔT_h ——在海拔 $h > 1000m$ 处的温升；

ΔT_{h0} ——表 2-5-30 所规定的温升限值（海拔 $h_0 \leqslant 1000m$ 处）。

如果互感器各种零部件、材料和介质的实际温升值不高于表 2-5-30 及经海拔修正后的温升限值，则认为通过此试验。

5.11.6 试验实例

5.11.6.1 接线示意图

温升试验接线示意图如图 2-5-27 所示。

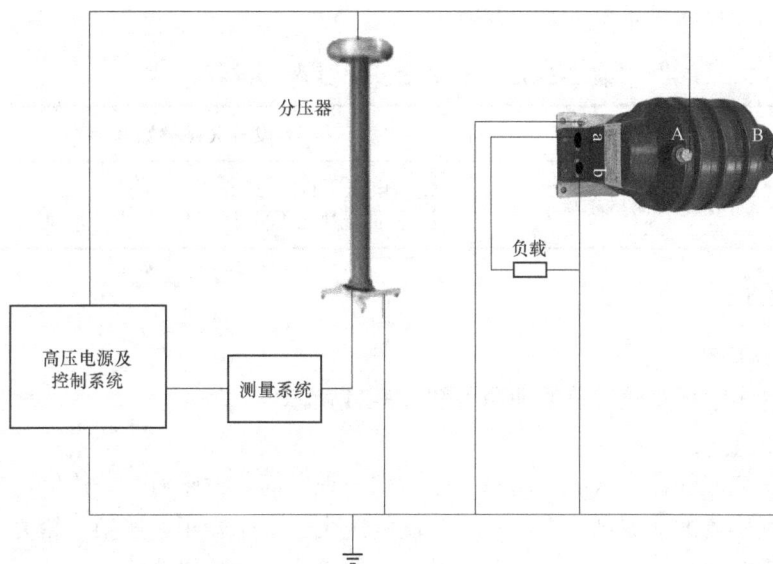

图 2-5-27 温升试验接线示意图

5.11.6.2 试验记录

温升试验的试验记录（参考示例）如表 2-5-31 所示。

表 2-5-31　温升试验记录表（参考示例）

环境温度：16.4℃　　　　　　　　　　　　　相对湿度：48.0%

项目	标准要求	实测值	结论
温升试验	施加 1.0 倍额定电压，极限负荷情况下各绕组温升限值 75K	AN：10K an：14K	符合要求
	施加 1.2 倍额定电压，最大额定负荷情况下各绕组温升限值 75K	AN：4K an：5K	符合要求
	施加 1.2 倍额定电压稳定后，开始施加 1.9 倍额定电压 8h，各绕组带额定负荷情况时的温升限值 85K	AN：12K an：16K	符合要求

5.12　一次端冲击耐压试验

5.12.1　试验目的

检验互感器在遭受雷击状态下绝缘性能是否符合标准要求。

5.12.2　试验设备

该试验所需试验设备表 2-5-32 所示。

表 2-5-32　试验设备一览表（推荐）

序号	设备名称	设备关键参数和要求
1	冲击电压测量系统	输出电压不低于 300kV； 测量准确度应不低于 3 级

5.12.3　试验方法

5.12.3.1　试验接线
一次端冲击耐压试验线路原理图如图 2-3-24 所示。

5.12.3.2　一般要求
试验电压应施加在一次绕组的每一个线端与地之间。试验时，一次绕组的接地端或不接地电压互感器的非被试线端、每个二次绕组至少一个端子、座架、箱壳（如果有）和铁芯（如需接地）皆应接地，可以通过适当的电流记录装置接地。

5.12.3.3　试验电压
一次端额定雷电冲击耐压试验与一次端截断雷电冲击耐压试验的试验电压选取均应以表 2-5-4 所列的设备最高电压为依据。

（1）一次端额定雷电冲击耐压试验。

对于 U_m＜300kV 的互感器，试验应在正和负两种极性下进行。应施加每一极性连续冲击 15 次，不做大气条件校正；对于不接地互感器，应依次对每一个线端施加约一半次数的冲击，其余线端接地。施加正、负极性冲击各 15 次是针对外绝缘试验而规定的。如果制造方与用户协商同意用其他方法检查外绝缘，则每一极性下的雷电冲击数可减少到 3 次，不做大气条件校正。

（2）一次端截断雷电冲击耐压试验。该试验应仅以负极性进行，并按下述方式与负极性额定雷电冲击试验结合进行。电压应按 GB/T 16927.1 规定的标准雷电冲击波在 2～5μs 处截断。截断冲击电路的布置应使所记录冲击波的反冲值限制约为峰值的 30%。施加冲击的顺序如下：

对于 U_m＜300kV 的互感器，1 次额定雷电冲击，2 次截断雷电冲击（不接地电压互感器为 4 次截断雷电冲击），14 次额定雷电冲击；对于不接地互感器，每一个端子应施加 2 次截断雷电冲击和约为 15 次一半的额定雷电冲击次数。

5.12.4　结果判定

5.12.4.1　一次端额定雷电冲击耐压试验

如果满足下列条件，则认为互感器通过该试验：

（1）每一组试验（正极性和负极性）至少冲击 15 次；

（2）非自恢复绝缘不发生破坏性放电，对此确认的条件是跟随一次破坏性放电后能耐受连续冲击 5 次；

（3）每一组试验的自恢复绝缘破坏性放电次数不超过 2 次；

（4）此程序使每一组试验最多可能冲击 25 次；

（5）未发现绝缘损坏的证据（例如，作为验证试验的例行试验时各记录量波形的变异）。

如果试验时发生破坏性放电，而无证据显示破坏性放电发生在自恢复绝缘上，则互感器应在绝缘试验完成后拆开检查。如发现非自恢复绝缘损坏，应认为互感器未通过该试验。

5.12.4.2　一次端截断雷电冲击耐压试验

以截断雷电冲击前后所施加额定雷电冲击波形的变异作为内部损坏的指示。

截断雷电冲击沿自恢复外绝缘上的闪络应不纳入对绝缘性能的评价之中。

5.12.5　试验实例

5.12.5.1　接线示意图

一次端冲击耐压试验和一次端截断雷电冲击耐压试验接线示意图如图 2-5-28 所示。

5.12.5.2　试验记录

一次端冲击耐压试验和一次端截断雷电冲击耐压试验记录（参考示例）如表 2-5-33 所示。

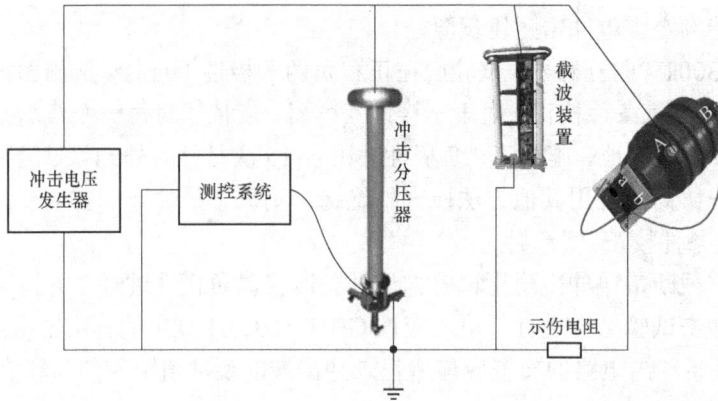

图 2-5-28 一次端冲击耐压试验和一次端截断雷电冲击耐压试验接线示意图

表 2-5-33 一次端冲击耐压试验和一次端截断雷电冲击耐压试验记录表（参考示例）

环境温度：16.4℃   相对湿度：48.0%

试验序号	冲击波类型	峰值电压（kV）	截断时间（μs）	波形序号	结果
1	正极性标准雷电冲击全波	39.7	—	1	无闪络、无击穿
2	正极性标准雷电冲击全波	75.4	—	2	无闪络、无击穿
3	正极性标准雷电冲击全波	75.6	—	3	无闪络、无击穿
4	正极性标准雷电冲击全波	75.9	—	4	无闪络、无击穿
5	正极性标准雷电冲击全波	75.9	—	5	无闪络、无击穿
6	正极性标准雷电冲击全波	75.8	—	6	无闪络、无击穿
7	正极性标准雷电冲击全波	75.8	—	7	无闪络、无击穿
8	正极性标准雷电冲击全波	75.4	—	8	无闪络、无击穿
9	正极性标准雷电冲击全波	75.9	—	9	无闪络、无击穿
10	正极性标准雷电冲击全波	75.1	—	10	无闪络、无击穿
11	正极性标准雷电冲击全波	75.8	—	11	无闪络、无击穿
12	正极性标准雷电冲击全波	75.6	—	12	无闪络、无击穿
13	正极性标准雷电冲击全波	75.9	—	13	无闪络、无击穿
14	正极性标准雷电冲击全波	75.8	—	14	无闪络、无击穿
15	正极性标准雷电冲击全波	75.8	—	15	无闪络、无击穿
16	正极性标准雷电冲击全波	75.7	—	16	无闪络、无击穿
17	负极性标准雷电冲击全波	40.8	—	17	无闪络、无击穿
18	负极性标准雷电冲击全波	74.6	—	18	无闪络、无击穿
19	负极性标准雷电冲击截波	44.3	4.8	19	无闪络、无击穿

续表

试验序号	冲击波类型	峰值电压（kV）	截断时间（μs）	波形序号	结果
20	负极性标准雷电冲击截波	87.1	4.6	20	无闪络、无击穿
21	负极性标准雷电冲击截波	86.4	4.8	21	无闪络、无击穿
22	负极性标准雷电冲击全波	74.2	—	22	无闪络、无击穿
23	负极性标准雷电冲击全波	74.1	—	23	无闪络、无击穿
24	负极性标准雷电冲击全波	74.7	—	24	无闪络、无击穿
25	负极性标准雷电冲击全波	74.6	—	25	无闪络、无击穿
26	负极性标准雷电冲击全波	74.8	—	26	无闪络、无击穿
27	负极性标准雷电冲击全波	74.2	—	27	无闪络、无击穿
28	负极性标准雷电冲击全波	74.1	—	28	无闪络、无击穿
29	负极性标准雷电冲击全波	74.3	—	29	无闪络、无击穿
30	负极性标准雷电冲击全波	74.3	—	30	无闪络、无击穿
31	负极性标准雷电冲击全波	74.7	—	31	无闪络、无击穿
32	负极性标准雷电冲击全波	74.6	—	32	无闪络、无击穿
33	负极性标准雷电冲击全波	74.2	—	33	无闪络、无击穿
34	负极性标准雷电冲击全波	74.1	—	34	无闪络、无击穿
35	负极性标准雷电冲击全波	74.2	—	35	无闪络、无击穿

5.13 户外型互感器的湿试验

5.13.1 试验目的

检验互感器在淋雨条件下其外绝缘是否符合标准要求。

5.13.2 试验设备

该试验所需试验设备表 2-5-34 所示。

表 2-5-34 试验设备一览表（推荐）

序号	设备名称	设备关键参数和要求
1	电压测量系统	测量范围覆盖 5～150kV；最大允差不低于 3 级
2	便携式电导率仪	推荐测量范围覆盖 50～150μs/cm；最大允差不低于 ±5%

5.13.3 试验方法

5.13.3.1 一般要求

湿试验程序应按照 GB/T 16927.1 的规定。对于 $U_m < 300kV$ 的互感器，试验应以工频电压进行。

电压测量装置应满足 GB/T 16927.1 和 GB/T 16927.2 的要求。淋雨装置应能调整，以便在试品上产生表 2-5-35 规定的在允许容差内的淋雨条件。只要满足表 2-5-35 中规定的淋雨条件，任何形式的喷嘴均可采用。

表 2-5-35 标准湿试验的淋雨条件

所有测量点的平均淋雨率		每次测量的每个分布量的极限值（mm/min）	雨水温度（℃）	雨水电导率（μS/cm）
水平分布量（mm/min）	垂直分布量（mm/min）			
1.0~2.0	1.0~2.0	平均值±0.5	周围环境温度±15	100±15

5.13.4 试验要求

用满足规定电阻率和温度的水（见表 2-5-35）喷射试品。落在试品上的水应成滴状（避免雾状），并控制喷射角度，以使其按垂直和水平方向的分布量大致相等。用量雨器测量水量，量雨器应具有两个隔开的开口均为 100~750cm² 的容器；一个开口测水平分布量，另一个开口测垂直分布量，垂直的开口面对淋雨方向。应在所收集的即将喷到试品的水样品中测量其温度和电导率。

5.13.4.1 试验电压

对于 $U_m < 300kV$ 的互感器，依据设备最高电压取表 2-5-4 中的相应电压值，需做大气条件校正。

5.13.4.2 施加的程序和方法

通常情况下，湿试验结果与其他高压放电或耐受试验相比，其重复性差。为减少分散性，应采用下述方法：

（1）对于高度小于 1m 的试品，量雨器要位于靠近试品的地方，但要避免试品上溅出的雨滴。测量时，应缓慢地在足够大的区域移动并求其雨量的平均值。为避免个别喷嘴喷射不均匀的影响，测量的宽度应等于试品宽度，最大宽度为 1m。

（2）对于高度在 1~3m 之间的试品，应在试品顶部、中部和底部分别进行测量，每一测量区域仅涵盖试品高度的 1/3。

（3）对于水平尺寸大的试品采用类似（1）和（2）的方法。

（4）试品表面用活性洗涤剂洗净会减少试验的分散性，在开始淋雨之前应擦净洗涤剂。

（5）试验的结果可能受局部反常（偏大或偏小）淋雨量的影响。如果需要，宜采用局部测量进行检验，以改进喷射的均匀性。

试品应按规定条件在规定的容差范围内至少不间断预淋 15min，预淋时间不包括调整喷水所需的时间。开始时也可以用自来水预淋 15min，接着在试验开始前需用规定的水连续预淋至少 2min。应在试验开始前测量雨水条件。

湿试验的试验程序和规定的相应干试验的程序相同，交流电压湿试验的持续时间为 60s。

5.13.5　结果判定

对于 $U_m < 300kV$ 的互感器，在进行湿耐受试验时，允许闪络一次，但在重复试验时不应再发生闪络，满足上述要求则认为产品通过试验。

5.13.6　试验实例

5.13.6.1　接线示意图

户外型互感器的湿试验接线示意图如图 2-5-29 所示。

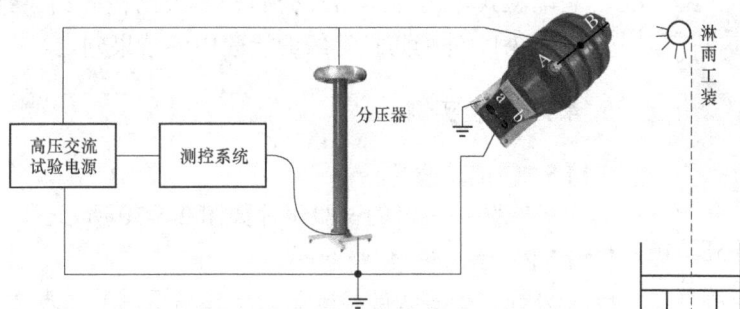

图 2-5-29　户外型互感器的湿试验接线示意图

5.13.6.2　试验记录

户外型互感器的湿试验记录（参考示例）如表 2-5-36 所示。

表 2-5-36　户外型互感器的湿试验记录表（参考示例）

环境温度：16.4℃　　　　相对湿度：48.0%　　　　大气压力：100.6kPa

项目	标准要求	实测值	结论
户外型互感器的湿试	一次绕组对二次绕组及地之间应耐受外施工频电压 30kV，60s，应无闪络或击穿。雨水电导率：100±15μS/cm 垂直雨量：1.0～2.0mm/min 水平雨量：1.0～2.0mm/min	30kV/50Hz/60s 无闪络、无击穿。大气校正因数 $K_t=0.9996$ 雨水电导率：101μS/cm 垂直雨量：1.1mm/min 水平雨量：1.2mm/min	符合要求

5.14　外壳防护等级的检验

5.14.1　试验目的

考核各类电压互感器外壳及密封件在粉尘、潮湿、淋水或潜水等各种严酷环境条件下其外壳防护的可靠性，以验证产品及元器件的工作性能是否会受到损害，同时也对人体防止接触危险部件提供了相应保护要求。

5.14.2　试验设备

该试验所需试验设备同本书第二部分 3.17 外壳防护等级的检验中的试验设备。

图 2-5-30　外壳防护等级的试验照片

5.14.3　试验方法

电磁式电压互感器外壳防护等级的检验试验方法同本书第二部分 3.17 外壳防护等级的检验中的试验方法。

5.14.4　结果判定

电磁式电压互感器外壳防护等级的检验结果判定同本书第二部分 3.17 外壳防护等级的检验中的结果判定。

5.14.5　试验实例

5.14.5.1　试验照片

外壳防护等级的试验照片如图 2-5-30 所示。

5.14.5.2　试验记录

外壳防护等级的检验记录（参考示例）如表 2-5-37 所示。

表 2-5-37　外壳防护等级的检验记录表（参考示例）

环境温度：16.4℃　　　　　　　　　　　　　　相对湿度：48.0%

IP 代码的检验：IP 代码第一位特征数字 5	
防止接近危险部件	固体异物
试验负荷：1N； 直径 1.0mm 的试验金属线未进入壳内，并与带电部件保持足够的间隙	持续时间：8h； 无尘进入
IP 代码的检验：IP 代码第二位特征数字 5	
防水试验	

水量（L/min）	试验压力（kPa）	持续时间（min）	试品状态
12.1	23	3	无水进入
机械冲击试验（IK 代码 08 的检验）			
标准要求动能（J）	试验动能（J）	试验次数	试品状态
5（1±5%）	5	每个暴露面 5 次	无破裂、无变形

5.15 环境温度下密封性能试验

5.15.1 试验目的

检测电磁式电压互感器在环境温度下的密封性能是否符合标准要求。

5.15.2 试验设备

气体绝缘电磁式电压互感器环境温度下密封性能试验所需的试验设备如表 2-5-38 所示。

表 2-5-38 试验设备一览表（推荐）

序号	设备名称	设备关键参数和要求
1	SF$_6$气体检漏仪	测量范围覆盖–50～–25℃； 最大允许误差不低于±1℃
2	压力表	压力测量范围应不小于 0～50kPa； 压力测量准确度应不低于 2.5 级

油浸式电磁式电压互感器密封性能试验所需的试验设备如表 2-5-39 所示。

表 2-5-39 试验设备一览表（推荐）

序号	设备名称	设备关键参数和要求
1	数显压力表	测量范围覆盖 0～1MPa； 最大允许误差不低于 2 级

5.15.3 试验方法

5.15.3.1 气体绝缘电磁式电压互感器一般试验要求

气体绝缘电磁式电压互感器一般试验要求同本书第二部分 3.16 环境温度下密封性能试验中的气体绝缘电流互感器一般试验要求。

5.15.3.2 气体绝缘电磁式电压互感器环境温度下密封性能试验的程序和方法

气体绝缘电磁式电压互感器环境温度下密封性能试验的程序和方法同本书第二部分 3.16 环境温度下密封性能试验中的有关内容。

5.15.3.3 油浸式电磁式电压互感器一般试验要求

电磁式电压互感器油浸式电磁式电压互感器一般试验要求同本书第二部分 3.16 环境温度下密封性能试验中的油浸式电流互感器一般试验要求。

5.15.3.4 油浸式电磁式电压互感器环境温度下密封性能试验的程序和方法

油浸式电磁式电压互感器环境温度下密封性能试验的程序和方法同本书第二部分

3.16 环境温度下密封性能试验中的有关内容。

5.15.4 结果判定

气体绝缘电磁式电压互感器：如果产品经过该试验测得的年漏气率不超过每年 0.5%（适用于 SF$_6$ 和 SF$_6$ 混合气体），则认为产品通过该试验。

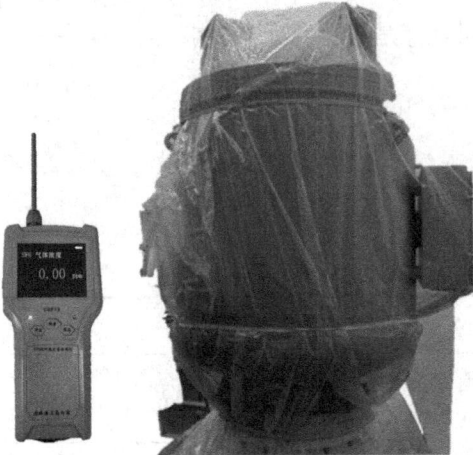

油浸式电磁式电压互感器：如果试验过程中试品无渗、漏油现象，且维持压力时间后剩余压力满足表 2-3-46 要求，则此试验合格。

5.15.5 试验实例

5.15.5.1 试验照片

环境温度下密封性能试验实例如图 2-5-31 所示。

5.15.5.2 试验记录

环境温度下密封性能试验记录（参考示例）如表 2-5-40 所示。

图 2-5-31 环境温度下密封性能试验实例照片

表 2-5-40 环境温度下密封性能试验记录表（参考示例）

环境温度：16.4℃ 相对湿度：48.0%

项目	标准要求	实测值	结论
环境温度下密封性能试验	试品充气至额定压力 6h 后，扣罩不小于 24h，相对泄漏率小于每年 0.5%	试验方法：累积法；相对泄漏率：小于每年 0.1%	符合要求

5.16 压力试验（适用于气体绝缘产品）

5.16.1 试验目的

考核气体绝缘型电磁式电压互感器在规定压力下的外壳耐受能力是否满足标准要求。

5.16.2 试验设备

该试验所需试验设备如表 2-5-41 所示。

表 2-5-41 试验设备一览表（推荐）

序号	设备名称	设备关键参数和要求
1	压力表	测量范围覆盖 0～10MPa； 测量准确度应不低于 1.5 级

5.16.3 试验方法

5.16.3.1 一般要求

电磁式电压互感器压力试验一般要求同本书第二部分 3.18 压力试验（适用于气体绝缘产品）中的一般要求。

5.16.3.2 外壳压力试验施加的程序和方法

外壳压力试验施加的程序和方法同本书第二部分 3.18 压力试验（适用于气体绝缘产品）中的有关内容。

5.16.3.3 绝缘子内压力试验的程序和方法

绝缘子内压力试验程序和方法同本书第二部分 3.18 压力试验（适用于气体绝缘产品）中的有关内容。

5.16.4 结果判定

5.16.4.1 外壳压力试验

外壳应至少能承受试验所要求的压力。

5.16.4.2 绝缘子内压力试验

（1）复合绝缘子内压力试验。如果满足下列条件，则试验通过：

1）没有出现管的破坏和抽出，没有出现端部附件的破坏；

2）施加 2.0 倍最大设计压力后，据应变片的指示，没有发现管的不可逆形变。

（2）瓷绝缘子内压力试验。绝缘子应能承受 4.25 倍设计压力 5min，不发生破坏。当压力释放到零时，应检查绝缘子的瓷件和端部附件是否开裂，胶状或密封是否破坏。如无上述现象，即使端部附件承受的压力超过其屈服点，只要没有破坏则认为该试验通过。

5.16.5 试验实例

5.16.5.1 试验照片

压力试验照片如图 2-5-32 所示。

5.16.5.2 试验记录

压力试验记录（参考示例）如表 2-5-42 所示。

图 2-5-32 压力试验照片

表 2-5-42 压力试验记录表（参考示例）

环境温度：16.4℃   相对湿度：48.0%

项目	标准要求	实测值^①	结论
压力试验	对于焊接的铝外壳和焊接的钢外壳，应承受（2.3/v）σ_t/σ_a设计压力，维持 1min，试品不应出现破裂或永久变形	焊接的铝外壳： 试验压力：1.84MPa 维持时间：1min 无破裂、无永久变形	符合要求

① 设计压力为 0.6MPa。压力试验在委托单位提供的同型式的非电气性能试品上进行。

5.17 短路承受能力试验

5.17.1 试验目的

检验电磁式电压互感器在二次短路故障下绕组承受短时机械效应及热效应的能力，是否满足标准要求。

5.17.2 试验设备

该试验所需试验设备如表 2-5-43 所示。

表 2-5-43 试验设备一览表（推荐）

序号	设备名称	设备关键参数和要求
1	标准电流互感器	测量范围覆盖（5～5000）A/5A； 最大允许误差不低于 0.05 级
2	示波器	测量范围覆盖 1mV～10V、1ns～10s、50Hz～100MHz； 最大允许误差不低于 1 级

5.17.3 试验方法

5.17.3.1 试验要求

试验时互感器的初始温度为 5～40℃。互感器宜在一次侧励磁，二次端子之间短路。短路试验应进行一次，历时 1s。此要求也适用于熔断器为互感器组成部件的情况，试验时熔断器需短接。短路时，施加于电压互感器端子上的电压方均根值应不低于其额定电压。

当互感器有多个二次绕组、多线段或多抽头时，其试验接线应由用户与制造方协商确定。

该试验也可将一次端子短路，在二次绕组励磁。

5.17.3.2 试验线路

试验线路可在图 2-5-33 和图 2-5-34 中任选其一，图 2-5-33 为二次侧短路，图 2-5-34

为一次侧短路。

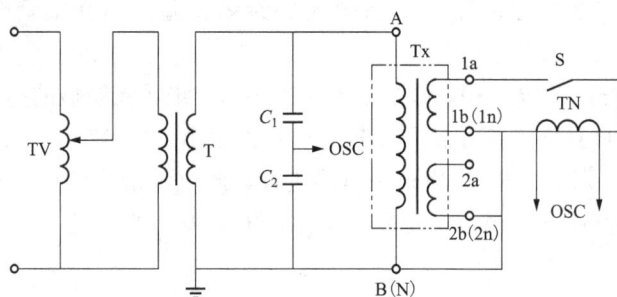

图 2-5-33　短路承受能力试验（二次侧短路）

TV—调压器；T—升压变压器；C_1、C_2—电容分压器；OSC—示波器；S—开关；TN—测量
用标准电流互感器；Tx—被试互感器［A、B（N）为一次绕组端子；
1a、1b（1n）、2a、2b（2n）为二次绕组端子］

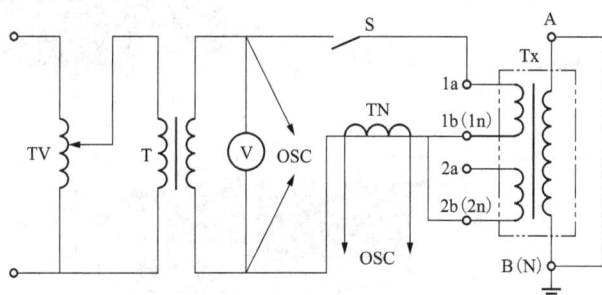

图 2-5-34　短路承受能力试验（一次侧短路）

TV—调压器；T—升流器；V—峰值电压表；OSC—示波器；S—开关；TN—测量
用标准电流互感器；Tx—被试互感器［A、B（N）为一次绕组端子；
1a、1b（1n）、2a、2b（2n）为二次绕组端子］

试验前应先进行试品的阻抗测量，以此估算出短路电流值，以便选择合适的测量用标准电流互感器的量程。

如有必要，可在试品一次绕组末端 B（N）与地之间接一个低阻值标准电阻，其容量应能承受一次短路电流，由标准电阻抽取信号来测量试品一次短路电流值。

施加试验电压应不低于额定电压值，此电压应通过计算或先施加 1/3～1/2 试验电压，时间小于 0.5s，以此推算出压降，以便使短路后施加的电压等于或略高于额定电压值。

对于有多个二次绕组的试品，应在短路阻抗最小的绕组上进行试验。

5.17.4　结果判定

如果互感器在冷却到环境温度后能满足下列要求，则认为互感器通过了该试验：

（1）无可见的损伤；

（2）其误差与试验前的差异不超过其准确级误差限值的一半，且满足相应准确级的要求；

（3）能承受住 5.2、5.3、5.5 和 5.6 规定的绝缘试验，但其试验电压值降至规定值的 90%；

（4）经检查，与一次绕组和二次绕组表面所接触的绝缘无明显的劣化现象（如碳化）。

如果绕组是铜材且电导率不低于 GB/T 5585.1 规定值的 97%，在绕组的电流密度不超过 $180A/mm^2$ 时，则第（4）项检查可以不进行。此电流密度应依据实测的二次绕组对称短路电流方均根值计算（对于一次侧，应除以额定变比）。

5.17.5 试验实例

5.17.5.1 接线示意图

短路承受能力试验接线示意图如图 2-5-35 所示。

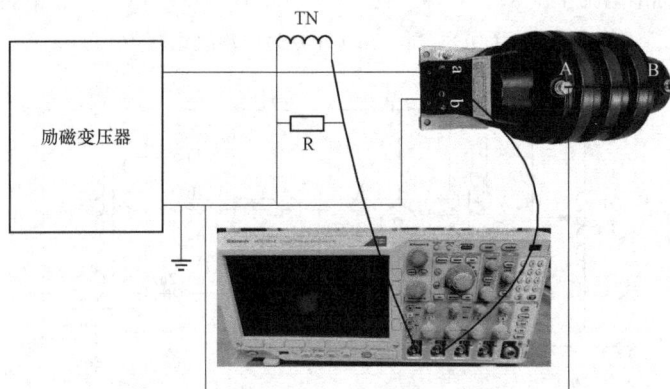

图 2-5-35 短路承受能力试验接线示意图

5.17.5.2 试验记录

短路承受能力试验记录（参考示例）如表 2-5-44 所示。

表 2-5-44 短路承受能力试验记录表（参考示例）

环境温度：16.4℃ 相对湿度：48.0%

项目	标准要求	实测值	结论
短路承受能力试验	一次绕组短路，二次绕组施加额定工频电压，试品应承受 1s 外部短路的机械效应和热效应而无损伤，并复试准确度试验及绝缘试验项目	试验电压：100V； 试验电流：55A； 持续时间：1.01s	符合要求

6 电容式电压互感器试验基础

本章介绍了 35kV 及以下电容式电压互感器质量检测的试验项目、类型和试验顺序的要求。

6.1 电容式电压互感器试验标准

JJG 314 测量用电压互感器

GB/T 156 标准电压

GB/T 311.1 绝缘配合 第 1 部分：定义、原则和规则

GB/T 4208 外壳防护等级（IP 代码）

GB/T 11604 高压电气设备无线电干扰测试方法

GB/T 16927.1 高电压试验技术 第 1 部分：一般定义及试验要求

GB/T 16927.2 高电压试验技术 第 2 部分：测量系统

GB/T 20138 电器设备外壳对外界机械碰撞的防护等级（IK 代码）

GB/T 20840.1—2010 互感器 第 1 部分 通用技术要求

GB/T 20840.5—2013 互感器 第 5 部分 电容式电压互感器的补充要求

6.2 电容式电压互感器试验项目、类型和试验顺序

电容式电压互感器试验项目、类型及主要标准见表 2-6-1。

表 2-6-1 电容式电压互感器试验项目、类型及主要标准

序号	试验项目名称	试验类型	试验主要标准
1	准确度检验	例行试验	GB/T 20840.1，GB/T 20840.5
2	温升试验	型式试验	GB/T 20840.1，GB/T 20840.5
3	工频电容和 $\tan\delta$ 测量（初测）	例行试验	GB/T 20840.1，GB/T 20840.5
4	截断冲击试验	型式试验	GB/T 20840.1，GB/T 20840.5
5	一次端冲击耐压试验	型式试验	GB/T 20840.1，GB/T 20840.5
6	户外型互感器的湿试验—工频耐压湿试验	型式试验	GB/T 20840.1，GB/T 20840.5
7	暂态响应试验	型式试验	GB/T 20840.5
8	铁磁谐振试验	型式试验	GB/T 20840.5

序号	试验项目名称		试验类型	试验主要标准
9	短路承受能力试验		型式试验	GB/T 20840.5
10	准确度试验		型式试验	GB/T 20840.1，GB/T 20840.5
11	环境温度下密封性能试验—电容分压器密封性试验		例行试验	GB/T 20840.1，GB/T 20840.5
12	工频电容和 $\tan\delta$ 测量（复测）		例行试验	GB/T 20840.1，GB/T 20840.5
13	一次端工频耐压试验—电容分压器的工频耐压试验		例行试验	GB/T 20840.1，GB/T 20840.5
14	一次端工频耐压试验—电磁单元的工频耐压试验		例行试验	GB/T 20840.1，GB/T 20840.5
15	局部放电测量		例行试验	GB/T 20840.1，GB/T 20840.5
16	工频电容和 $\tan\delta$ 测量（终测）		型式试验	GB/T 20840.1，GB/T 20840.5
17	标志的检验		例行试验	GB/T 20840.1，GB/T 20840.5
18	二次端工频耐压试验		例行试验	GB/T 20840.1，GB/T 20840.5
19	铁磁谐振检验		例行试验	GB/T 20840.5
20	环境温度下密封性能试验—电磁单元密封性能试验		例行试验	GB/T 20840.1，GB/T 20840.5
21	电磁单元的绝缘油性能试验		例行试验	GB/T 20840.1，GB/T 20840.5
22	外壳防护等级的检验	A、B 类	型式试验	GB/T 20840.1，GB/T 20840.5
		机械冲击试验		

试验顺序应按照 GB/T 20840.5 的规定进行，具体如下：

1）准确度检验；

2）温升试验；

3）工频电容和 $\tan\delta$ 测量（初测）；

4）截断冲击试验；

5）一次端冲击耐压试验；

6）户外型互感器的湿试验——工频耐压湿试验；

7）暂态响应试验；

8）铁磁谐振试验；

9）短路承受能力试验；

10）准确度试验；

11）环境温度下密封性能试验——电容分压器密封性试验；

12）工频电容和 $\tan\delta$ 测量（复测）；

13）一次端工频耐压试验——电容分压器的工频耐压试验；

14）局部放电测量；

15）工频电容和 $\tan\delta$ 测量（终测）；

16）标志的检验；

17）一次端工频耐压试验——电磁单元的工频耐压试验；

18）二次端工频耐压试验；

19）铁磁谐振检验；

20）环境温度下密封性能试验——电磁单元密封性能试验；

21）电磁单元的绝缘油性能试验；

22）外壳防护等级的检验。

6.3 电容式电压互感器试验环境要求

检测试验室应满足如下基本要求：

（1）如果在自然大气环境下不能保证室内气温在 5～40℃ 范围内，试验室宜安装供暖和/或冷风系统；

（2）如果不能保证一年中相对湿度超过 85%的天数少于 45 天，相对湿度超过 80%的天数少于 60 天，试验室宜安装空气调节装置；

（3）试验室应有足够的空间和合理的布局；

（4）试验室不同功能区域划分清晰，易于识别；

（5）试验场地应具有单独工作接地和保护接地，并设置保护栅栏；

（6）试品与接地体或邻近物体的距离，一般应大于试品高压部分与接地部分的最小空气距离的 1.5 倍。

7 电容式电压互感器试验方法和要求

7.1 准 确 度 检 验

7.1.1 试验目的

检验互感器计量、测量及保护绕组准确度是否符合标准要求。

7.1.2 试验设备

试验设备要求详见表 2-7-1。

表 2-7-1 试验设备一览表（推荐）

序号	设备名称	设备关键参数和要求
1	试验变压器	额定容量应不低于 60kVA； 输出电压应不低于 30kV
2	互感器校验仪	额定电压覆盖（100，100/3）V； 测量准确度应不低于 2 级
3	标准电压互感器	额定一次电压：35kV； 额定二次电压：100V；100/3V； 准确度应不低于 0.05 级

7.1.3 试验方法

7.1.3.1 试验接线原理图

电容式电压互感器准确度试验接线原理图如图 2-7-1 所示。

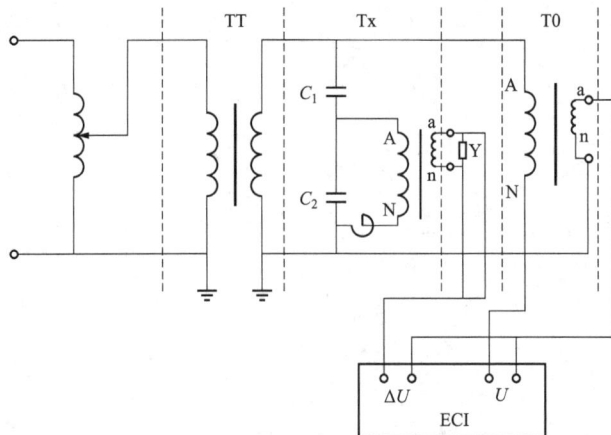

图 2-7-1 准确度检验

TT—试验变压器；Tx—试品；T0—标准电压互感器；ECI—校验仪

7.1.3.2 试验程序

在室温和工频 50Hz 条件下进行试验，分别测量额定负载和规定下限负载的各绕组误差。

7.1.4 结果判定

电容式电压互感器二次绕组误差若满足表 2-7-2 和表 2-7-3 误差限值的要求，则判定试验合格。

表 2-7-2　测量用电容式电压互感器的电压误差和相位差限值

准确级	电压误差（比值差）±%	相位差	
		±（′）	±crad
0.2	0.2	10	0.3
0.5	0.5	20	0.6
1.0	1.0	40	1.2

表 2-7-3　保护用电容式电压互感器的电压误差和相位差限值

准确级	在额定电压百分数下的电压误差（比值差）±%				相位差							
					±（′）				±crad			
	2	5	100	190	2	5	100	190	2	5	100	190
3P	6.0	3.0	3.0	3.0	240	120	120	120	7.0	3.5	3.5	3.5
6P	12.0	6.0	6.0	6.0	480	240	240	240	14.0	7.0	7.0	7.0

7.1.5 试验实例

7.1.5.1 接线示意图

准确度检验接线示意图如图 2-7-2 所示。

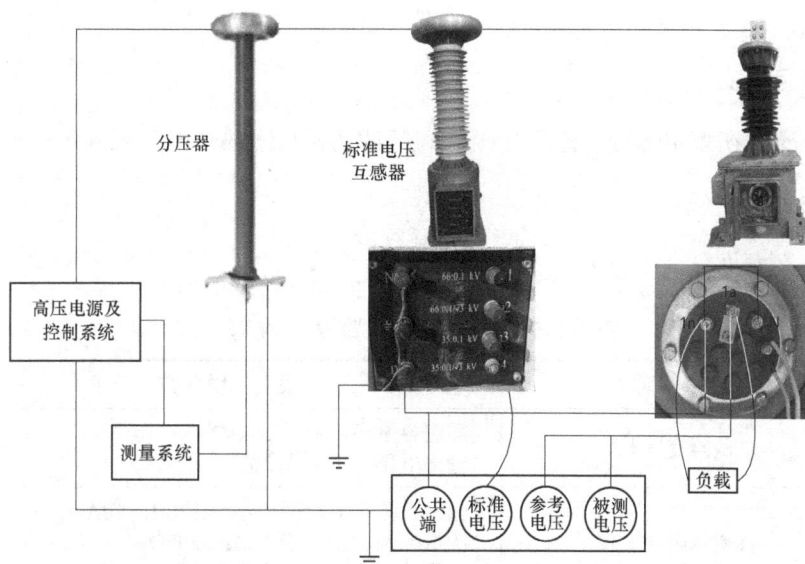

图 2-7-2　准确度检验接线示意图

7.1.5.2 试验记录

准确度检验试验记录表（参考示例）如表 2-7-4 所示。

表 2-7-4 保护用电容式电压互感器的电压误差和相位差限值（参考示例）

环境温度：16.4℃ 相对湿度：48.0%

二次绕组	准确级	U_{pr}（%）	二次负荷（VA）cosφ=0.8			比值差（%）	相角差（′）	频率（Hz）
			1a1n	2a2n	dadn			
1a1n	0.2	100	30	30	0	−0.061	+5.1	50.0
			7.5	0	0	+0.122	+1.4	50.0
2a2n	0.5	100	30	30	0	−0.152	+6.2	50.0
			0	7.5	0	+0.101	0	50.0
2a2n	3P	5	30	30	0	−0.250	+6.4	50.0
			0	7.5	0	+0.154	0	50.0
		190	30	30	30	−0.851	+4.5	50.0
			0	7.5	0	−0.552	−12.2	50.0
dadn	3P	5	30	30	0	−0.203	+8.1	50.0
			0	0	0	+0.351	+2.2	50.0
		190	30	30	30	−1.304	+6.4	50.0
			0	0	7.5	−0.802	−6.6	50.0

7.2 温 升 试 验

7.2.1 试验目的

检验互感器在规定运行状态下各零件和部件及材料耐热性能是否满足标准要求。

7.2.2 试验设备

试验设备要求详见表 2-7-5。

表 2-7-5 试验设备一览表（推荐）

序号	设备名称	设备关键参数和要求
1	试验变压器	额定容量应不低于 50kVA；输出电压应不低于 20kV
2	直流电阻测试仪	输出直流电流范围应不小于 0.1～10A；测量范围应不小于 1mΩ～20kΩ；测量准确度应不低于 0.5 级

7.2.3 试验方法

7.2.3.1 试验接线原理图

温升试验原理图如图 2-7-3 所示。

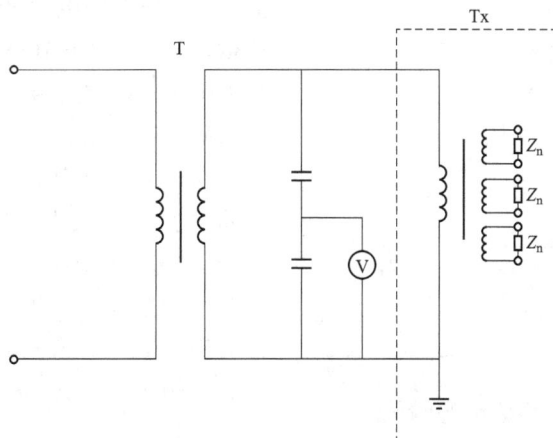

图 2-7-3 温升试验原理图

T—试验变压器；Tx—试品；Z_n—负载

7.2.3.2 试验程序

试验在电磁单元上进行，推荐在电磁单元上进行。

（1）对于电容式电压互感器，无论其额定电压因数和额定时间如何，皆应在 1.2 倍额定一次电压下进行试验，此时剩余电压绕组不接负荷。如果规定了热极限输出，则电容式电压互感器应在额定一次电压和其热极限输出所对应的功率因数为 1.0 的负荷下，在剩余电压绕组不接负荷时进行试验。如果对多个二次绕组规定了热极限输出，宜分别对电容式电压互感器这些绕组进行试验。每次试验时，只有一个二次绕组连接其热极限输出所对应的功率因数为 1 的负荷。试验应连续进行，直到电容式电压互感器温升达到稳定状态为止。

（2）对于额定电压因数为 1.9、持续 8h 的电容式电压互感器，应在施加 1.2 倍额定电压并经过足够时间达到稳定热状态后立即施加 1.9 倍额定电压，历时 8h，温升应不超过表 2-3-31 的规定值加 10K。

在按 1.2 倍额定一次电压进行预热试验时，剩余电压绕组不接负荷。在按 1.9 倍额定一次电压进行持续 8h 试验时，剩余电压绕组应连接额定负荷或额定热极限输出（如果有）所对应的负荷，而其他绕组均接额定负荷。

对于铁芯外露的电容式电压互感器，应测量铁芯表面温度，可采用酒精温度计或其他不受磁场影响的温度计（如热电偶或电阻式温度计），测温端应与被测点紧密接触。

测量顶层油温度时，温度计的测温端应浸于油面下 50～100mm（如有温度计座时，

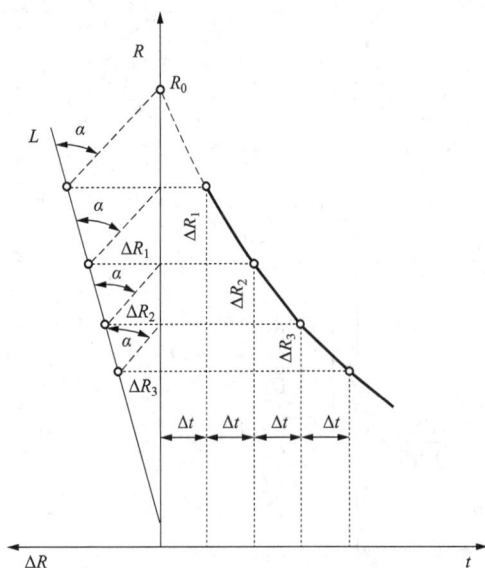

图 2-7-4 确定切断电源瞬间
的电阻 R_0 值

则座内应充油）。

绕组平均温度应采用电阻法测量，测量冷、热电阻应用同一线路和仪器。在温升试验结束并切断电源之后，立即测量绕组的直流电阻。应在停电后 1～2min 内测出第一个读数，然后在 8～10min 内每隔相等的时间 Δt（30～60s）测定电阻值，依次记录为 R_1、R_2、R_3、…、R_k。

若以切断电源瞬间为 $t_0=0$，在坐标纸上将相应各点绘出，用一曲线连接，按图 2-7-4 的方法绘出 L 线，再确定曲线与 R 轴的交点即为 $t_0=0$ 时的 R_0 值，由电阻值 R_0 可计算出切断电源瞬间的绕组平均温升 $\Delta\theta$。

绕组平均温升 $\Delta\theta$ 按式（2-7-1）计算：

$$\Delta\theta = \frac{R_0}{R_{\theta 1}} \times (t+\theta_1) - (t+\theta_2) \qquad (2\text{-}7\text{-}1)$$

式中：

$\Delta\theta$ ——绕组平均温升，K；

R_0 ——断电瞬间绕组热态电阻值，Ω；

$R_{\theta 1}$ ——温度为 θ_1 时冷态电阻值，Ω；

θ_1 ——绕组冷态温度（冷态时环境温度），℃；

θ_2 ——温升试验后期确定温升的环境温度，℃；

t ——导体温度系数的倒数，铜为 235，铝为 225。

7.2.4 结果判定

各零部件、材料和介质的实际温升值不高于表 2-7-6 的限值，如有海拔要求大于 1000m，温升限值需经海拔修正。

表 2-7-6 各种零部件、材料和介质的温升限值

电容式电压互感器各部分		温升限值（K）
油浸式互感器	顶层油	50
	顶层油（对于全密封结构）	55
	绕组平均	60
	绕组平均（对于全密封结构）	65
	接触油的其他金属	与绕组相同

7.2.5 注意事项

如果规定互感器在海拔超出 1000m 处使用而试验处海拔低于 1000m，则表 2-7-6 的

温升限值 ΔT 应按使用处海拔超出 1000m 后的每 100m 减去相应数值（油浸式互感器为 0.4%，详见图 2-7-5）。

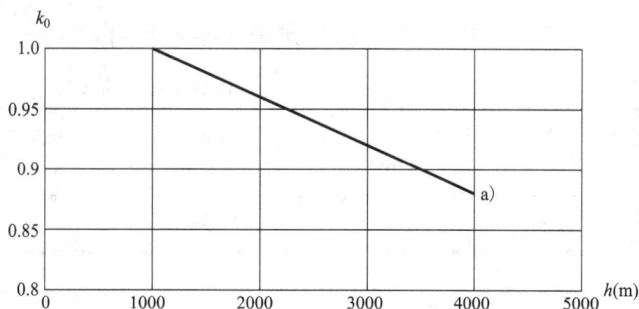

图 2-7-5 温升的海拔校正因数

温升的海拔校正因数按式（2-7-2）计算：

$$k_0 = \frac{\Delta T_h}{\Delta T_{h0}}$$

（2-7-2）

式中：

ΔT_h ——在海拔 $h>1000m$ 处的温升；

ΔT_{h0} ——表 2-3-31 所规定的温升限值ΔT（海拔 $h_0 \leq 1000m$ 处）。

7.2.6 试验实例

7.2.6.1 接线示意图

温升试验接线示意图如图 2-7-6 所示。

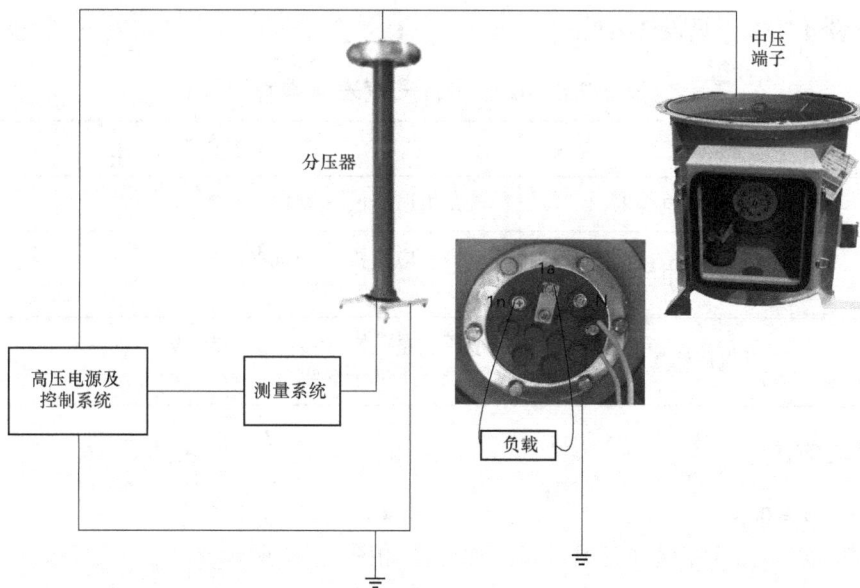

图 2-7-6 温升试验接线示意图

7.2.6.2 试验记录

温升试验记录表（参考示例）如表 2-7-7 所示。

表 2-7-7　温升试验记录表（参考示例）

环境温度：16.4℃　　　　　　　　　　　　　　相对湿度：48.0%

绕组	AN（kΩ）	1a1n（mΩ）	2a2n（mΩ）	dadn（mΩ）	环境温度（℃）
冷态电阻	2.089	65.61	71.36	69.33	24

温升　　绕组　　电压	AN（K）	1a1n（K）	2a2n（K）	dadn（K）	油顶层（K）	环境温度（℃）
$1.2U_{pr}$	4	4	5	—	2	24
$1.9U_{pr}$	8	9	9	8	6	24

7.3　工频电容和 $\tan\delta$ 测量（初测）

7.3.1　试验目的

检验互感器绝缘介质性能是否满足标准要求。

7.3.2　试验设备

试验设备要求详见表 2-7-8。

表 2-7-8　试验设备一览表（推荐）

序号	设备名称	设备关键参数和要求
1	高压标准电容器	额定电压不低于 40kV
2	多功能高压电容电桥	电容量应覆盖 1～100000pF；$\tan\delta$ 应覆盖 ±10%
3	工频电压测量系统	电压测量范围应覆盖 5～150kV；准确度不低于 3 级

7.3.3　试验方法

7.3.3.1　试验原理图

工频电容和 $\tan\delta$ 测量（初测）试验原理图如图 2-7-7 所示。

7.3.3.2　试验程序

试验在电容分压器上进行，试验时应将电磁单元断开。测量电容的方法应能排除由于谐波和测量电路附件所引起的误差。

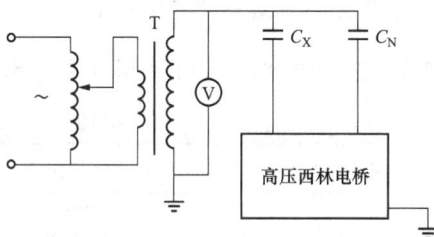

图 2-7-7　工频电容和 tan𝛿 测量（初测）试验原理图

T—试验变压器；C_X—被测电容；C_N—标准电容

在绝缘试验前，在不高于 0.15 倍额定电压下使用电桥测量被试品的电容量和 tan𝛿。按试验回路图接线，在规定电压下使用电桥测量被试品的电容量和 tan𝛿。

试品瓷套及二次端子板应清洁。试验时电容分压器应置于绝缘板上，绝缘板绝缘电阻不小于 1000MΩ，周围可能产生悬浮电位的物体应可靠接地。

7.3.4　结果判定

测得的电容对额定电容的相对偏差应不大于–5%～+10%。

如果介质损耗因数满足：复合介质（膜、纸）≤0.0015、全膜介质≤0.001，则判定试验合格。

7.3.5　试验实例

7.3.5.1　接线示意图

工频电容和 tan𝛿 测量接线示意图如图 2-7-8 所示。

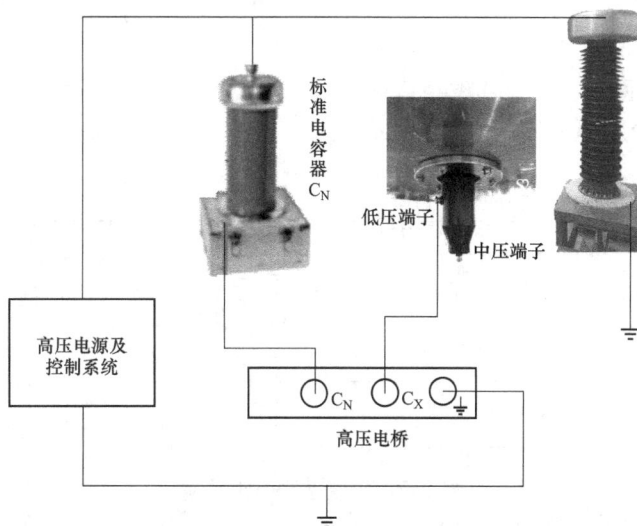

图 2-7-8　工频电容和 tan𝛿 测量（初测）接线示意图

7.3.5.2 试验记录

工频电容和 tanδ 测量（参考示例）如表 2-7-9 所示。

表 2-7-9　工频电容和 tanδ 测量（参考示例）

环境温度：16.4℃　　　　　　　　　　　　　相对湿度：48.0%

名称	测量电压（kV）	电容值（pF）	tanδ（%）
C_2	1	40070	+0.108
C_1	2	40590	+0.110
C_r	3	20180	+0.104

7.4　截断冲击试验

7.4.1　试验目的

检验互感器在遭受雷击、外部闪络状态下，其内绝缘是否符合标准要求。

7.4.2　试验设备

试验设备要求详见表 2-7-10。

表 2-7-10　试验设备一览表（推荐）

序号	设备名称	设备关键参数和要求
1	冲击电压测量系统	输出电压不低于 300kV；测量准确度应不低于 3 级

7.4.3　试验方法

7.4.3.1　试验原理图

截断冲击试验原理图如图 2-7-9 所示。

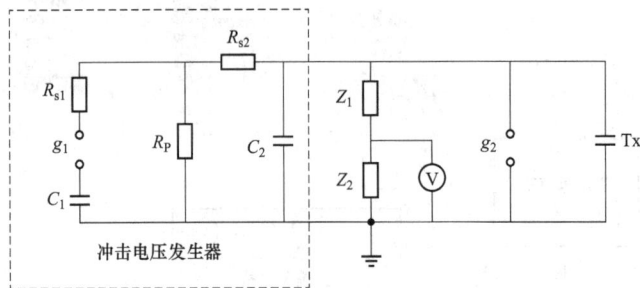

图 2-7-9　截断冲击试验

R_{s2}—波头电阻；R_P—波尾电阻；g_1—放电球隙；g_2—截波球隙；C_1—波头电容器；
C_2—波尾电容器；Z_1、Z_2—分压器；Tx—试品；V—峰值电压表

7.4.3.2 试验程序

该试验应仅以负极性进行，并与 7.5 节中的负极性额定雷电冲击试验结合进行。试验应在完整的试品上进行，试验施加的电压按表 2-3-7 选取。

电压应是 GB/T 16927.1 规定的标准雷电冲击波在峰值后截断，截断时间为 2～8μs。

施加冲击的顺序为：1 次额定雷电负极性冲击、2 次截断雷电冲击、14 次额定雷电负极性冲击。

7.4.4 结果判定

截断雷电冲击前后所施加额定雷电冲击波形无明显变异为合格，否则为不合格。截断雷电冲击沿自恢复外绝缘上的闪络，应不纳入对绝缘性能的评价之中。

7.4.5 注意事项

如果试验时发生破坏性放电，而无证据显示破坏性放电发生在自恢复绝缘上，则互感器应在绝缘试验完成后拆开检查。如发现非自恢复绝缘损坏，应认为互感器未通过试验。对试验室墙壁或天花板闪络的冲击应忽略不计。进行试验前，应断开过电压限值元件。

7.4.6 试验实例

7.4.6.1 接线示意图

截断冲击试验接线示意图如图 2-7-10 所示。

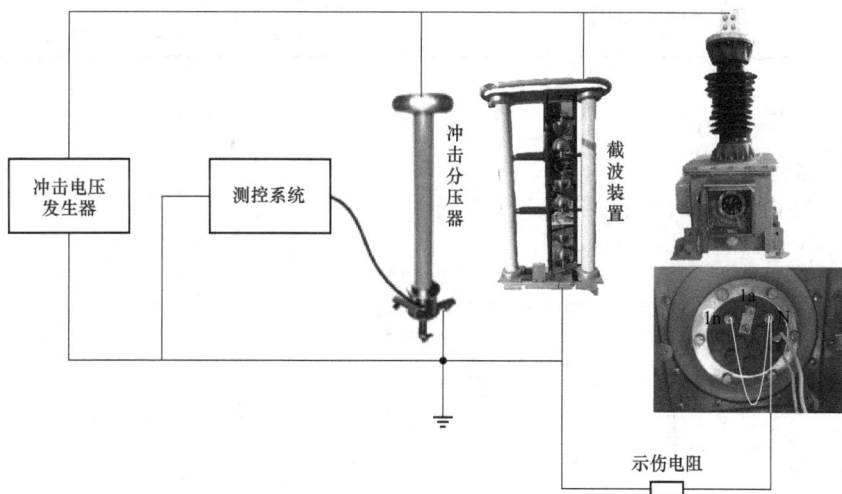

图 2-7-10 截断冲击试验接线示意图

7.4.6.2 试验记录

截断冲击试验记录表（参考示例）如表 2-7-11 所示。

199

表 2-7-11　截断冲击试验记录（参考示例）

环境温度：16.4℃   相对湿度：48.0%

试验序号	冲击波类型	峰值电压（kV）	截断时间（峰值后，μs）	波形序号	结果
1	负极性标准雷电冲击截波	114	2.8	1	无闪络、无击穿
2	负极性标准雷电冲击截波	229	3.6	2	无闪络、无击穿
3	负极性标准雷电冲击截波	229	3.8	3	无闪络、无击穿

7.5　一次端冲击耐压试验

7.5.1　试验目的

检验互感器在遭受雷击状态下，绝缘性能是否符合标准要求。

7.5.2　试验设备

试验设备要求详见表 2-7-12。

表 2-7-12　试验设备一览表（推荐）

序号	设备名称	设备关键参数和要求
1	冲击电压测量系统	输出电压不低于 300kV；测量准确度应不低于 3 级

7.5.3　试验方法

7.5.3.1　试验原理图

一次端冲击试验原理图如图 2-7-11 所示。

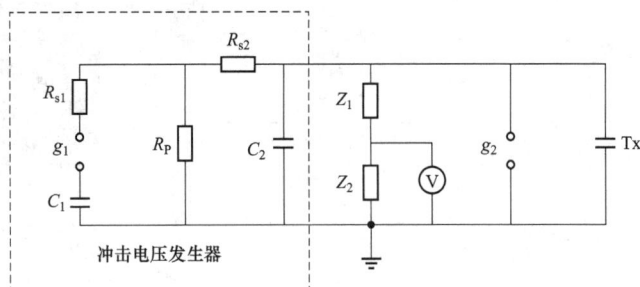

图 2-7-11　一次端冲击耐压试验原理图

R_{s2}—波头电阻；R_P—波尾电阻；g_1—放电球隙；g_2—截波球隙；C_1—波头电容器；

C_2—波尾电容器；Z_1、Z_2—分压器；Tx—试品；V—峰值电压表

7.5.3.2 试验程序

冲击耐压试验应按照 GB/T 20840.1，GB/T 20840.5，GB/T 16927.1 和 GB/T 16927.2 的有关规定进行。一次端额定雷电冲击耐压试验的选取均应以表 2-7-13 所列的设备最高电压为依据。

表 2-7-13　互感器的一次端额定绝缘水平

设备最高电压 U_m （方均根值，kV）	额定工频耐受电压 （方均根值，kV）	额定雷电冲击耐受电压 （峰值，kV）
40.5	80/95	185/200

试验时，一次接地端子和每个二次绕组至少一个端子、座架、箱壳（如果有）、和铁芯（如果要求接地）均应接地。

施加的冲击波形应按照 GB/T 16927.1 的规定，如受试验设备限制，则波前时间最多可延长到 8μs。

电容式电压互感器是否有损伤将在后续试验中检测。可通过适当的电流记录装置做接地连接。

试验程序为：试验应在正和负两种极性下进行。应施加每一极性连续冲击 15 次，不做大气修正。

7.5.4　结果判定

以额定雷电冲击波形的变异作为内部损坏的指示。如满足下列条件，则认为互感器通过各极性冲击试验：

（1）每一组试验（正极性和负极性）至少冲击 15 次。

（2）非自恢复绝缘不发生破坏性放电，对此确认的条件是跟随一次破坏性放电后能耐受连续冲击 5 次。

（3）每一组试验的自恢复绝缘破坏性放电不超过 2 次。

（4）此程序使每一组试验最多可能冲击 25 次。

（5）未发现绝缘损坏的证据（例如，作为验证试验的例行试验时各记录量波形的变异）。

如果试验时发生破坏性放电，而无证据显示破坏性放电发生在自恢复绝缘上，则互感器应在绝缘试验完成后拆开检查。如发现非自恢复绝缘损坏，则认为互感器未通过试验。

7.5.5　注意事项

对试验室墙壁或天花板闪络的冲击应忽略不计。进行试验前，应断开过电压限值元件。

7.5.6 试验实例

7.5.6.1 接线示意图

一次端冲击耐压试验接线示意图如图 2-7-12 所示。

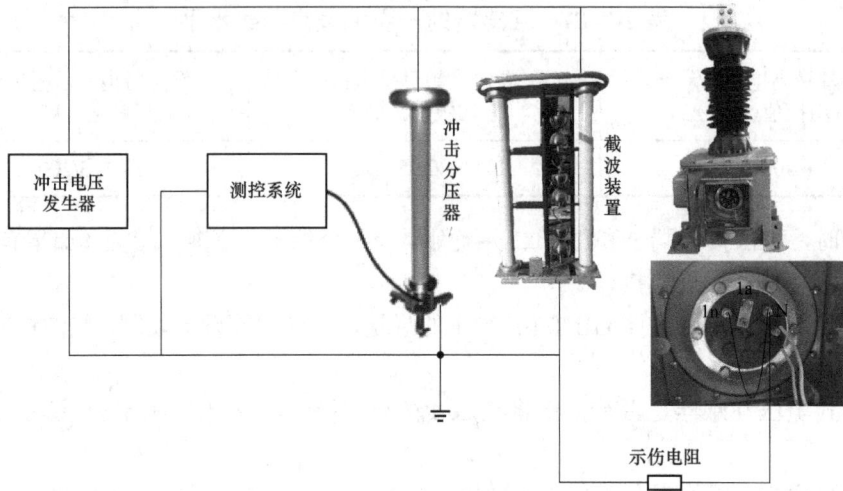

图 2-7-12 一次端冲击耐压试验接线示意图

7.5.6.2 试验记录

一次端冲击耐压试验记录表（参考示例）如表 2-7-14 所示。

表 2-7-14 一次端冲击耐压试验记录（参考示例）

环境温度：16.4℃   相对湿度：48.0%

试验序号	冲击波类型	峰值电压（kV）	截断时间（峰值后，μs）	波形序号	结果
1	正极性标准雷电冲击全波	114	—	1	无闪络、无击穿
2	正极性标准雷电冲击全波	198	—	2	无闪络、无击穿
3	正极性标准雷电冲击全波	199	—	3	无闪络、无击穿
4	正极性标准雷电冲击全波	200	—	4	无闪络、无击穿
5	正极性标准雷电冲击全波	199	—	5	无闪络、无击穿
6	正极性标准雷电冲击全波	199	—	6	无闪络、无击穿
7	正极性标准雷电冲击全波	200	—	7	无闪络、无击穿
8	正极性标准雷电冲击全波	199	—	8	无闪络、无击穿
9	正极性标准雷电冲击全波	199	—	9	无闪络、无击穿
10	正极性标准雷电冲击全波	199	—	10	无闪络、无击穿

试验序号	冲击波类型	峰值电压（kV）	截断时间（峰值后，μs）	波形序号	结果
11	正极性标准雷电冲击全波	200	—	11	无闪络、无击穿
12	正极性标准雷电冲击全波	199	—	12	无闪络、无击穿
13	正极性标准雷电冲击全波	200	—	13	无闪络、无击穿
14	正极性标准雷电冲击全波	200	—	14	无闪络、无击穿
15	正极性标准雷电冲击全波	200	—	15	无闪络、无击穿
16	正极性标准雷电冲击全波	199	—	16	无闪络、无击穿
17	负极性标准雷电冲击全波	114	—	17	无闪络、无击穿
18	负极性标准雷电冲击全波	200	—	18	无闪络、无击穿
19	负极性标准雷电冲击全波	200	—	19	无闪络、无击穿
20	负极性标准雷电冲击全波	200	—	20	无闪络、无击穿
21	负极性标准雷电冲击全波	200	—	21	无闪络、无击穿
22	负极性标准雷电冲击全波	200	—	22	无闪络、无击穿
23	负极性标准雷电冲击全波	200	—	23	无闪络、无击穿
24	负极性标准雷电冲击全波	200	—	24	无闪络、无击穿
25	负极性标准雷电冲击全波	199	—	25	无闪络、无击穿
26	负极性标准雷电冲击全波	200	—	26	无闪络、无击穿
27	负极性标准雷电冲击全波	200	—	27	无闪络、无击穿
28	负极性标准雷电冲击全波	199	—	28	无闪络、无击穿
29	负极性标准雷电冲击全波	200	—	29	无闪络、无击穿
30	负极性标准雷电冲击全波	199	—	30	无闪络、无击穿
31	负极性标准雷电冲击全波	200	—	31	无闪络、无击穿
32	负极性标准雷电冲击全波	199	—	32	无闪络、无击穿

7.6 户外型互感器的湿试验

7.6.1 试验目的

检验互感器在淋雨条件下，其外绝缘是否符合标准要求。

7.6.2 试验设备

试验设备要求详见表 2-7-15。

表 2-7-15 试验设备一览表（推荐）

序号	设备名称	设备关键参数和要求
1	试验变压器	额定频率：50Hz； 额定容量应不低于 100kVA； 输出电压应不低于 100kV
2	电导率仪	输出范围覆盖 50～150μS/cm； 准确度不低于 5 级

7.6.3 试验方法

7.6.3.1 试验原理图

户外型互感器湿试验的原理图如图 2-7-13 所示。

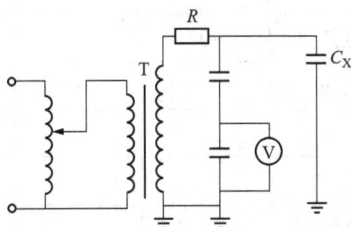

图 2-7-13 户外型互感器湿试验的原理图

T—试验变压器；R—保护电阻；C_X—试品；V—峰值电压表

7.6.3.2 试验程序

淋雨试验程序应按照 GB/T 16927.1 的规定。收集到的水电导率为 $100\pm15\mu S/cm$，雨水温度在周围环境温度±15℃的范围内。平均淋雨率的水平和垂直分量均为 1.0～2.0mm/min，预淋 15min。

用满足规定电阻率和温度的水喷射试品。落在试品上的水应成滴状（避免雾状），并控制喷射角度，使其在垂直和水平方向的分布量大致相等。用量雨器测量水量，量雨器应具有两个隔开的开口均为 100～750cm² 的容器：一个开口测水平分布量，另一个开口测垂直分布量，垂直的开口面对淋雨方向。

通常情况下，湿试验结果与其他高压放电或耐受试验相比重复性差。为减少分散性，应采用下述方法：

（1）对于高度小于 1m 的试品，量雨器要位于靠近试品的地方，但要避免试品上溅出的雨滴。测量时，应缓慢地在足够大的区域移动并求其雨量的平均值。为避免个别喷嘴喷射不均匀的影响，测量的宽度应等于试品宽度，最大宽度为 1m。

（2）对于高度为 1～3m 的试品，应在试品顶部、中部和底部分别进行测量，每一测量区域仅涵盖试品高度的 1/3。

（3）对于水平尺寸大的试品，采用类似（1）和（2）的方法。

（4）试品表面用活性洗涤剂洗净会减少试验的分散性，洗涤剂在开始淋雨之前应擦净。

（5）试验的结果可能受局部反常（偏大或偏小）淋雨量的影响。如果需要，宜采用局部测量进行检验，以改进喷射的均匀性。

试品应按规定条件在规定的容差范围内至少不间断预淋 15min，预淋时间不包括调整喷水所需的时间。开始时也可以用自来水预淋 15min，接着在试验开始前需用规定的水连续预淋至少 2min。雨水条件应在试验开始前进行测量。

7.6.4　结果判定

允许闪络一次，但在重复试验时不应再发生闪络。

7.6.5　注意事项

如果电磁单元与电容分压器之间连接是在内部，则电磁单元和电容分压器应断开连接。如果电磁单元与电容分压器之间的中压连接是在外部，则电磁单元外露的中压端子应随后进行单独的湿试验。

7.6.6　试验实例

7.6.6.1　接线示意图

户外型互感器湿试验的接线示意图如图 2-7-14 所示。

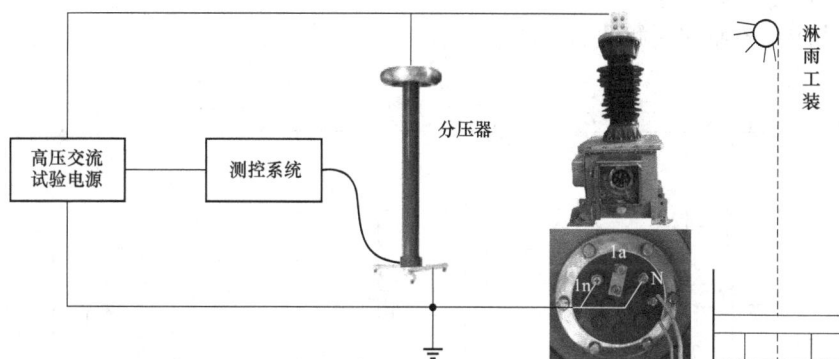

图 2-7-14　户外型互感器湿试验的接线示意图

7.6.6.2　试验记录

户外型互感器的试验记录表（参考示例）如表 2-7-16 所示。

表 2-7-16　户外型互感器的湿试验记录（参考示例）

环境温度：16.4℃　　　　　相对湿度：48.0%　　　　　大气压力：102.2kPa

施加方式	试验电压/频率/时间
电容分压器高压端子对地	95kV/50Hz/60s

7.7 暂 态 响 应 试 验

7.7.1 试验目的

检验电容式电压互感器的暂态性能是否满足标准要求。

7.7.2 试验设备

试验设备要求详见表 2-7-17。

表 2-7-17 试验设备一览表（推荐）

序号	设备名称	设备关键参数和要求
1	试验变压器	额定容量应不低于 50kVA； 输出电压应不低于 20kV
2	交流高压真空接触器	额定工作电流应不低于 160A； 额定工作电压应不低于 40.5kV

7.7.3 试验方法

7.7.3.1 试验线路原理图

暂态响应试验原理图如图 2-7-15 所示。

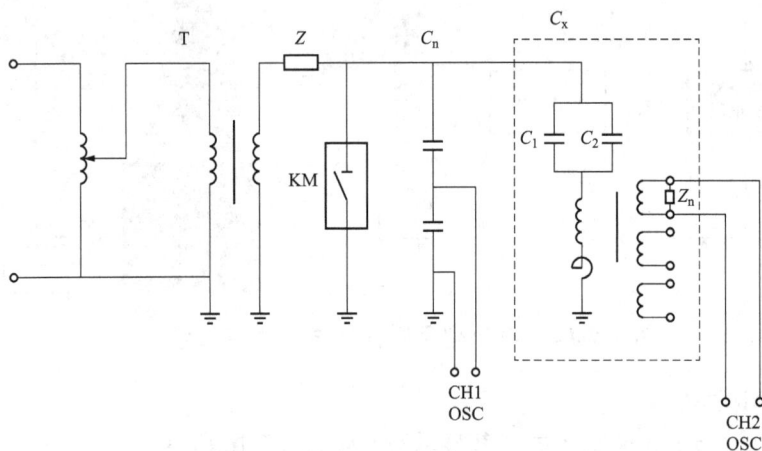

图 2-7-15 暂态响应试验原理图

T—试验变压器；KM—高压接地开关；C_n—分压器；C_x—试品；OSC—示波器

7.7.3.2 试验程序

试验应在实际一次电压 U_p 或等效电路上为 $\dfrac{U_p C_1}{C_1 + C_2}$ 以及 100% 和 25% 额定负荷时，将高压电源短接后进行。试验应在一次电压峰值时进行两次和在一次电压过零值时进行两次。偏离一次电压峰值和过零值的相位角不得超过±20°。试品暂态响应数值和级的标准值见表 2-7-18。

表 2-7-18　暂态响应数值和级的标准值

时间 T_S (ms)	$\dfrac{\|U_s(t)\|}{\sqrt{2} \times U_s} \times 100\%$		
	分级		
	3TV1 6TV1	3PT2 6PT2	3PT3 6PT3
10	—	≤25	≤4
20	≤10	≤10	≤2
40	<10	≤2	≤2
60	<10	≤0.6	≤2
90	<10	≤0.2	≤2

试验方法如下：

（1）根据互感器的电容量及额定电压选择合适的工频试验变压器。

（2）按互感器的正常使用状态将工频试验变压器高压导线与互感器一次连接，互感器二次绕组按要求连接相应的负载。

（3）将接地开关高端与高压线连接，低端可靠接地。由于是高压对地短路，需要将保护电阻安装在试验高压电路相应的位置。

（4）将分压器的信号线接入示波器 CH1 通道，并加装 10 或 100 倍的衰减器。将二次电压信号接入 CH2 通道，并加装 10 或 100 倍的衰减器。

（5）控制器输入电压为 220V、输出电压为 220V，接入暂态响应专用接地开关的电源接头 1#、2#端子排内。将控制器面板上的时间继电器调整为 0.1s。

（6）试验时，把试验电压上升到规定值（$1.0U_{pr}$、$1.2U_{pr}$、$1.9U_{pr}$），示波器置于触发准备状态，按下控制器的合闸按钮，暂态响应专用接地开关将互感器一次对地短路 0.1s 后解除对地短路，则示波器会采集到相应的暂态响应波形。

7.7.4　结果判定

试验结果应满足表 2-7-18 规定的数值。

7.7.5　注意事项

该试验仅适用于保护用电容式电压互感器。试验推荐在由实际电容分压器组成的等效电路上进行。

7.7.6 试验实例

7.7.6.1 接线示意图

暂态响应试验接线示意图如图 2-7-16 所示。

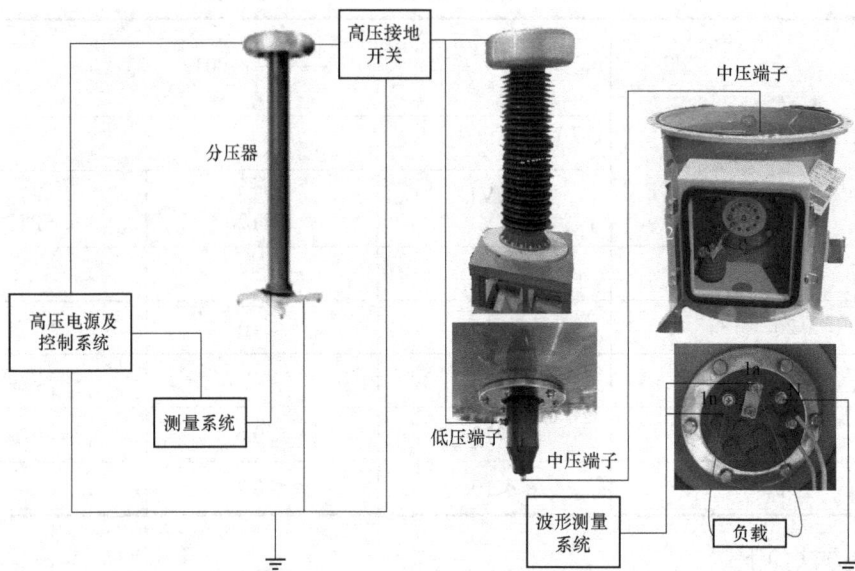

图 2-7-16 暂态响应试验接线示意图

7.7.6.2 试验记录

暂态响应试验记录表（参考示例）如表 2-7-19 所示。

表 2-7-19 暂态响应试验记录（参考示例）

环境温度：16.4℃　　　　　　　　　　相对湿度：48.0%

试验绕组：2a2n	二次负荷 1a1n：30VA，2a2n：30VA，dadn：30VA		
次数	试验电压	短路相角度	0.02s 后的电压（%）
1	$1.0U_{pr}$	峰值	<10
2	$1.0U_{pr}$	峰值	<10
3	$1.0U_{pr}$	过零	<10
4	$1.0U_{pr}$	过零	<10
5	$1.2U_{pr}$	峰值	<10
6	$1.2U_{pr}$	峰值	<10
7	$1.2U_{pr}$	过零	<10
8	$1.2U_{pr}$	过零	<10

续表

试验绕组：2a2n	二次负荷 1a1n：30VA，2a2n：30VA，dadn：30VA		
次数	试验电压	短路相角度	0.02s 后的电压（%）
9	$1.9U_{pr}$	峰值	<10
10	$1.9U_{pr}$	峰值	<10
11	$1.9U_{pr}$	过零	<10
12	$1.9U_{pr}$	过零	<10

环境温度：16.4℃　　　　　　　　　　相对湿度：48.0%

试验绕组：2a2n	二次负荷 1a1n：0VA，2a2n：7.5VA，dadn：0VA		
次数	试验电压	短路相角度	0.02s 后的电压（%）
1	$1.0U_{pr}$	峰值	<10
2	$1.0U_{pr}$	峰值	<10
3	$1.0U_{pr}$	过零	<10
4	$1.0U_{pr}$	过零	<10
5	$1.2U_{pr}$	峰值	<10
6	$1.2U_{pr}$	峰值	<10
7	$1.2U_{pr}$	过零	<10
8	$1.2U_{pr}$	过零	<10
9	$1.9U_{pr}$	峰值	<10
10	$1.9U_{pr}$	峰值	<10
11	$1.9U_{pr}$	过零	<10
12	$1.9U_{pr}$	过零	<10

7.8 铁磁谐振试验

7.8.1 试验目的

检验电容式电压互感器在二次短路故障下，防止持续的铁磁谐振性能是否满足标准要求。

7.8.2 试验设备

试验设备要求详见表2-7-20。

表 2-7-20　试验设备一览表（推荐）

序号	设备名称	设备关键参数和要求
1	试验变压器	额定频率：50Hz； 额定容量应不低于 50kVA； 输出电压应不低于 20kV
2	交流高压真空接触器	额定工作电流应不低于 160A； 额定工作电压应不低于 40.5kV

7.8.3　试验方法

7.8.3.1　试验原理图

铁磁谐振试验原理图如图 2-7-17 所示。

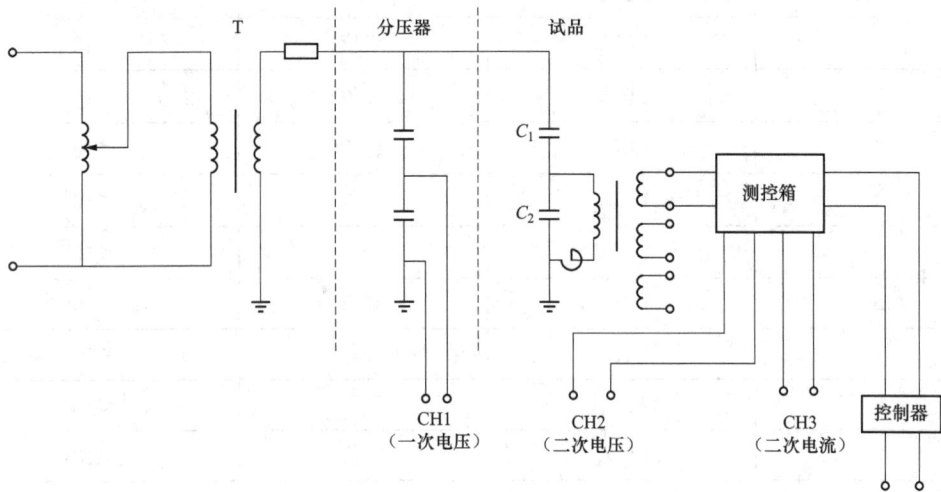

图 2-7-17　铁磁谐振试验原理图

7.8.3.2　试验程序

试验应在完整的电容式电压互感器或等效电路上进行。

在不超过 $F_v U_{pr}$（F_v 为额定电压因数，U_{pr} 为额定一次电压的方均根值）的任一电压下和负荷为 0 至额定负荷之间的任一值时，由开关操作或者二次端子上暂态现象引起的电容式电压互感器的铁磁谐振应不持续。对于铁磁谐振试验，应在表 2-7-21 规定的每一个电压下至少进行 10 次。

试验时，电源在短路前后的电压差异应不超过 10%，并应保持为实际正弦波。消除短路后电容式电压互感器的负荷应仅为录波装置，且不得超过 1VA。

7.8.4　结果判定

电容式电压互感器应满足表 2-7-21 要求的振荡时间及经时间 T_F 之后的最大瞬时误差。

表 2-7-21 铁磁谐振试验要求

一次电压 U_p（方均根值）	铁磁谐振振荡时间 T_F（s）	经时间 T_F 之后的最大瞬时误差（%）
$0.8U_{pr}$	≤0.5	≤10
$1.0U_{pr}$	≤0.5	≤10
$1.2U_{pr}$	≤0.5	≤10
$1.9U_{pr}$	≤2	≤10

7.8.5 注意事项

该试验推荐在完整的电容式电压互感器上进行。

7.8.6 试验实例

7.8.6.1 接线示意图

铁磁谐振试验接线示意图如图 2-7-18 所示。

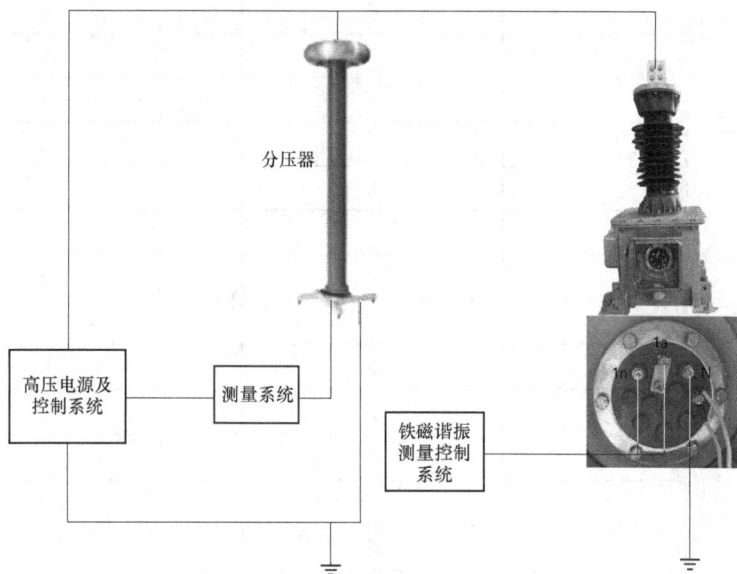

图 2-7-18 铁磁谐振试验接线示意图

7.8.6.2 试验记录

铁磁谐振试验记录表（参考示例）如表 2-7-22 所示。

表 2-7-22 铁磁谐振试验记录（参考示例）

环境温度：16.4℃ 　　　　　　　　　　　　　相对湿度：48.0%

一次电压	试验次序	短路时间（周波数）	最大瞬时误差大于10%的周波数
$0.8U_{pr}$	1	6	8
	2	6	8

续表

一次电压	试验次序	短路时间（周波数）	最大瞬时误差大于10%的周波数
0.8U_{pr}	3	6	7
	4	6	6
	5	6	8
	6	6	9
	7	6	7
	8	6	4
	9	6	5
	10	6	7
1.0U_{pr}	1	6	6
	2	6	9
	3	6	8
	4	6	8
	5	6	7
	6	6	4
	7	6	3
	8	6	7
	9	6	5
	10	6	5
1.2U_{pr}	1	6	5
	2	6	6
	3	6	7
	4	6	4
	5	6	8
	6	6	8
	7	6	6
	8	6	8
	9	6	5
	10	6	5
1.9U_{pr}	1	6	2
	2	6	2
	3	6	4
	4	6	3
	5	6	3

续表

一次电压	试验次序	短路时间（周波数）	最大瞬时误差大于10%的周波数
1.9U_{pr}	6	6	4
	7	6	2
	8	6	2
	9	6	4
	10	6	4

7.9 短路承受能力试验

7.9.1 试验目的

检验电容式电压互感器在二次短路故障下，绕组承受短时机械效应及热效应的能力是否满足标准要求。

7.9.2 试验设备

试验设备要求详见表2-7-23。

表 2-7-23 试验设备一览表（推荐）

序号	设备名称	设备关键参数和要求
1	试验变压器	额定容量应不低于50kVA； 输出电压应不低于20kV
2	交流高压真空接触器	额定工作电流应不低于160A； 额定工作电压应不低于40.5kV

7.9.3 试验方法

7.9.3.1 试验原理图

短路承受能力试验原理图如图2-7-19所示。

7.9.3.2 试验程序

试验电压应施加在电容式电压互感器的高压端子与地之间，二次端子之间短接。短路试验进行一次，持续时间为1s，测量二次电压及二次电流进行并记录。

电容式电压互感器在额定电压励磁下应能承受1s的二次绕组外部短路造成的机械、电和热的效应而无损伤。

试验线路及设备均与铁磁谐振试验相同,建议在完成铁磁谐振试验10min后进行试验。

7.9.4 结果判定

试品冷却到环境温度的互感器如果满足下列要求，则认为通过试验。

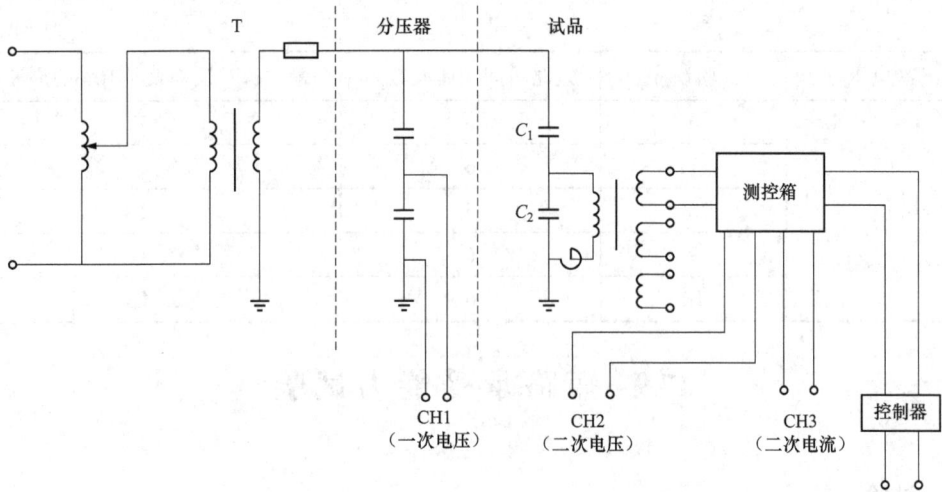

图 2-7-19 短路承受能力试验原理图

无可见损伤。误差与试验前的差异不超过其准确级相应误差限值的一半，满足相应准确度级的要求，且电容值无显著变化。能够承受表 2-6-1 中规定的绝缘例行试验。经检验，电磁单元中变压器的一次绕组和二次绕组表面的绝缘无明显的劣化现象，如老化。

7.9.5 试验实例

7.9.5.1 接线示意图

短路承受能力试验接线示意图如图 2-7-20 所示。

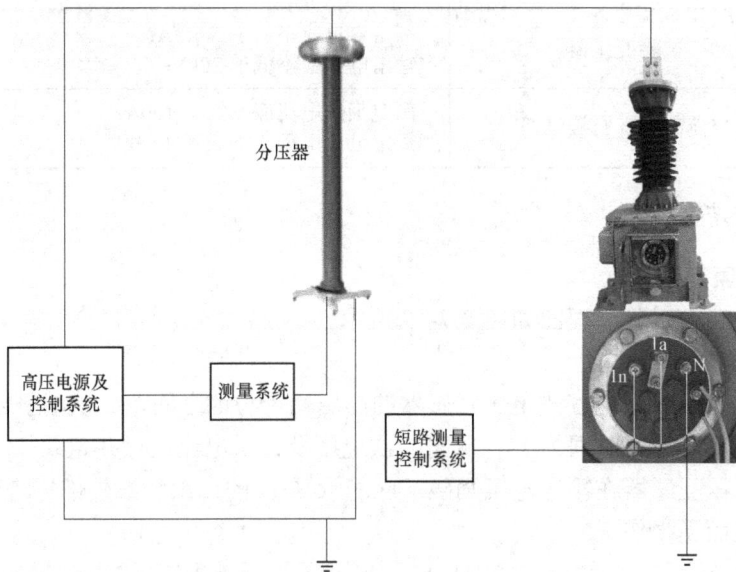

图 2-7-20 短路承受能力试验接线示意图

7.9.5.2 试验记录

短路承受能力试验的试验记录表（参考示例）如表 2-7-24 所示。

表 2-7-24　短路承受能力试验记录（参考示例）

环境温度：16.4℃　　　　　　　　　　　　　相对湿度：48.0%

短路绕组	一次电压（kV）	二次短路电流（A）	持续时间（s）
1a1n	20.2	176	1.01

7.10　准确度试验

7.10.1　试验目的

检验互感器计量、测量及保护绕组准确度是否符合标准要求。

7.10.2　试验设备

试验设备要求详见表 2-7-25。

表 2-7-25　试验设备一览表（推荐）

序号	设备名称	设备关键参数和要求
1	试验变压器	额定容量应不低于60kVA； 输出电压应不低于30kV
2	互感器校验仪	额定电压流覆盖（100，100/3）V； 测量准确度应不低于2级
3	标准电压互感器	额定一次电压不低于35kV； 额定二次电压：100V、100/3V； 准确度应不低于0.05级

7.10.3　试验方法

7.10.3.1　试验原理图

准确度试验原理如图 2-7-21 所示。

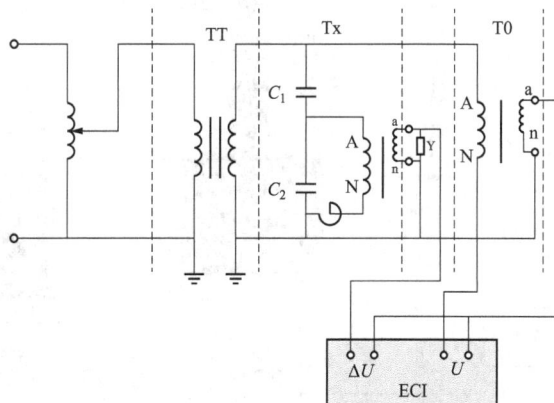

图 2-7-21　准确度试验原理图

TT—试验变压器；Tx—试品；T0—标准电压互感器；ECI—校验仪

7.10.3.2 试验程序

在室温和工频 50Hz 条件下进行试验，分别测量额定负载和规定下限负载的各绕组误差。

7.10.4 结果判定

电容式电压互感器二次绕组误差若满足表 2-7-26 和表 2-7-27 的误差限值要求，则判定试验合格。

表 2-7-26　测量用电容式电压互感器的电压误差和相位差限值

准确级	电压误差（比值差）误差±%	相位差	
		±（′）	±crad
0.2	0.2	10	0.3
0.5	0.5	20	0.6
1.0	1.0	40	1.2

表 2-7-27　保护用电容式电压互感器的电压误差和相位差限值

准确级	在额定电压百分数下的电压（比值差）±%				相位差							
					±（′）				±crad			
	2	5	100	190	2	5	100	190	2	5	100	190
3P	6.0	3.0	3.0	3.0	240	120	120	120	7.0	3.5	3.5	3.5
6P	12.0	6.0	6.0	6.0	480	240	240	240	14.0	7.0	7.0	7.0

7.10.5 试验实例

7.10.5.1 接线示意图

准确度试验接线示意图如图 2-7-22 所示。

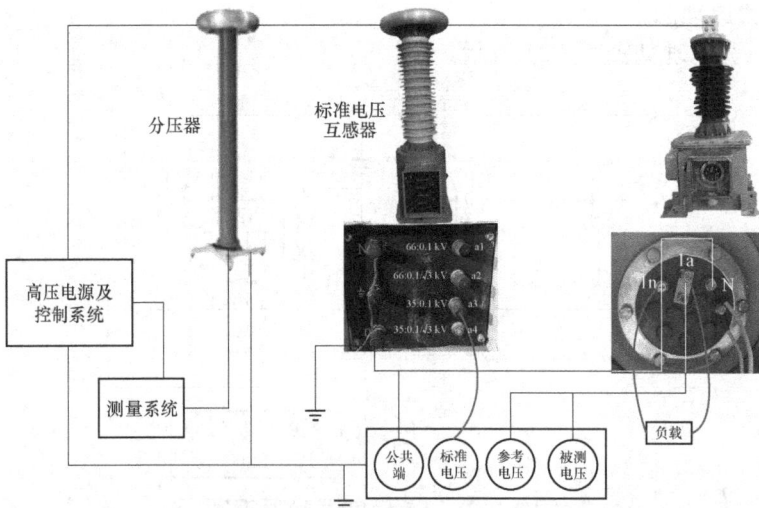

图 2-7-22　准确度试验接线示意图

7.10.5.2 试验记录

准确度试验记录表（参考示例）如表 2-7-28 所示。

表 2-7-28 准确度试验记录（参考示例）

环境温度：16.4℃ 相对湿度：48.0%

二次绕组	准确级	U_{pr}（%）	二次负荷（VA）cosφ=0.8			比值差（%）	相角差（′）	频率（Hz）
			1a1n	2a2n	dadn			
1a1n	0.2	80	30	30	0	−0.081	+5.2	50.0
			2.5	0	0	+0.123	+1.7	50.0
		100	30	30	0	−0.080	+5.3	50.0
			2.5	0	0	+0.121	+1.2	50.0
		120	30	30	0	−0.083	+5.3	50.0
			2.5	0	0	+0.121	+1.6	50.0
2a2n	0.5	80	30	30	0	−0.151	+8.1	50.0
			0	2.5	0	+0.101	0	50.0
		100	30	30	0	−0.153	+8.9	50.0
			0	2.5	0	+0.102	0	50.0
		120	30	30	0	−0.151	+8.4	50.0
			0	2.5	0	+0.101	0	50.0
2a2n	3P	2	30	30	0	−0.154	+8.3	50.0
			0	2.5	0	+0.353	+2.9	50.0
		5	30	30	0	−0.203	+4.1	50.0
			0	2.5	0	+0.151	+2.7	50.0
		100	30	30	0	−0.151	+8.1	50.0
			0	2.5	0	+0.102	0	50.0
		190	30	30	30	−0.951	+2.1	50.0
			0	2.5	0	−0.501	−8.1	50.0
dadn	3P	2	30	30	0	−0.201	+10.2	50.0
			0	0	0	+0.552	+2.4	50.0
		5	30	30	0	−0.251	+6.2	50.0
			0	0	0	+0.402	+2.6	50.0
		100	30	30	0	−0.251	+2.9	50.0
			0	0	0	+0.352	−2.8	50.0
		190	30	30	30	−1.402	+4.1	50.0
			0	0	2.5	−0.803	−4.2	50.0

7.11 环境温度下密封性能试验——电容分压器密封性能试验

7.11.1 试验目的

检验电容式电压互感器的密封性能是否满足标准要求。

7.11.2 试验设备

试验设备要求详见表 2-7-29。

表 2-7-29 试验设备一览表（推荐）

序号	设备名称	设备关键参数和要求
1	压力表	压力测量范围应不小于：0～200kPa； 压力测量准确度应不低于 2 级
2	烘箱	温度范围应不小于 60℃

7.11.3 试验方法

7.11.3.1 试验程序

试验在电容分压器上进行，采用加温的方式使分压器内部绝缘油膨胀，从而使分压器内部压力超过工作压力，保持 8h。试验压力取决于电容器单元所用膨胀装置的类型。

图 2-7-23 电容分压器密封
性能试验照片

7.11.4 结果判定

如无渗漏油现象，则认为试验合格。

7.11.5 注意事项

通常采用加温的方式来增加电容分压器的内部压力。

7.11.6 试验实例

7.11.6.1 试验照片

电容分压器密封性能试验照片如图 2-7-23 所示。

7.11.6.2 试验记录

电容分压器密封性能试验记录表（参考示例）如表 2-7-30 所示。

表 2-7-30　电容分压器密封性能力试验记录（参考示例）

环境温度：16.4℃　　　　　　　　　　　　　　　相对湿度：48.0%

标准要求	检测结果
将电容分压器置于烘箱内，加温至 60℃后保持 8h，应无渗漏油现象	将电容分压器置于烘箱内，加温至 60℃后保持 8h，无渗漏油现象

7.12　工频电容和 tanδ 测量（复测）

7.12.1　试验目的

检验互感器绝缘介质性能是否满足标准要求。

7.12.2　试验设备

试验设备要求详见表 2-7-31。

表 2-7-31　试验设备一览表（推荐）

序号	设备名称	设备关键参数和要求
1	高压标准电容器	额定电压不低于 40kV
2	多功能高压电容电桥	电容量覆盖 1～100000pF；tanδ 应覆盖±10%
3	工频电压测量系统	电压测量范围覆盖 5～150kV；准确度不低于 3 级

7.12.3　试验方法

7.12.3.1　试验线路原理图

工频电容和 tanδ（复测）测量试验原理图如图 2-7-24 所示。

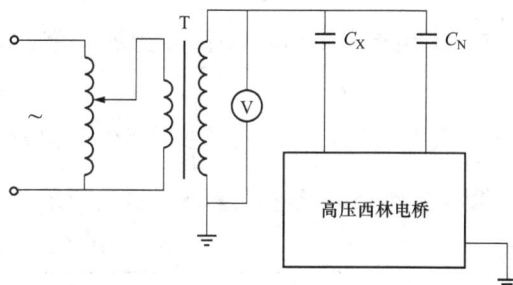

图 2-7-24　工频电容和 tanδ 测量（复测）试验原理图

T—试验变压器；C_X—被测电容；C_N—标准电容

7.12.3.2 试验程序

试验程序除满足 7.3.3 规定外还应增补以下内容：在绝缘的型式试验（7.5 节）后，在不高于 0.15 倍额定电压下测量。通过对比工频电容和 tanδ 测量（初测）试验数据以判断绝缘试验有无电容器元件击穿。

7.12.4 结果判定

若电容器元件无击穿且 tanδ 不超过 7.3.3 规定值则判定试验合格。

7.12.5 注意事项

计算电容器元件变化量需提供电容器元件个数。

7.12.6 试验实例

7.12.6.1 接线示意图

工频电容和 tanδ 测量（复测）试验接线示意图如图 2-7-25 所示。

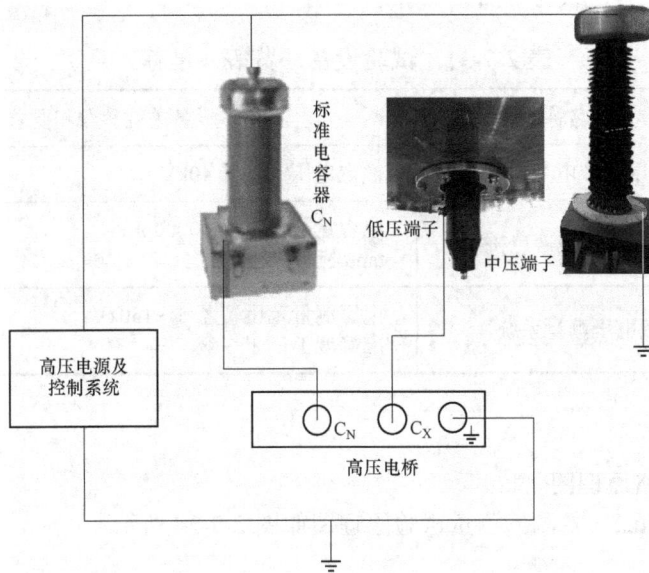

图 2-7-25 工频电容和 tanδ 测量（复测）接线示意图

7.12.6.2 试验记录

工频电容和 tanδ 测量（复测）试验记录表（参考示例）如表 2-7-32 所示。

表 2-7-32 工频电容和 tanδ 测量（复测）试验记录（参考示例）

环境温度：16.4℃ 相对湿度：48.0%

名称	测量电压 （kV）	复测电容值 （pF）	tanδ （%）	元件个数	电容变化量 （%）	有无击穿
C_2	1	40062	+0.105	—	—	—

220

名称	测量电压（kV）	复测电容值（pF）	tanδ（%）	元件个数	电容变化量（%）	有无击穿
C_1	2	40588	+0.106	—	—	—
C_r	3	20172	+0.102	30	−0.04	无

7.13 一次端工频耐压试验——电容分压器的工频耐压试验

7.13.1 试验目的

检验电容式电压互感器的电容分压器的内、外绝缘是否满足标准要求。

7.13.2 试验设备

试验设备要求详见表 2-7-33。

表 2-7-33 试验设备一览表（推荐）

序号	设备名称	设备关键参数和要求
1	试验变压器	额定容量应不低于 100kVA； 输出电压应不低于 100kV
2	工频电压测量系统	测量范围覆盖 5～150kV； 准确度不低于 3 级

7.13.3 试验方法

7.13.3.1 试验原理图

一次端工频耐压试验——电容分压器的工频耐压试验原理图如图 2-7-26 所示。

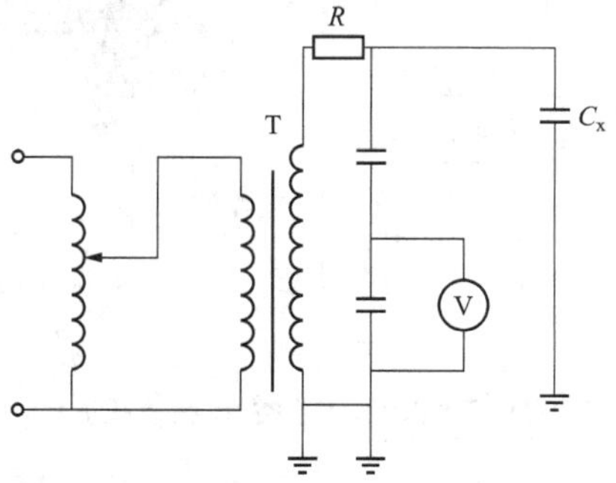

图 2-7-26 一次端工频耐压试验——电容分压器的工频耐压试验原理图

T—试验变压器；R—保护电阻；C_x—试品；V—峰值电压表

7.13.3.2 试验程序

电容分压器及中压电容器均应进行工频耐压试验。电容分压器试验时，试验电压施加在线路端子与接地端子之间，单元试验时试验电压施加在两个端子之间。当带有低压端子时，试验时它应直接或通过低阻抗接地。

电容分压器的一次端工频耐压值按表 2-3-7 设备最高电压对应取值。

电容分压器中压电容的工频耐压取 $U' \times \dfrac{C_{1r}}{C_{1r}+C_{2r}} \times K$ 或者 $U_{pr} \times 3.6 \times \dfrac{C_{1r}}{C_{1r}+C_{2r}}$ 两式计算结果的较高者。其中，U' 为电容式电压互感器的额定短时工频耐受电压；K 为电压分布不均匀系数，可取 1.05。

电容分压器低压端子的工频耐压：短时工频耐受试验电压应为 4kV（方均根值）。

试验时应注意下列事项：

（1）电磁单元不断开。

（2）如果低压端子与地之间装有保护间隙，则试验时应防止其动作。试验时载波附件应断开（如果有载波附件）。

7.13.4 结果判定

试验中，击穿和闪络皆没有发生则判定试验合格。

7.13.5 试验实例

7.13.5.1 接线示意图

一次端工频耐压试验——电容分压器的工频耐压接线示意图如图 2-7-27 所示。

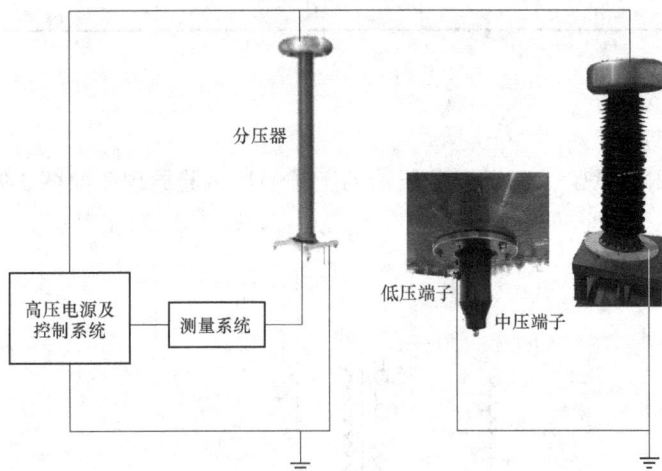

图 2-7-27 一次端工频耐压试验——电容分压器的工频耐压试验接线示意图

7.13.5.2 试验记录

一次端工频耐压试验——电容分压器的工频耐压试验记录表（参考示例）如表 2-7-34 所示。

表 2-7-34　一次端工频耐压试验——电容分压器的工频耐压试验记录（参考示例）

环境温度：16.4℃　　　　　　相对湿度：48.0%　　　　　　大气压力：102.2kPa

电容分压器	
施加方式	试验电压/频率/时间
高压端子对地	95kV/50Hz/60s
中压端子对地	50kV/50Hz/60s
低压端子对地	4kV/50Hz/60s

7.14　局部放电测量

7.14.1　试验目的

检验电容式电压互感器的内绝缘，发现绝缘局部隐形缺陷。

7.14.2　试验设备

试验设备要求详见表 2-7-35。

表 2-7-35　试验设备一览表（推荐）

序号	设备名称	设备关键参数和要求
1	试验变压器	额定容量应不低于 100kVA；输出电压应不低于 100kV
2	工频电压测量系统	测量范围覆盖 5～150kV；准确度不低于 3 级
3	局部放电检测系统	测量范围覆盖 0～100pC；测量准确度应不低于 10 级

7.14.3　试验方法

7.14.3.1　试验原理图

局部放电试验原理图如图 2-7-28 所示。

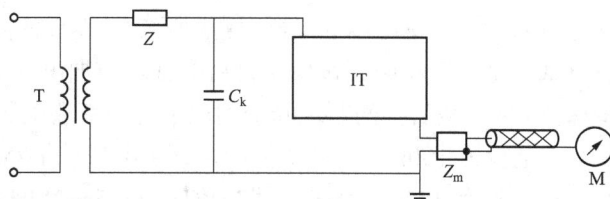

（a）局部放电测量（串联法）

图 2-7-28　局部放电试验原理图（一）

223

（b）局部放电测量（并联法）

（c）局部放电测量（平衡法）

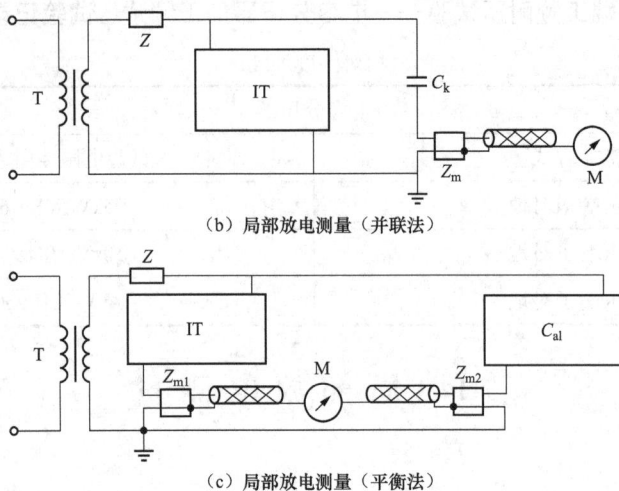

图 2-7-28　局部放电试验原理图（二）

T—试验变压器；IT—被试互感器；C_k—耦合电容器；M—局部放电测量仪器；

Z_m、Z_{m1}、Z_{m2}—测量阻抗；Z—滤波器（如果 C_k 是试验变压器的电容，则不需要）；

C_{al}—无局部放电的辅助试品

7.14.3.2　试验程序

按照程序 A 或程序 B 施加预加电压之后，将电压降到表 2-7-36 规定的局部放电测量电压，在 30s 内测量相应的局部放电水平。

表 2-7-36　局部放电测量电压及允许水平

系统接地方式	局部放电测量电压（方均根值，kV）	局部放电最大允许水平（pC）	
		绝缘型式	
		液体浸渍	
中性点绝缘或非有效接地系统（接地故障因数>1.4）	$1.2U_m$	10	
	$1.2U_m/\sqrt{3}$	5	

测得的局部放电水平应不超过表 2-7-36 规定的限值。

程序 A：局部放电测量电压是在电容分压器工频耐压试验过后的降压过程中达到。

程序 B：局部放电试验是在工频耐压试验结束后进行。施加电压上升至额定工频耐受电压的 80%，至少保持 60s，然后不间断地降低到规定的局部放电测量电压。

宽频带仪器的带宽应至少为 100kHz，其上限截止频率不超过 1.2MHz。

窄频带仪器的谐振频率应为 0.15～2MHz，优先值应为 0.5～2MHz。

测量系统进行视在电荷 q 的测量时，测量允差为 ±10% 或 ±1pC，取两者中较大的一个。

如果和测量仪器具有适当灵敏度的电容相比，被测单元的电容太大，则局部放电试验的灵敏度就会太低。在这种情况下，可采用平衡法测量。

7.14.4 结果判定

测得的局部放电水平若不超过表 2-7-36 规定的限值，则认为试验合格。

7.14.5 注意事项

该试验仅对电容分压器进行。

7.14.6 试验实例

7.14.6.1 接线示意图

局部放电测量试验接线示意图如图 2-7-29 所示。

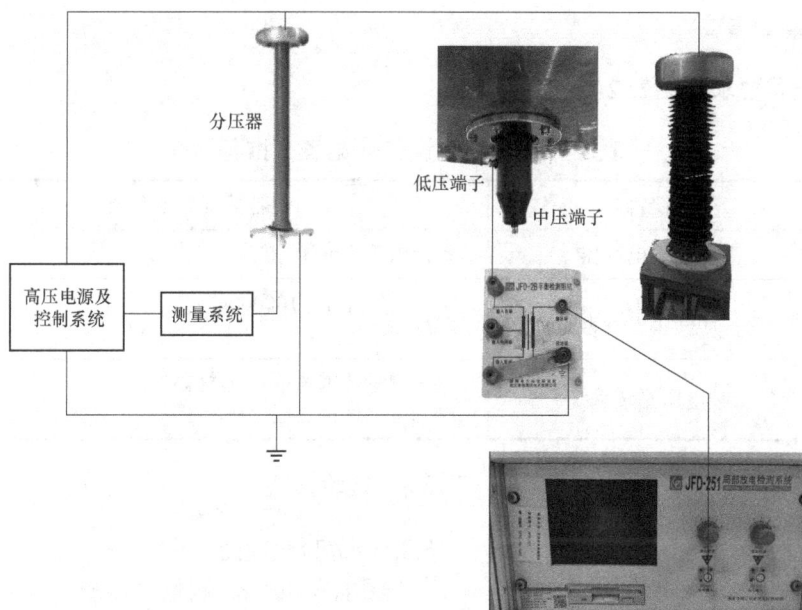

图 2-7-29 局部放电测量接线示意图

7.14.6.2 试验记录

局部放电测量试验记录表（参考示例）如表 2-7-37 所示。

表 2-7-37 局部放电测量试验记录（参考示例）

环境温度：16.4℃　　　　　　　　　　　　　　相对湿度：48.0%

电容器单元或电容分压器	电容分压器
预加电压（kV）	95
测量电压（kV）	48.6

续表

电容器单元或电容分压器	电容分压器
局部放电水平（pC）	6
测量电压（kV）	28.1
局部放电水平（pC）	3

7.15　工频电容和 tanδ 测量（终测）

7.15.1　试验目的

检验互感器绝缘介质的性能是否满足标准要求。

7.15.2　试验设备

试验设备要求详见表 2-7-38。

表 2-7-38　试验设备一览表（推荐）

序号	设备名称	设备关键参数和要求
1	高压标准电容器	额定电压不低于 40kV
2	多功能高压电容电桥	电容量覆盖 1～100000pF； tanδ 应覆盖 ±10%
3	工频电压测量系统	电压测量范围覆盖 5～150kV； 准确度不低于 3 级

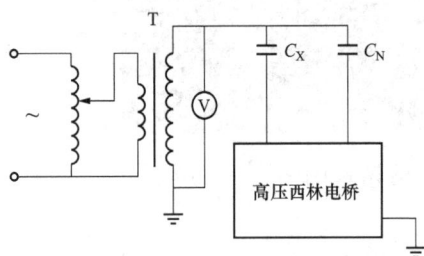

**图 2-7-30　工频电容和 tanδ 测量
（终测）试验原理图**

T—试验变压器；C_X—被测电容；
C_N—标准电容

7.15.3　试验方法

7.15.3.1　试验原理图

工频电容和 tanδ 测量（终测）试验原理图如图 2-7-30 所示。

7.15.3.2　试验程序

完成绝缘的型式试验后，在不高于 0.15 倍额定电压下测量。通过对比工频电容和 tanδ 测量（复测）试验数据以判断绝缘试验有无电容器元件击穿。

最终的电容测量应在绝缘的型式试验（7.5 节）和例行试验（7.13 节）之后进行，测量时的电压为 $(0.9～1.1)U_{pr}$。

电容器的 tanδ 应在 $(0.9～1.1)U_{pr}$ 电压下与电容测量同时进行。

7.15.4　结果判定

若电容器元件无击穿且 tanδ 不超过 7.3.3 节中的规定值，则判定试验合格。

7.15.5　试验实例

7.15.5.1　接线示意图

工频电容和 tanδ 测量（终测）接线示意图如图 2-7-31 所示。

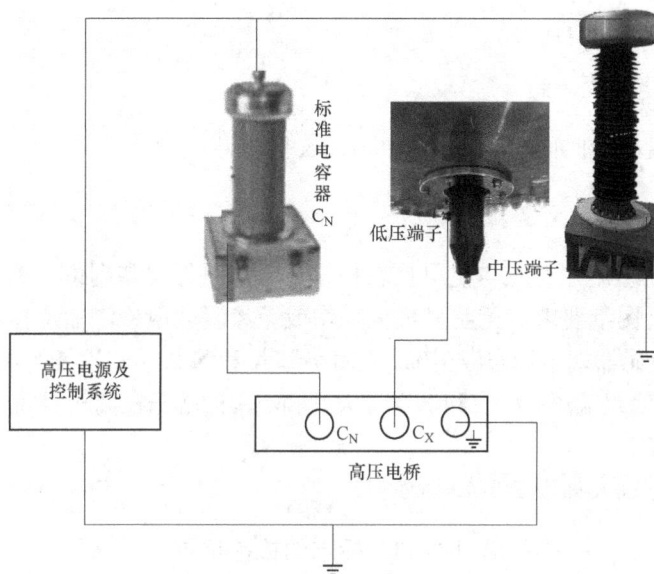

图 2-7-31　工频电容和 tanδ 测量（终测）接线示意图

7.15.5.2　试验记录

工频电容和 tanδ 测量（终测）试验记录表（参考示例）如表 2-7-39 所示。

表 2-7-39　工频电容和 tanδ 测量（终测）试验记录（参考示例）

环境温度：16.4℃　　　　　　　　　　　　　　相对湿度：48.0%

名称	测量电压（kV）	复测电容（pF）	tanδ（%）	元件个数	电容变化量（%）	有无击穿
C_2	1	40063	+0.106	—	—	—
C_1	2	40589	+0.102	—	—	—
C_r	3	20173	+0.099	30	0	无

环境温度：16.4℃　　　　　　　　　　　　　　相对湿度：48.0%

名称	测量电压（kV）	电容量（pF）	tanδ（%）	与额定值的偏差（%）
C_2	10	40062	+0.103	+0.2
C_1	10	40588	+0.104	+1.5
C_r	20	20174	+0.096	+0.9

7.16 标志的检验

7.16.1 试验目的

检验铭牌内容是否符合标准要求、端子标志是否齐全完整、极性是否正确。

7.16.2 试验方法

7.16.2.1 试验程序

在进行准确度检验时同时验证试品的 A、a 同极性。

7.16.3 结果判定

电容式电压互感器外观应与使用状态相符且全部附件安装到位，铭牌标志齐全、接线端子及螺栓符合图纸要求，无明显机械损伤或无渗漏油现象，油位指示正常。

电容式电压互感器端子标志应正确。大写字母 A 和 N 表示一次绕组端子，小写字母 a、n 表示相应的二次绕组端子。标有同一字母大写和小写的端子在同一瞬间应具有同一极性。

7.16.3.1 试验记录

标志的检验记录表如表 2-7-40 所示。

表 2-7-40 标志的检验记录

环境温度：16.4℃ 　　　　　　　　　　　　　　　　相对湿度：48.0%

铭牌、标志、接地栓、接地符号、出线端子应符合要求；油标、油阀完好，试品应无渗漏油现象	铭牌、标志、接地栓、接地符号、出线端子符合要求；油标、油阀完好，试品无渗漏油现象

7.17 一次端工频耐压试验——电磁单元的工频耐压试验

7.17.1 试验目的

检验电容式电压互感器的电磁单元内部绝缘性能是否满足标准要求。

7.17.2 试验设备

试验设备要求详见表 2-7-41。

表 2-7-41 试验设备一览表（推荐）

序号	设备名称	设备关键参数和要求
1	试验变压器	额定容量应不低于 10kVA； 输出电压应不低于 3kV

续表

序号	设备名称	设备关键参数和要求
2	工频电压测量系统	测量范围覆盖 5～150kV； 准确度不低于 3 级

7.17.3 试验方法

7.17.3.1 试验原理图

一次端工频耐压试验——电磁单元的工频耐压试验原理图如图 2-7-32 所示。

7.17.3.2 试验程序

中压回路中压端子的额定短时工频耐受电压（方均根值）应与电容分压器的中压端子耐压值相同，取 $U' \times \dfrac{C_{1r}}{C_{1r}+C_{2r}} \times K$ 或者 $U_{pr} \times 3.6 \times$

$\dfrac{C_{1r}}{C_{1r}+C_{2r}}$ 两式计算结果的较高者。其中，U' 为

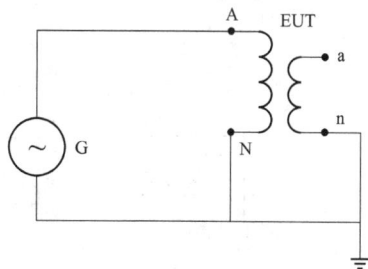

图 2-7-32 一次端工频耐压试验——电磁单元的工频耐压试验原理图

EUT—被试品；G—试验电压发生器

电容式电压互感器的额定短时工频耐受电压；K 为电压分布不均匀系数，可取 1.05。

为避免铁芯饱和，试验电压的频率可以高于额定频率，时间为 60s。但如果试验频率超过两倍额定频率时，则试验持续时间可少于 60s，但至少为 15s。

补偿电抗器绕组端子之间的绝缘水平应与在二次侧短路和开断等暂态过程中电抗器上可能出现的最大过电压水平相适应，可取 3kV。补偿电抗器的耐受电压试验用单独电源来进行，历时 60s。为避免铁芯过度饱和，可以提高试验电压的频率。

电磁单元中压回路的低压端子应单独引出，低压端子对地之间的额定工频耐受电压应为 4kV，试验时间为 60s。

7.17.4 结果判定

试验中击穿和闪络皆没有发生则判定试验合格。

7.17.5 注意事项

试验时应将电磁单元内部的阻尼器和其他过电压保护装置解除。

7.17.6 试验实例

7.17.6.1 接线示意图

一次端工频耐压试验——电磁单元的工频耐压试验接线示意图如图 2-7-33 所示。

7.17.6.2 试验记录

一次端工频耐压试验——电磁单元的工频耐压试验记录表（参考示例）如表 2-7-42

所示。

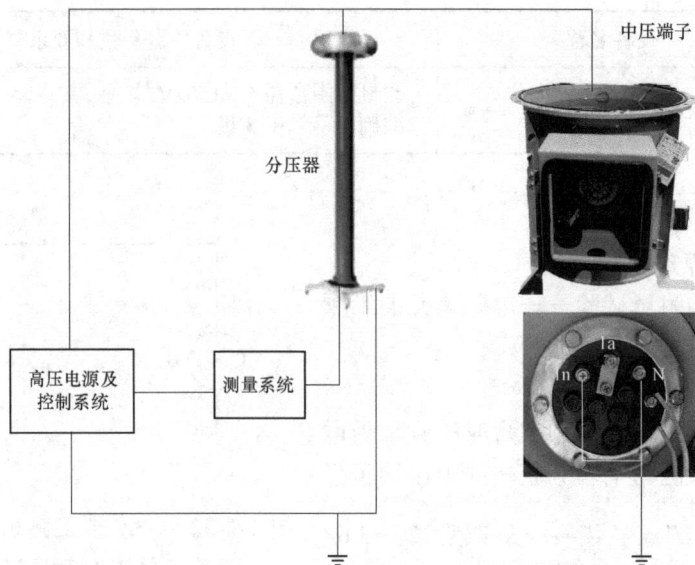

图 2-7-33　一次端工频耐压试验——电磁单元的工频耐压试验接线示意图

表 2-7-42　一次端工频耐压试验——电磁单元的工频耐压试验记录（参考示例）

环境温度：16.4℃　　　　　　　相对湿度：48.0%　　　　　　　大气压力：102.2kPa

电磁单元	
施加方式	试验电压/频率/时间
中压端子对地	50kV/150Hz/40s
低压端子对地	4kV/50Hz/60s
补偿电抗器	10kV/150Hz/40s

7.18　二次端工频耐压试验

7.18.1　试验目的

检验电容式电压互感器的二次端之间及对地的绝缘性能是否满足标准要求。

7.18.2　试验设备

试验设备要求详见表 2-7-43。

7.18.3　试验方法

7.18.3.1　试验原理图

二次端工频耐压试验原理图如图 2-7-34 所示。

表 2-7-43　试验设备一览表（推荐）

序号	设备名称	设备关键参数和要求
1	试验变压器	额定容量应不低于 5kVA； 输出电压应不低于 3kV

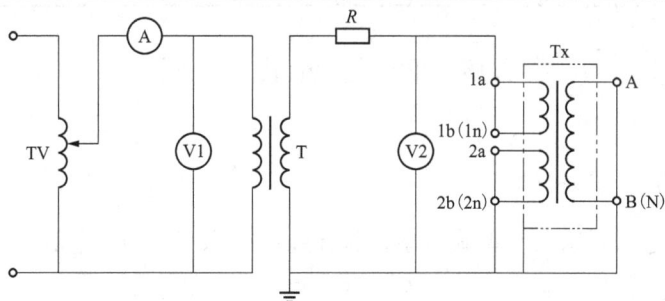

图 2-7-34　二次端工频耐压试验原理图

TV—调压器；T—试验变压器；Tx—被试互感器；R—保护电阻

7.18.3.2　试验程序

二次绕组之间及对地依次施加电压，试验电压应依次施加到端子短接的各绕组间及各绕组与地之间。

7.18.4　结果判定

试验中击穿和闪络皆没有发生则判定试验合格。

7.18.5　试验实例

7.18.5.1　接线示意图

二次端工频耐压试验接线示意图如图 2-7-35 所示。

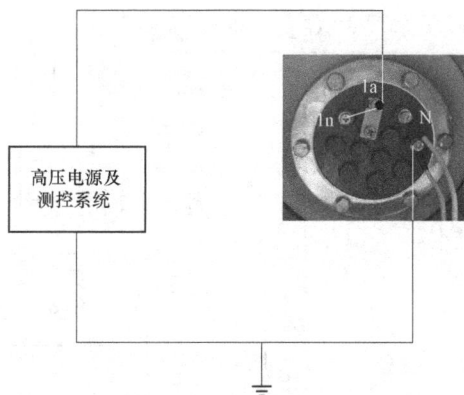

图 2-7-35　二次端工频耐压试验接线示意图

7.18.5.2　试验记录

二次端工频耐压试验记录（参考示例）如表 2-7-44 所示。

表 2-7-44 二次端工频耐压试验记录（参考示例）

环境温度：16.4℃   相对湿度：48.0%

施加方式	试验电压/频率/时间
短接的各二次绕组之间及各二次绕组与地之间	3kV/50Hz/60s

7.19 铁磁谐振检验

7.19.1 试验目的

检验电容式电压互感器在型式试验后抑制铁磁谐振是否满足标准要求。

7.19.2 试验设备

试验设备要求详见表 2-7-45。

表 2-7-45 试验设备一览表（推荐）

序号	设备名称	设备关键参数和要求
1	试验变压器	额定容量应不低于 50kVA； 输出电压应不低于 20kV
2	交流高压真空接触器	额定工作电流应不低于 160A； 额定工作电压应不低于 40.5kV

7.19.3 试验方法

7.19.3.1 试验线路原理图

铁磁谐振试验线路原理图如图 2-7-36 所示。

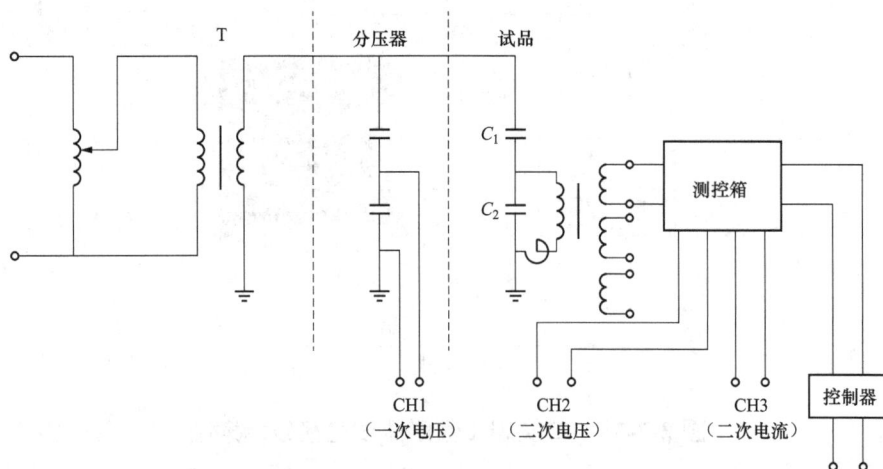

图 2-7-36 铁磁谐振检验

7.19.3.2 试验程序

除试验电压值和短路次数外（要求详见表 2-7-46），试验方法同 7.8 节有关内容。

表 2-7-46　铁磁谐振检验要求

一次电压 U_{pr} （方均根值）	二次端子的 短路次数	铁磁谐振 T_F 振荡时间（s）	在持续时间 T_F 之后的误差（%）
$0.8U_{pr}$	3	≤0.5	≤10
$1.9U_{pr}$	3	≤2	≤10

7.19.4　结果判定

电容式电压互感器应满足表 2-7-46 要求的振荡时间及经时间 T_F 之后的最大瞬时误差。

7.19.5　试验实例

7.19.5.1　接线示意图

铁磁谐振检验接线示意图如图 2-7-37 所示。

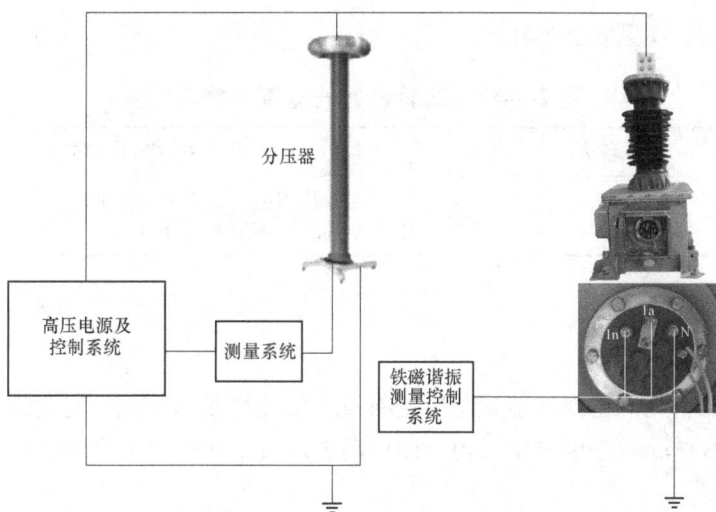

图 2-7-37　铁磁谐振检验接线示意图

7.19.5.2　试验记录

铁磁谐振检验试验记录（参考示例）如表 2-7-47 所示。

表 2-7-47　铁磁谐振检验记录（参考示例）

环境温度：16.4℃　　　　　　　　　　　　　　相对湿度：48.0%

一次电压	试验次序	短路时间 （周波数）	最大瞬时误差大于 10%的周波数
$0.8U_{pr}$	1	6	7
	2	6	5

一次电压	试验次序	短路时间（周波数）	最大瞬时误差大于10%的周波数
$0.8U_{pr}$	3	6	5
$1.9U_{pr}$	1	6	2
	2	6	4
	3	6	4

7.20　环境温度下密封性能试验——电磁单元密封性能试验

7.20.1　试验目的

检验电容式电压互感器的电磁单元密封是否满足标准要求。

7.20.2　试验设备

试验设备要求详见表 2-7-48。

表 2-7-48　试验设备一览表（推荐）

序号	设备名称	设备关键参数和要求
1	压力表	压力测量范围应不小于 0～200kPa；压力测量准确度应不低于 2 级

7.20.3　试验方法

7.20.3.1　试验程序

液浸式电磁单元的密封性能试验应是对按正常使用状态装配并充满规定液体的电磁单元进行的例行试验。在电磁单元内，应以超过最大工作压力至少 50±10kPa 的压力保持至少 8h。

7.20.4　结果判定

如无渗漏现象，则认为电容分压器通过试验。

7.20.5　注意事项

通常采用往电磁单元内部注入气体的方式来增加压力。

7.20.6　试验实例

7.20.6.1　试验照片

环境温度下密封性能试验——电磁单元密封性能试验照片如图 2-7-38 所示。

图 2-7-38 环境温度下密封性能试验——电磁单元密封性能试验照片

7.20.6.2 试验记录

环境温度下密封性能试验——电磁单元密封性能试验记录（参考示例）如表 2-7-49 所示。

表 2-7-49 环境温度下密封性能试验——电磁单元密封性能试验记录（参考示例）

环境温度：16.4℃   相对湿度：48.0%

标准要求	检测结果
电磁单元内部加压至 0.20MPa 后，保持 8h，剩余压力不低于 0.18MPa，应无渗漏油现象	电磁单元内部加压至 0.20MPa 后，保持 8h，剩余压力为 0.20MPa，无渗漏油现象

7.21 电磁单元的绝缘油性能试验

7.21.1 试验目的

检验电磁单元的绝缘油是否满足标准要求。

7.21.2 试验设备

试验设备要求详见表 2-7-50。

235

表 2-7-50　试验设备一览表（推荐）

序号	设备名称	设备关键参数和要求
1	油耐压测试仪	击穿电压测量范围应不小于 0～100kV； 击穿电压测量准确度应不低于 3%
2	油介损测试仪	介损测量准确度应不低于 1%

7.21.3　试验方法

7.21.3.1　试验程序

应对电磁单元内的绝缘油进行击穿电压和 $\tan\delta$ 测量。试验方法同本书第二部分 3.14 节中的试验方法。

7.21.4　结果判定

绝缘油应满足：击穿电压≥40kV，$\tan\delta$（90℃）≤1.0%。

7.21.5　注意事项

仅对电磁单元的绝缘油进行试验，电容器分压器内的绝缘油不进行试验。

7.21.6　试验实例

7.21.6.1　试验照片

电磁单元的绝缘油性能试验照片如图 2-7-39 所示。

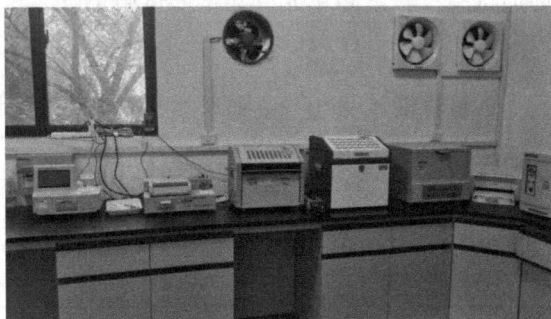

图 2-7-39　电磁单元的绝缘油性能试验照片

7.21.6.2　试验记录

电磁单元的绝缘油性能试验记录（参考示例）如表 2-7-51 所示。

表 2-7-51　电磁单元的绝缘油性能试验记录（参考示例）

环境温度：16.4℃　　　　　　　　　　　　　　　相对湿度：48.0%

油击穿电压	$\tan\delta$（90℃）
52.6kV	+0.26%

7.22 外壳防护等级的检验

7.22.1 试验目的

考核各类电容式电压互感器外壳及密封件在粉尘、潮湿、淋水或潜水等各种严酷环境条件下其外壳防护的可靠性，以验证产品及元器件的工作性能是否会受到损害，同时也对人体防止接触危险部件提供了相应保护要求。

7.22.2 试验设备

试验设备要求同本书第二部分 3.17 的有关内容。

7.22.3 试验方法

7.22.3.1 试验设备原理图

试验设备原理图同本书第二部分 3.17 的有关内容。

7.22.3.2 试验方法

试验程序同本书第二部分 3.17 的有关内容。

7.22.4 结果判定

第一位特征数字为 1、2、3、4 的接受条件：如果试具的直径不能通过任何开口，则试验合格，否则为不合格。

第一位特征数字为 5 的防尘试验接受条件：试验后，观察滑石粉沉积量及沉积地点，如果同其他灰尘一样，不足以影响设备的正常操作或安全，而且在可能沿爬电距离导致漏电处不允许有灰尘沉积，则认为试验合格，否则为不合格。

第一位特征数字为 6 的防尘试验接受条件：试验后，如果壳内无明显的灰尘沉积，则认为试验合格，否则为不合格。

第二位特征数字：试验后应检查外壳进水情况，如果进水，则应不足以影响设备的正常操作或破坏安全性。水不积聚在可能导致沿爬电距离引起漏电起痕的绝缘部件上；水不进入带电部件，或进入不允许在潮湿状态下运行的绕组；水不积聚在电缆头附近或进入电缆。如外壳有泄水孔，应通过观察证明进水不会积聚，且能排出而不损害设备。满足以上条件则认为试验合格，否则为不合格。

试验后（IK 代码）外壳不应出现破裂，外壳的变形应不影响电容式电压互感器的正常性能，且不降低规定的防护等级。表面的损伤，例如漆膜脱落、散热翅或类似件的破损或少量凹痕可以忽略。满足以上条件则认为试验合格，否则为不合格。

7.22.5 注意事项

应对被试外壳施加击打，以检验其对机械碰撞的防护。不能承受冲击的部件（如瓷绝缘子、浇注式环氧树脂外壳及伞裙、外壳上的接插件、显示器等）可以不要求该试验。

7.22.6 试验实例

7.22.6.1 试验照片

外壳防护等级的检验照片如图 2-7-40 和图 2-7-41 所示。

图 2-7-40 外壳防护等级 IK 代码的检验照片

图 2-7-41 外壳防护等级 防尘试验实例照片

7.22.6.2 试验记录

外壳防护等级的检验试验记录表（参考示例）如表 2-7-52 所示。

表 2-7-52 外壳防护等级的检验试验记录（参考示例）

环境温度：16.4℃ 　　　　　　　　　　　　相对湿度：48.0%

IP 代码的检验：IP 代码第一位特征数字 5			
防止接近危险部件			固体异物
试验负荷：1N 直径 1.0mm 的试验金属线未进入壳内，并与带电部件保持足够的间隙。			持续时间：8h 无尘进入
IP 代码的检验：IP 代码第二位特征数字 5			
防水试验			
水量（L/min）	试验压力（kPa）	持续时间（min）	试品状态
12.5	23.0	3	无水进入
机械冲击试验（IK 代码 07 的检验）			
标准要求动能（J）	试验动能（J）	试验次数	试品状态
2.00（1±5%）	2.00	每个暴露面 5 次	无破裂、无变形

8 电力互感器不确定度评定示例

8.1 电流互感器准确度试验不确定度评定

8.1.1 测量方法

参照 EETC/HG/QW 201《电流互感器误差测量结果的不确定度的评定和表示》，对 LZBJ9-35 型电流互感器进行准确度试验，独立记录每次的测量结果，并对测量结果作出不确定评定。确定电流互感器准确度试验系统的 A 类、B 类不确定度。

8.1.2 试验设备

试验设备如表 2-8-1 所示。

表 2-8-1 试验设备表

序号	仪器设备名称 型号/规格	设备 编号	测量范围	不确定度/ 准确度	校准机构	有效 日期
1	互感器校验仪 HEF-H	92901	1～5A， 100/3～150V	2 级	国家高电压计量站	—
2	标准电流互感器 HL1582	12047	（5～6000）A/ （5、1）A	0.01S 级	国家高电压计量站	—

8.1.3 不确定度分量来源

根据工频参考电压测量方法和过程分析，不确定度的来源如下：

A 类不确定度分量：由重复性测量引入的不确定度分量 u_1。

B 类不确定度分量：由标准电流互感器引入的不确定度分量 u_2；由误差测量装置引入的不确定度分量 u_3；由电磁场引入的不确定度分量 u_4。

8.1.4 各标准不确定度分量的计算

8.1.4.1 由重复性测量引入的不确定度分量 u_1

对被试品在 100%额定电流下重复测量 6 次，测量结果见表 2-8-2。

表 2-8-2 测量结果表

测量序号	1	2	3	4	5	6
比值差（%）	+0.031	+0.030	+0.031	+0.031	+0.030	+0.031
相位差（′）	−0.8	−0.8	−0.7	−0.7	−0.8	−0.7

由表 2-8-2 得知：比值差测量结果的算式平均值为 $f=+0.0392\%$。

利用贝塞尔公式得到平均值的实验标准差，即标准不确度按式（2-8-1）计算得到：

$$u_{1f}=\sqrt{\frac{1}{5}\sum_{i=1}^{6}(f_i-\overline{f})^2/6}=0.00031\%\qquad(2\text{-}8\text{-}1)$$

同理：相位差测量结果的算式平均值为 $\overline{\delta}=-0.72'$。

利用贝塞尔公式得到平均值的实验标准差，即标准不确度按式（2-8-2）计算得到：

$$u_{1\delta}=\sqrt{\frac{1}{5}\sum_{i=1}^{6}(\delta_i-\overline{\delta})^2/6}=0.031'\qquad(2\text{-}8\text{-}2)$$

8.1.4.2 由标准电流互感器引入的不确定度分量 u_2

标准电流互感器经上级计量检定部门检定合格，满足 0.01 级使用的要求，所以在 100%额定电流下，其比值差限值为 0.01%，相位差限值为 0.3′，在区间内服从均匀分布。则 $u_{2f}=0.01\%/\sqrt{3}=0.0058\%$，$u_{2\delta}=0.3'/\sqrt{3}=0.173'$。

8.1.4.3 由误差测量装置引入的不确定度分量 u_3

误差测量装置经上级计量检定部门检定合格，满足 2 级使用的要求，且服从均匀分布。被检电流互感器在 100%额定电流下，其比值差限值为 0.2%，相位差限值为 10′。则 $u_{3f}=2\%\times0.2\%/(10\times\sqrt{3})=0.00023\%$，$u_{3\delta}=2\%\times10'/(10\times\sqrt{3})=0.012'$。

8.1.4.4 由电磁场引入的不确定度分量 u_4

根据 JJG 313《测量用电流互感器》的要求，检定设备电磁场所引起的测量误差应不大于被检电流互感器误差限值的 1/10，且服从均匀分布。被检电流互感器在 100%额定电流下，其比值差限值为 0.2%，相位差限值为 10′。则 $u_{4f}=0.2\%/(10\times\sqrt{3})=0.012\%$，$u_{4\delta}=10'/(10\times\sqrt{3})=0.58'$。

8.1.4.5 合成标准不确定度

对于比值差的各标准不确定分量如表 2-8-3 所示。

表 2-8-3 比值差的各标准不确定度分量表

标准不确定度类别	标准不确定度分量	标准不确定度来源	标准不确定度分量值
A	u_{1f}	重复性测量	0.00031%
B	u_{2f}	标准电压互感器	0.0058%
B	u_{3f}	误差测量装置	0.00023%
B	u_{4f}	电磁场	0.012%

由于以上各分量相互独立，则比值差合成的标准不确定度按式（2-8-3）计算得到：

$$u_{cf}=\sqrt{u_{1f}^2+u_{2f}^2+u_{3f}^2+u_{4f}^2}=0.013\%\qquad(2\text{-}8\text{-}3)$$

对于相位差的各标准不确定分量如表 2-8-4 所示。

表 2-8-4 相位差的各标准不确定度分量表

标准不确定度 类别	标准不确定度 分量	标准不确定度 来源	标准不确定度 分量值
A	$u_{1\delta}$	重复性测量	0.031′
B	$u_{2\delta}$	标准电流互感器	0.173′
B	$u_{3\delta}$	误差测量装置	0.012′
B	$u_{4\delta}$	电磁场	0.58′

由于以上各分量相互独立，则相位差合成的标准不确定度按式（2-8-4）计算得到：

$$u_{c\delta}=\sqrt{u_{1\delta}^2+u_{2\delta}^2+u_{3\delta}^2+u_{4\delta}^2}=0.61' \tag{2-8-4}$$

8.1.5 扩展不确定度

比值差扩展不确定度为：$U_f=ku_{cf}=0.026\%$，$k=2$。

相位差扩展不确定度为：$U_\delta=ku_{c\delta}=1.2'$，$k=2$。

8.2 电压互感器准确度试验不确定度评定

8.2.1 测量方法

参照 EETC/HG/QW 202《电压互感器误差测量结果的不确定度的评定和表示》，电压互感器误差试验是将被检电压互感器与标准器（一般采用高两个以上准确度级别的电压互感器）通过比较线路法，进行比值差和相位差的测量，对 JDZ-10 型电磁式电压互感器进行准确度试验，独立记录每次的测量结果，并对测量结果作出不确定评定，确定准确度试验系统的 A 类、B 类不确定度。

8.2.2 试验设备

试验设备表如表 2-8-5 所示。

表 2-8-5 试验设备表

序号	仪器设备名称 型号/规格	设备 编号	测量范围	不确定度/ 准确度	校准机构	有效 日期
1	互感器校验仪 HEF-H	92901	1～5A， 100/3～150V	2 级	国家高电压计量站	—
2	标准电压互感器 HJ-35	0004	0～42kV	0.05 级	国家高电压计量站	—

8.2.3 不确定度分量来源

根据工频参考电压测量方法和过程分析，不确定度的来源如下：

A 类不确定度分量：由重复性测量引入的不确定度分量 u_1。

B 类不确定度分量：由标准电压互感器引入的不确定度分量 u_2；由误差测量装置引入的不确定度分量 u_3。

8.2.4 各标准不确定度分量的计算

8.2.4.1 由重复性测量引入的不确定度分量 u_1

对被试品在 100%额定电流及额定容量下重复测量 6 次，测量结果如表 2-8-6 所示。

表 2-8-6 测量结果表

测量序号	1	2	3	4	5	6
比值差（%）	−0.112	−0.110	−0.113	−0.112	−0.112	−0.111
相位差（′）	0.88	0.90	0.87	0.85	0.94	0.96

由表 2-8-6 得知：比值差测量结果的算式平均值为 $f=-0.112\%$。

利用贝塞尔公式得到平均值的实验标准差，即标准不确度按式（2-8-5）计算得到：

$$u_{1f}=\sqrt{\frac{1}{5}\sum_{i=1}^{6}(f_i-\overline{f})^2/6}=0.00045\% \qquad (2\text{-}8\text{-}5)$$

同理，相位差测量结果的算式平均值为 $\overline{\delta}=+0.90'$。

利用贝塞尔公式得到平均值的实验标准差，即标准不确度按式（2-8-6）计算得到：

$$u_{1\delta}=\sqrt{\frac{1}{5}\sum_{i=1}^{6}(\delta_i-\overline{\delta})^2/6}=0.017' \qquad (2\text{-}8\text{-}6)$$

8.2.4.2 由标准电压互感器引入的不确定度分量 u_2

标准电压互感器经上级计量检定部门检定合格，满足 0.02 级使用的要求，所以在 100%额定电流下，其比值差限值为 0.02%，相位差限值为 0.6′，在区间内服从均匀分布。则 $u_{2f}=0.02\%/\sqrt{3}=0.012\%$，$u_{2\delta}=0.6'/\sqrt{3}=0.346'$。

8.2.4.3 由误差测量装置引入的不确定度分量 u_3

根据 JJG 313《测量用电压互感器》中要求，由误差测量装置所引起的测量误差，应不大于被检电压互感器误差限值的 1/10，且服从均匀分布。被检电压互感器在 100%额定电流下，其比值差限值为 0.2%，相位差限值为 10′。则 $u_{3f}=0.2\%/(10\times\sqrt{3})=0.012\%$，$u_{3\delta}=10'/(10\times\sqrt{3})=0.577'$。

8.2.4.4 合成标准不确定度

对于比值差的各标准不确定分量如表 2-8-7 所示。

表 2-8-7 比值差的各标准不确定度分量表

标准不确定度类别	标准不确定度分量	标准不确定度来源	标准不确定度分量值
A	u_{1f}	重复性测量	0.00045%

标准不确定度 类别	标准不确定度 分量	标准不确定度 来源	标准不确定度 分量值
B	u_{2f}	标准电流电压互感器	0.012%
B	u_{3f}	误差测量装置	0.012%

由于以上各分量相互独立，则比值差合成的标准不确定度按式（2-8-7）计算得到：

$$u_{cf} = \sqrt{u_{1f}^2 + u_{2f}^2 + u_{3f}^2} = 0.017\% \tag{2-8-7}$$

对于相位差的各标准不确定分量如表 2-8-8 所示。

表 2-8-8　相位差的各标准不确定度分量表

标准不确定度 类别	标准不确定度 分量	标准不确定度 来源	标准不确定度 分量值
A	$u_{1\delta}$	重复性测量	0.017′
B	$u_{2\delta}$	标准电压互感器	0.346′
B	$u_{3\delta}$	误差测量装置	0.577′

由于以上各分量相互独立，则相位差合成的标准不确定度按式（2-8-8）计算得到：

$$u_{c\sigma} = \sqrt{u_{1\sigma}^2 + u_{2\sigma}^2 + u_{3\sigma}^2} = 0.673 \tag{2-8-8}$$

8.2.5　扩展不确定度

比值差扩展不确定度为 $U_f = ku_{cf} = 0.034\%$，$k=2$。

相位差扩展不确定度为：$U_\delta = ku_{c\delta} = 1.35'$，$k=2$。

8.3　局部放电测量试验不确定度评定

8.3.1　测量方法

参照 EETC/HG/QW 206《局部放电测量结果不确定度的评定与表示》，对 WVB（L）110（TYD110/$\sqrt{3}$ -0.02H）型电容式电压互感器进行局部放电测量试验，进行不少于 6 次的局部放电测量，独立记录每次的测量结果，并对测量结果作出不确定评定。确定局部放电测量试验系统的 A 类、B 类不确定度。

8.3.2　试验设备

试验设备表如表 2-8-9 所示。

表 2-8-9　试验设备表

序号	仪器设备名称 型号/规格	设备 编号	测量范围	不确定度/ 准确度	校准机构	有效 日期
1	局部放电检测 系统（JFD-251）	YQ380	0～500pC	10 级	国家高电压计量站	—

8.3.3　不确定度分量来源

根据工频参考电压测量方法和过程分析，不确定度的来源如下：

A 类不确定度分量：由重复性测量引入的不确定度分量 u_1。

B 类不确定度分量：由局部放电检测系统引入的不确定度分量 u_2；由校准方波引入的不确定度分量 u_3。

8.3.4　各标准不确定度分量的计算

8.3.4.1　由重复性测量引入的不确定度分量 u_1

对被试品的视在局部放电量在 126kV 电压下重复测量 6 次，测量结果如表 2-8-10 所示。

表 2-8-10　测量结果表

测量序号	1	2	3	4	5	6
视在放电量（pC）	7.8	8.0	8.1	7.5	8.4	8.0

由表 2-8-10 得知：比值差测量结果的算式平均值为 $a = 7.97$（pC）

利用贝塞尔公式得到平均值的实验标准差，即标准不确度按式（2-8-9）计算得到：

$$u_1 = \sqrt{\frac{1}{5}\sum_{i=1}^{6}(a_i - \overline{a})^2 / 6} = 0.12\,（\text{pC}） \qquad (2\text{-}8\text{-}9)$$

8.3.4.2　由局部放电检测系统引入的不确定度分量 u_2

检测中所使用的局部放电仪为 10 级，在测量 7.97pC 局部放电量时，所引入的标准不确定度 u_2 成均匀分布，即 $k = \sqrt{3}$，u_2 按式（2-8-10）计算得到：

$$u_2 = 10\% \times 7.97/\sqrt{3} = 0.46\,（\text{pC}） \qquad (2\text{-}8\text{-}10)$$

8.3.4.3　由校准方波引入的不确定度分量 u_3

检测中所使用的方波为 5 级，在输出 10pC 档时，所引入的标准不确定度 u_3 成均匀分布，即 $k = \sqrt{3}$，u_2 按式（2-8-11）计算得到：

$$u_3 = 5\% \times 10/\sqrt{3} = 0.29\,（\text{pC}） \qquad (2\text{-}8\text{-}11)$$

8.3.4.4　合成标准不确定度

根据以上分析，可列出标准不确定度分量表，见表 2-8-11。

表 2-8-11　标准不确定度分量表

标准不确定度分量	不确定度类别	不确定度来源或估计值	测量结果的分布	标准不确定度分量值（pC）
u_1	A	测量重复性	正态分布	0.12
u_2	B	局部放电检测系统	均匀分布	0.46
u_3	B	校准方波	均匀分布	0.29

合成标准不确定度按式（2-8-12）计算：

$$u_c = \sqrt{u_1^2 + u_2^2 + u_3^2} = 0.56（\text{pC}） \tag{2-8-12}$$

8.3.5　扩展不确定度

局部放电测量扩展不确定度 $U = k u_c = 2 \times 0.56 = 1.12$（pC），$k = 2$。